普通高等学校仪器科学与技术专业系列教材

计量学基础

Foundation of Metrology

卜雄洙　朱　丽　吴　键　编著

清华大学出版社
北　京

内容简介

本书的主要任务是使学生较全面地掌握计量所必需的基本知识和规则制度，同时了解计量学发展现状和趋势。全书共9章，具体包括计量的基础知识、计量单位、测量误差与测量不确定度、计量器具、量值传递与溯源、计量科技主要领域、计量管理；各章均附有思考题可供选用。

本书不仅可作为理工科大学测控技术与仪器专业本专科教材，也可供从事计量测控、质检、标准行业的科技人员使用。

图书在版编目(CIP)数据

计量学基础/卜雄洙，朱丽，吴键编著.—北京：清华大学出版社，2018(2022.8重印)
(普通高等学校仪器科学与技术专业系列教材)
ISBN 978-7-302-51451-0

Ⅰ.①计… Ⅱ.①卜… ②朱… ③吴… Ⅲ.①计量学—高等学校—教材 Ⅳ.①TB9

中国版本图书馆CIP数据核字(2018)第243446号

责任编辑：许 龙
封面设计：常雪影
责任校对：刘玉霞
责任印制：丛怀宇

出版发行：清华大学出版社
网　　址：http://www.tup.com.cn，http://www.wqbook.com
地　　址：北京清华大学学研大厦A座　　**邮　　编**：100084
社 总 机：010-83470000　　**邮　　购**：010-62786544
投稿与读者服务：010-62776969，c-service@tup.tsinghua.edu.cn
质量反馈：010-62772015，zhiliang@tup.tsinghua.edu.cn
印 装 者：三河市少明印务有限公司
经　　销：全国新华书店
开　　本：185mm×260mm　　**印　　张**：16.25　　**字　　数**：393千字
版　　次：2018年10月第1版　　**印　　次**：2022年8月第4次印刷
定　　价：48.00元

产品编号：077456-02

FOREWORD

随着科技和经济的发展、社会的进步，计量对社会发展和国计民生的积极作用和重要意义日益明显。现在，我们已迈入以“智能制造、智能生产”为核心，以互联为手段，以计量测试为重要的核心技术的大数据物联网时代，现在，及时、准确、可靠的计量测试无处不在、无时不在、无所不在。可以毫不夸张地说，任何一个科技领域，任何一种生产过程，以至任何一项社会活动都离不开计量。

本书是根据21世纪理工科院校的人才培养目标，结合当前计量学发展现状和趋势，以及多年来的教学实践经验，在参阅国内外有关资料和优秀教材基础上整理编写而成的。本书获评兵工高校精品教材。

本书共9章，其中第1、3章由卜雄洙执笔，第5章由朱丽执笔，第6～9章由吴键执笔，第2、4章由何博侠和王新征博士共同执笔。卜雄洙对全书进行了统稿。

在编写过程中参考了许多国内外同行撰写的教材和文献资料，在此向这些作者深表谢意。东南大学仪器科学与工程学院陈熙源教授在百忙之中对本书做了认真细致的审阅，并提出了许多宝贵的意见，在此一并致谢。

江苏省仪器仪表学会教育专委会、清华大学出版社和南京理工大学对本书的出版给予了大力支持，在此深表谢忱。由于水平有限，书中难免有不当之处，恳请读者批评指正。

作者

2018年4月

CONTENTS

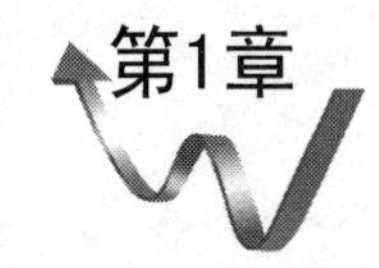

计量学概论

1.1 计量的内容、分类和特点

1.1.1 计量的内容

自然界的一切现象或物质，都是通过一定的“量”来描述和体现的。也就是说，“量是现象、物体或物质可定性区别与定量确定的一种属性”。因此，要认识五光十色的大千世界和造福人类，就必须对各种“量”进行分析和确认，既要区分量的性质，又要确定其量值。计量正是达到这种目的的重要手段之一。从广义上说，计量是对“量”的定性分析和定量确认的过程。

计量是实现单位统一、保障量值准确可靠的活动。计量学是关于测量的科学，它涵盖测量理论和实践的各个方面，而不论测量的不确定度如何，也不论测量是在哪个领域中进行的。为了经济而有效地满足社会对测量的需要，应从法制、技术和管理等方面开展计量管理工作。在相当长的历史时期内，计量的对象主要是物理量。在历史上，计量被称为度量衡，即指长度、容积、质量的测量，所用的器具主要是尺、斗、秤。随着科技、经济和社会的发展，计量的对象逐渐扩展到工程量、化学量、生理量，甚至心理量。与此同时，计量的内容也在不断地扩展和充实，通常可概括为六个方面：

(1) 计量单位与单位制；

(2) 计量器具(或测量仪器)，包括实现或复现计量单位的计量基准、计量标准与工作计量器具；

(3) 量值传递与溯源，包括检定、校准、测试、检验与检测；

(4) 物理常量、材料与物质特性的测定；

(5) 测量不确定度、数据处理与测量理论及其方法；

(6) 计量管理，包括计量保证与计量监督等。

1.1.2 计量的分类

计量涉及社会的各个领域。根据其作用与地位，计量可分为科学计量、工程计量和法制计量三类，分别代表计量的基础性、应用性和公益性三个方面。

(1) 科学计量是指基础性、探索性、先行性的计量科学研究，它通常采用最新的科技成果来准确定义和实现计量单位，并为最新的科技发展提供可靠的测量基础。

(2) 工程计量，又称工业计量，是指各种工程、工业、企业中的实用计量。随着产品技术含量的提高和复杂性的增强，为保证经济贸易全球化所必需的一致性和互换性，工程计量已成为生产过程控制不可缺少的环节。

(3) 法制计量是指由政府或授权机构根据法制、技术和行政的需要进行强制管理的一种社会公用事业，法制计量的主要目的是保证与贸易结算、安全防护、医疗卫生、环境监测、资源控制、社会管理等有关的测量工作的公正性和可靠性。它包括计量单位、计量器具(特别是计量基准、标准)、计量方法以及计量人员的专业技能等的明确规定和具体要求。

计量属于国家的基础事业，它不仅为科学技术、国民经济和国防建设的发展提供技术基础，而且有利于最大限度地减少商贸、医疗、安全等诸多领域的纠纷，维护消费者权益。

从学科发展来看，计量原本是物理学的一部分，或者说是物理学的一个分支。随着科技、经济和社会的发展，计量的概念和内容也在不断扩展和充实，以致逐渐形成了一门研究测量理论与实践的综合性学科——计量学，它是现代科学的一个重要的组成部分。计量学又可分为以下几种：

(1) 通用计量学——涉及计量的一切共性问题而不针对具体的被测量的计量学部分，例如，关于计量单位的一般知识(单位制的结构、计量单位的换算等)、测量误差与数据处理、计量器具的基本特性等。

(2) 应用计量学——涉及特定计量的计量学部分。通用计量学是泛指的，不针对具体的被测量；而应用计量学则是关于特定的具体量的计量，如长度计量、频率计量等。

(3) 技术计量学——涉及计量技术，包括工艺上计量问题的计量学部分，例如，自动测量、在线测量等。

(4) 理论计量学——涉及计量理论的计量学部分，例如，关于量和计量单位的理论、测量误差理论等。

(5) 品质计量学——涉及品质管理的计量学部分，例如，关于原料、材料、设备以及生产中用来检查和保证有关品质要求的计量器具、计量方法、计量结果等。

(6) 法制计量学——涉及法制管理的计量学部分，例如，为了保证公众安全、国民经济和社会的发展，根据法律、技术和行政管理的需要而对计量单位、计量器具、计量方法和计量准确度(或不确定度)以及专业人员的技能等所进行的强制管理。

(7) 经济计量学——涉及计量的经济效益的计量学部分。这是近年来人们非常关注的一门边缘学科，涉及面甚广。例如，计量在社会生产体系中的经济作用和地位，计量对科技发展、生产率的增长、产品品质的提高、物质资源的节约、国民经济的管理、医疗保健以及环境保护方面的作用等。

当然，计量学的上述划分不是绝对的，而是突出了某一方面的计量问题。

1.1.3 计量的特点

计量的特点可以归纳为准确性、一致性、溯源性及法制性四个方面。

(1) 准确性是指测量结果与被测量真值的一致程度。由于实际上不存在完全准确无误的测量,因此在给出量值的同时,必须给出适应于应用目的或实际需要的不确定度或可能误差范围。所谓量值的准确性,是在一定的测量不确定度或误差极限或允许误差范围内,测量结果的准确性。

(2) 一致性是指在统一计量单位的基础上,无论在何时何地采用何种方法,使用何种计量器具,以及由何人测量,只要符合有关的要求,测量结果应在给定的区间内一致。也就是说,测量结果应是可重复、可再现(复现)、可比较的。

(3) 溯源性是指任何一个测量结果或测量标准的值,都能通过一条具有规定不确定度的不间断的比较链,与测量基准联系起来的特性。这种特性使所有的同种量值,都可以按这条比较链通过校准向测量的源头追溯,也就是溯源到同一个测量基准(国家基准或国际基准),从而使其准确性和一致性得到技术保证。

(4) 法制性是指计量必需的法制保障方面的特性。由于计量涉及社会的各个领域,量值的准确可靠不仅依赖于科学技术手段,还要有相应的法律、法规和行政管理的保障。特别是在对国计民生有明显影响,涉及公众利益和可持续发展或需要特殊信任的领域,必须由政府起主导作用,来建立计量的法制保障。

由此可见,计量不同于一般的测量。测量是以确定量值为目的的一组操作,一般不具备、也不必完全具备上述特点。计量既属于测量而又严于一般的测量,在这个意义上可以狭义地认为,计量是与测量结果置信度有关的、与测量不确定度联系在一起的一种规范化的测量。

1.2 计量学的发展

计量的发展大体上分为以下三个阶段。

1.2.1 古典计量阶段

古典计量阶段是以权力和经验为主的初级阶段,没有或者没有充分的科学依据。

早在原始社会后期,由于生产力的逐渐提高,开始出现社会分工。先是农业和畜牧业分开,即所谓的第一次社会大分工;继之则是手工业和农业分开,即第二次大分工。社会分工带来了经常性的产品交换和以交换为目的的商品生产。我国古书《易·系·辞》中所记载的“日中为市”,便反映了当时的产品交换情景。从我国陕西半坡村发掘的一个原始社会村落的遗址来看,屋基排列整齐,方圆有致,若没有一定的计量保证,显然是不可能的。1958年,甘肃省文物部门进行文物普查时首次发现,一个可与陕西半坡遗址相媲美的新石器时代文化遗址,经过几年的发掘,已在甘肃省秦安县大地湾初显于世。出土各类文物八千余件,其中有我国已收录的年代最早的绘画、记事符号和彩陶珍品。遗址中的一些房址保存相当完整，其中有的房屋设有主室、侧室、后室及门前附属建筑等，是我国已发现的年代最早的殿堂式建筑。室内地坪光洁平整，使用了以人造轻骨料作集料的混凝土。经抗压试验，这种人工混凝土至今每平方厘米仍能抗压一百千克。这些珍贵的文化遗产，都是原始计量的佐证。

奴隶社会时期，生产力进一步提高，商品生产不断扩大，原始计量已逐渐形成。中国古代第一位建立度量衡标准的人是大禹。从大禹治水"陆行乘车"证明，中国是世界上最早发明和使用车的国家之一。相传奚仲是夏代著名的造车能手。据《左传》记载："薛之皇祖奚仲，居薛，以为夏车正。"《管子》说："奚仲之为车器也，方圆曲直，皆中规矩钩绳，故机旋相得，用之牢利，成器坚固。"铸鼎、造车都需要比较复杂的手工业技术和经验。至今尚未发现夏代车辆的实物，难以有过细的了解。河南安阳大司空村和孝民屯先后发掘出商代随葬车马坑。车的主要部件有辀(辕)、衡、轭、舆、轴和轮。轮又由毂、辐、牙等部件组成。有关专家对其中的18辆车进行了综合分析，认为商代的车都是独辕，辐条多为18根，车厢为长方形，一般为0.8m×1.3m，通常可乘两三人。从出土马车的数量之多、结构之一致、地域之广等几个方面考察，可以推知这种马车的制作技术已相当成熟。例如，车厢放在轴与车辕交接处的上方，与两侧车轮的距离一致，车辕位于车厢下的中间位置，这有助于马车在行驶过程中保持平衡，对驾驭马匹、掌握方向也极为有利。由于马车的形制比较复杂，除了离不开规矩、准绳这些计量工具以外，其各个部件之间的装配组合，制作工艺的规范化、标准化等都对计量有着极高的要求。

随着农业、手工业的进步，西周的商业比殷商时有所发展，同时也促进了度量衡的发展。西周的青铜器上常见有赐贝三十朋、五十朋以至百朋等。西周还可能已有用"铜"作交易的等价物了，在铜器铭文上还多次出现了"锊""钧"等计重单位。《周礼・地官司徒》中说：司市掌握市上各种政令。根据不同的事务、处所来安排市井的经界，把货物分门别类地陈列出来，分其优劣使物价合理，有时还要用度量衡器具计量后再评定价格。每当开肆之始，"质人"手里还拿着鞭度(指一种无刃之殳，古代兵器)在市上巡视监察。如果发生银钱纠纷或因度量不准而产生争斗，则执鞭惩戒；有争长短者，则执度以校正。《周礼》一书虽是后人对西周王室的官制管理以及东周时期各国制度的汇编，但在一定程度上也反映了西周至春秋期间商品经济和度量衡的状况。现今收集到的春秋晚期的权衡器和量器有齐国的右伯君铜权、楚国的铜环权和邹国的廪陶量，说明春秋时期中国的度量衡已具备相当的科学性，而告别它的原始性了。

封建社会时期，铁器和耕牛已普遍使用，生产力更加提高，计量亦随之有了较快的发展。在我国，秦商鞅于公元前344年运用国家机器的力量，推行统一的度量衡制度，颁布了统一度量衡的命令，将标准量器(如标准铜方升)发放到全国，"一度量、平衡权、正钧石"，推行统一的度量衡制。该时期监造的铜方升(现存上海博物馆)，不仅做工精细，而且在其壁上刻有"爰积十六尊五分尊壹为升"的铭文，对升的容积作了明确的规定，说明当时统治者已经明白统一度量衡制度的重要性。公元前221年，秦始皇统一中国后，即颁布诏书，以最高法律的形式统一了全国的度量衡制度，使我国古代计量进入一个新的历史时期，对封建社会的发展起了重要的作用，至今仍被广为传颂，是世人有口皆碑的历史功绩。据《汉书・律历志》记载，秦代的度量衡制度如下。

度制：1引=10丈=100尺=1000寸=10 000分；

量制：1 斛＝10 斗＝100 升＝1000 合＝2000 龠；

衡制：1 石＝4 钧，1 钧＝30 斤，1 斤＝16 两，1 两＝24 铢。

可见，该制度在当时是比较先进的，其中的度制和量制的大部分皆采用了十进制，尤为突出。秦代不仅颁布了度量衡制度，而且还实行了定期检定等严格的法制管理，以保证度量衡的精确统一。比如，规定各地使用的度量衡器具至少每年要校正一次，并将校正的时间定为每年的春分和秋分时节，因为届时的气温适宜，不冷不热，所谓"昼夜均而寒暑平"，对器具的影响较小，便于保证校正的精度。这种利用天然条件保持温度相对稳定的做法，是相当聪明而简易的，可以说是原始的"恒温"措施。另外，还明文规定了各种度量衡器具的允许误差。如果所使用器具的误差超过了所规定的允许范围，便要受到处治，罚以铠甲或盾牌等。这样，计量已从原始的度量衡发展为比较完善的古典度量衡。直到 19 世纪中叶，清朝末期，米制正式传入我国为止，两千多年的历代封建王朝的度量衡制度，基本上都是沿用了秦制。

在计量的古典阶段，作为计量水平主要体现的计量基准皆是相当简陋的，大体上可归纳为表 1-1。

表 1-1　古典阶段的计量基准

基　　准	典型事例
以人体的某一部分作为基准	(1) 我国古代所谓的"布手知尺""掬手为升"，就是以部分人体作为基准的。河南安阳出土的两支商代象牙尺，一支长为 15.78cm，另一支长为 15.80cm，每支上都刻有 10 寸，每寸又都刻有 10 分，相当精密，是我国最早的尺实物。 (2) 埃及古代的尺度是以人的胳膊肘到指尖的距离为依据，称为"腕尺"，其长约 46cm。 (3) 英国的"码"，是英国国王亨利一世将其手臂向前平伸，从其鼻尖到指尖的距离；"英尺"是英王查理曼大帝的脚长；"英寸"是英王埃德加的手拇指关节的长度。 (4) 德国在 16 世纪曾将"英尺"定义为："星期日立于教堂门首，礼拜完毕后，令走出教堂之男子 16 名，高矮不拘，随遇而定，各出左足前后相接，取其长度的十六分之一"
以动物的丝毛或某些能力为基准	(1) 我国史书中关于"蚕所吐丝为忽""十忽为秒，十秒为豪，十豪为厘，十厘为分""豪，兔豪也，十豪为�"，以及"十马尾为一分"的记载等，皆说明当时确曾以动物的丝毛等物作为计量基准。 (2) "英亩"为二牛同轭一日翻耕土地之面积，便是以牛的翻地能力(数量)为基准的
以植物果实为基准	(1) 我国古代曾以一黍为一分，十分为一寸等来定长度；又曾将一千二百颗黍子所占的体积定为容量单位"龠"，将一百颗黍子的质量定为质量单位"铢"，等等。 (2) 在英国，曾以"自穗之中间部分取大麦 36 粒，头尾相接排列之长度"为"英尺"的定义。 (3) 衡量宝石的质量单位"克拉"即是以生长在地中海沿岸的一种名叫角豆树的籽的质量为依据的，等等
以乐器、物品为基准	(1) 最突出的例子，可以说是我国的黄钟律管。黄钟音是我国古乐的标准音。那时把音律分为五音十二律，黄钟音便是五音之首的"宫音"，又是十二律中的首律。为取得一致的音律，当时曾规定，黄钟律管的管长为九十颗黍子排列起来的长度，而管的容积则必须是一龠，即正好容下一千二百颗黍子，从而定出了管径。另外，当时还曾规定，一龠黍子的质量为十二铢。这样，实际上通过音律管就可获得长度、容量和质量三个单位基准。所以古人云"黄钟者信，则度量权衡者得矣"。 (2) 在古代还曾将金属货币或玉器等制成一定的质量，作为质量基准

1.2.2 经典计量阶段

从世界范围来看，1875 年由 17 个国家代表在法国米制外交会议上签署《米制公约》，意味着经典计量阶段的开始。19 世纪的自然科学经历了突飞猛进的发展，并相继建立起热力学、电磁学、化学等学科并得到了技术应用；数学长足进步，不断推出新概念和新方法；天文学、地学有很大发展；光学、生物学、有机化学也随之兴起。科学的进步为计量学发展奠定了理论基础，计量基准已开始摆脱人体、自然物体等的范畴，进入了以科学为基础的发展阶段。

由于科技水平的限制，这个阶段的计量基准都属于宏观器具。

例如，根据地球子午线的长度的四分之一的一千万分之一，用铂铱合金制造的米原器；根据 $1dm^3$ 的水在密度最大时所对应温度下的质量，用铂铱合金制造的千克原器；根据地球围绕太阳的转动周期而确定的秒；根据两通电导线之间产生的力来定义的安培；根据水三相点热力学温度确定的开尔文等，都是以宏观实物为基准。

这类基准，随着时间的推移，由于物理的、化学的以及使用中的磨损等原因，难免发生微小的变化。另外，由于原理和技术的限制，该类基准的精度亦难以大幅度提高，以致不能满足日益发展的现代计量的需要。因此，便不可避免地出现了关于建立更加稳定、更加精确的新的计量基准的要求，从而使计量进入一个新的发展阶段。

1.2.3 现代计量阶段

1960 年第十一届国际计量大会(Conférence Générale des Poids et Mesures，法文缩写 CGPM)通过正式"国际单位制"。它包括米(m)、千克(kg)、秒(s)、安培(A)、开尔文(K)、坎德拉(cd)等 6 个基本单位、2 个辅助单位和 19 个导出单位，还有组成倍数和分数单位用的词头。1971 年第十四届国际计量大会又决定在基本单位中增加物质的量的单位摩尔(mol)，从而形成了一套完整的国际单位制。现代计量的标志是国际单位制由以经典理论为基础的宏观实物基准，转为以量子物理和基本物理常数为基础的微观自然基准。2011 年 10 月，第二十四届国际计量大会正式批准用普朗克常数重新定义质量单位千克(kg)，用基本电荷 e 重新定义电流单位安培(A)，用玻尔兹曼常数 k 重新定义温度单位开尔文(K)，用阿伏伽德罗常数 N_A 重新定义物质的量的单位摩尔(mol)。2014 年 11 月，第二十五届国际计量大会充分肯定了重新定义千克、安培、开尔文和摩尔所取得的显著成果，鼓励计量委员会和相关学术机构继续致力于提供重新定义单位不确定度、一致性等满足修订要求的必要实验数据，并对相关时间路线进行了规划，以期在 2018 年第二十六届国际计量大会通过关于 SI 重新定义的决议。

建立在量子理论基础上的微观量子基准(亦称自然基准)，比宏观实物基准优越得多，更准确、更稳定可靠。因为，根据量子理论，微观世界的量只能跳跃式的改变，而不能发生任意的微小变化；同时，同一类物质原子和分子都是严格一致的，不随时间和地点而改变。这就是微观世界的所谓稳定性和齐一性。量子基准就是利用了微观世界所固有的这种稳定性和齐一性而建立的。

当然，已经建立的量子计量基准，随着科技的进步，亦在不断地完善和发展。

上述的计量发展阶段是根据计量所依据的基本理论、物质技术基础和发展趋势而划分的，难以截然分开。在日常的实际计量工作中，当前乃至将来，普遍应用的仍是宏观实物计量器具，但其计量性能由于溯源到基本量和主要导出量的量子计量基准而得到明显的改进，从而使整体计量水平显著提高。计量的发展趋势主要沿着两个方面：一是利用最新科技成果不断完善国际单位制及其实验基础，使单位的定义及基准、标准建立在物理常量的稳固基础上；二是推动全球计量体系的形成，逐步实现国际间测量与校准结果的相互承认，以适应贸易和经济全球化进展的需要。

1.3　计量的作用与意义

随着科技和经济的发展、社会的进步，计量的作用和意义已日益明显，下面略举几例。

1. 计量与科学技术

众所周知，科学技术是人类生存和发展的一个重要基础。没有科学技术，便不可能有人类的今天。其实，计量本身就是科学技术的一个重要的组成部分。任何科学技术，都是为了探讨、分析、研究、掌握和利用事物的客观规律；而所有的事物都是由一定的"量"组成，并通过"量"来体现的。为了认识量并确切地获得其量值，只有通过计量。比如，哥白尼关于天体运行的学说，是在反复观察的基础上提出的，并在伽利略用天文望远镜进行了进一步观测之后而确立的；著名的万有引力定律，被牛顿的敏锐观察所揭示，并在百余年后经卡文迪许的精密测试而得到了确认；爱因斯坦的相对论，也是在频率精密测量的基础上才得到了一定的验证；李政道、杨振宁关于弱相互作用下宇称不守恒的理论，也是吴健雄等人在美国标准局(金标准技术研究院)进行了专门的测试后才验证的。总之，从经典的牛顿力学到现代的量子力学，各种定律、定理都是经过观察、分析、研究、推理和实际验证才被揭示、承认和确立的。计量正是上述过程的重要技术基础。

历史上三次大的技术革命都充分地依靠了计量，同时也促进了计量的发展。

以蒸汽机的广泛应用为主要标志的第一次技术革命，导致以机器为主的工厂取代了以手工为基础的作坊，使生产力得以迅速提高，进而确立了资本主义的生产方式。当时，经典力学和热力学是社会科技发展的重要理论基础。在蒸汽机的研制和应用的过程中，都需要对蒸汽压力、热膨胀系数、燃料的燃烧效率、能量的转换等进行大量的计量测试。力学计量和热工计量就是在这种情况下发展起来的。另外，机械工业的兴起，使几何量的计量得到了进一步的发展。

以电的产生和应用为基本标志的第二次技术革命，更加推动了社会的发展。欧姆定律、法拉第电磁感应定律以及麦克斯韦电磁波理论等为电磁现象的深入研究和广泛应用、电磁计量和无线电计量的开展提供了重要的理论基础。例如，1821 年西贝克发现的热电效应，为热电偶的诞生奠定了理论基础；而各种热电偶的研制成功，则对温度计量、电工计量，以及无线电计量等提供了一种重要手段，促进了相应技术的发展。为了实际测量地球运动的相对速率，迈克尔逊等人利用物理学的成就，研制出了迈克尔逊干涉仪，从而为长度计量提供了一个重要方法。1892 年，迈克尔逊用镉光(单色红光)作为干涉仪的光源，测量了保存于巴黎的铂铱合金基准米尺的长度，获得了相当准确的结果（等于 1 553 163.5 个红光波长）。直至百余年后的今天，利用各种干涉仪精密测量长度仍然是几何量计量的一种重要方法。普朗克关于能量状态的量子化假说指出，物体在辐射和吸收能量时，其带电的线性谐振子可以和周围的电磁场交换能量，以致能从一个能级跃迁到另一个能级状态，并且能量子的能量为 $\Delta E=h\nu$（式中，h 为普朗克常数，ν 为频率）。爱因斯坦在普朗克假说的基础上，提出了光不仅具有波动性，而且还具有粒子性，即光是以速度 c 运动的粒子（光子）流，其单元（光子）的能量为 $\Delta E=h\nu$，从而说明不同频率的光子具有不同的能量。上述理论成功地解释了光电效应，成了热辐射计量的理论基础，同时也使计量开始从宏观进入微观领域。随着量子力学、核物理学的创立与发展，电离辐射计量逐渐形成。

核能及化工等的开发与应用，导致了第三次技术革命。在这个时期，科学技术和社会经济的发展更加迅速。原子能、化工、半导体、电子计算机、超导、激光、遥感、宇航等新技术的广泛应用，使计量日趋现代化，计量的宏观实物基准逐步向量子（自然）基准过渡。原子频标的建立和米的新定义的形成有着相当重要的意义。频率和长度的精密测量，促进了现代科技的发展。比如，光速的测定，原子光谱的超精细结构的探测，以及航海、航天、遥感、激光、微电子学等许多科技领域，都是以频率和长度的精密测量为重要基础的。

至于人们广泛谈论和关注的所谓第四次技术革命，将引起科技、经济和社会的重大变革，人类将进入"超工业社会"或"信息社会"。那时，不可再生的石化燃料能源将替换成可再生的太阳能、海潮发电等新能源，钢铁、机械、橡胶等传统产业将被电子工业、宇航工程、海洋工程、遗传工程等新兴产业所征服，等等。这场技术革命的先导是微电子学和计算机，而集成电路又可以说是先导的核心。集成电路的研制，没有相应的计量保证是不可想象的。比如，硅单晶的几何参数、物理特性，超纯水、超纯气的纯度，化学试剂、光刻胶的性能，膜层厚度、层错位错，离子注入深度、浓度、均匀度，以及工艺监控测试图形等的测定与控制都是精密测量。当前，我国集成电路研制尚比较落后，计量工作跟不上是其中的原因之一。

2. 计量与生产

计量是工业生产和产品制造的基础，是贯穿于全部生产和制造过程的一项活动。通过加强计量基础建设，能有效降低生产成本、提高生产效率、合理利用资源、提高产品质量和效益。例如，一辆普通的载重汽车有 9000 多个零件，由上百个工厂生产，若没有一定的计量保证，就无法装配成功。

节能是我国经济和社会发展的一项长远战略指针。计量不仅可以节能降耗，而且能够杜绝浪费，从而提高企业的经济效益。例如某地方中型钢铁厂轧钢板的耗油量，原来是每吨 300kg 左右，后来由于对废气、空气量、燃烧供热量以及温度等进行了计量监控，结果使能耗下降到每吨 40kg。原先，某钢厂的冶金炉所用的重油燃料靠人工经验控制，根本不计量。为了火旺，总是多投料，结果燃烧不彻底，黑烟滚滚，既多耗油又污染环境，以致连年亏损。后来，安装了计量仪表，对燃料进行了监控，使加油量保持在最佳值，既节约了油料又减少了污染，同时还提高了炼钢效率，结果很快就出现了扭亏为盈的新局面。某玛钢厂是我国生产玛钢制品的第一大厂，过去，能耗一直居高不下，是当地耗能的重点户。为摸清原因，该厂对十余种主要设备进行了热平衡测试，并取得了大量数据，从而计算出设备热平衡和能耗的基本关系，初步掌握了能源利用的规律，找出了能耗严重的主要原因并相应地安装了监测仪表。例如，退火窑的热效率原约为 8%，监测控制后则提高到 12%以上，退火时间由 60h 降到35h，一年可节煤近2000t、节电约26 000kW・h(度)。结果，一年下来，全厂的用水量下降了21%，节电约600 000kW・h，综合能耗下降了约10%，产值提高了22%。

计量是节能的基础。能源计量工作就是对能源的数量、质量及其他重要特征参数进行测试、计量、统计、分析、数据应用等工作的总称，它伴随在企业生产的全过程，通过计量手段，能源输出、利用、转化等各个环节的损失和效率能够得到清晰的表述，准确了解能源使用情况，运用先进的经营管理方法，对损失大、效率低的环节重点进行监控，从而实现企业能源计量工作持续改进。

在工业产品生产中，从产品设计、原料采购、生产加工、工艺过程控制、成品检验到包装入库，无论哪个过程或哪一个环节计量出现失准，都可能导致整批产品质量不合格甚至报废。因此，企业具备的计量能力可以反映其产品质量的真实水平与竞争力。例如，国外先进生产线的产品品质高，次品、废品少或几乎没有，其中重要的因素就是充分利用了在线测量与监控技术。至于所谓的柔性生产(制造)系统，更需要现代计量检测手段的技术保证。

当前，我国制造业正处在由劳动和资源密集型向资本和技术密集型转变的关键时期。我国发布的"中国制造2025"规划，提出用三个十年左右时间，完成由制造业大国向制造业强国的根本转变，还提出了以信息化和工业化深度融合为主线的一系列新举措。在未来工业中，信息化、智能化以及按需制造、绿色制造将成为趋势，先进的计量技术将全面渗透并嵌入到工业产品制造的全过程。因此，在我国制造业转型升级的过程中，加快计量科技进步、夯实计量基础将尤为关键和紧迫。

计量技术在现代农业中正得到越来越广泛的应用。比如在"绿色农业""物理农业""工厂化农业"等现代农业中，借助先进的计量仪器和人工气候等系统，可以实现农业生产环境(如温湿度、光照等)、技术(如掌握土壤的酸碱度、盐分、水分，有机质和氮、磷、钾的含量等)的有效控制，保障农产品的安全，提高土地利用率和生产力，还能避免自然灾害对农业生产带来的影响。

此外，现代生物计量技术的不断发展也有力促进了物种保护以及森林植被、土壤等生态中的生产力的提升，同时，对于减少二氧化碳排放、保护环境、物种改良、改善作物营养成分、降低农药残留物质对人体健康影响以及科学种田等都具有十分重要的作用。

事实充分表明，计量是国民经济建设和社会发展的主要技术基础，也是实现"创新驱动、转型发展"的关键。

3. 计量与国防

在国防建设中，武器装备的研制、定型、生产，需要建立完整的量值传递系统和管理制度。现代武器装备系统由数以万计的零部件组成，要把来自不同部门、不同地区生产的零部件严格按照设计要求准确无误地组装成一件武器，没有计量检测工作来实现量值的准确统一是无法想象的。

计量对国防，特别是尖端技术的重要性尤为突出。国防尖端系统庞大复杂，涉及的科技领域广，技术难度高，要求计量的参数多、精度高、量程大、频带宽。比如，由于飞行器与地面的距离不断增大，对通信、跟踪、测轨、定位等都相应地提出了更高的要求。就卫星来说，军用通信同步卫星距地面可达35 800km，而核爆炸检测卫星距地面则远达112 280km，用无线电联系，就必须有大功率的发射机和高灵敏度的接收机，因而必须对大功率、低噪声、大衰减和小电压等主要参数进行相应的计量测试。这不但要研究测试方法和设备，而且要建立相应的计量标准。当前,地面设备的发射平均功率可达几十千瓦,接收机的噪声温度已能低于15K。为提高对飞行器的控制能力,对跟踪、定位、测速等的精度要求越来越高,不仅对电子参数,而且对设备加工和伺服控制元件亦提出了更严格的要求。在连续波计量系统中,为保证测速精度达到每秒几厘米,地面频标的短期稳定度应在 10^{-12} 以上。在宇航系统中,地面设备之间的联系以及地面对空间飞行器的探测、控制都要高速地传输和处理大量数据。因此,要求传送信号的频带很宽而且精度很高。国际上通信和广播卫星将普遍使用 11～14GHz、20～40GHz 或更高频段,不断向毫米波、亚毫米波迈进。这就必须研制新的元器件、部件以至整机,从而对计量测试亦必然提出相应的新的要求。

对国防尖端技术系统来说,工作环境比较特殊,往往要在现场进行有效的计量测试,难度较大。例如,飞行器在运输、发射、运行、回收等过程中,要经历一系列诸如振动、冲击、高温、低温、高湿、强辐射等恶劣环境,当弹头进入大气层时,要经受几千摄氏度以上的超高温;提高接收机灵敏度的关键部件一般要在液氦的超低温下工作;主发动机推力可达几十兆牛,而姿态控制发动机的推力则只有几厘牛。原子弹、氢弹等核武器的研制与爆炸威力实验,对计量都有特殊要求,必须进行动态压力、动态温度、脉冲流量以及核辐射等一系列计量测试。2013 年 6 月 1 日,神舟十号飞船成功升空后再和目标飞行器天宫一号进行了完美的自动和手动交会对接,并进行了科研实验室和太空授课等一系列工作,于 15 天后返回内蒙古中部草原,圆满完成了任务。神舟十号飞船从起飞到送入预定轨道再到返回落地,对通信、跟踪、测轨、定位等都相应地提出了更高的要求,我国成为继美国、俄罗斯之后第三个拥有这项技术的国家,体现了一个国家综合国力的上升,是中华民族复兴的象征。由此可见,传送信号精度越高,准确定位的概率就越高,从而对计量测试系统必然提出更为严格的要求。

计量测试提供了所需的数据,保证了各部件、分系统和整个系统的可靠性;同时,还可以缩短研制周期,节约人力、物力和时间。例如,美国一航空喷气发动机公司,在研制一种新型发动机的过程中,需要进行一系列的计量测试。当计量仪器的误差为 0.75σ 时,需要进行 200 次实验,耗资 2000 万美元;当仪器的测量误差减小到 0.5σ 时,只需要进行 28 次实验,耗资仅 280 万美元。

可见,在国防建设中,计量测试是极其重要的技术基础,具有明显的技术保障作用,不仅可以节约资金,争取时间,提高作战能力,而且还能为指挥员的判断与决策提供可靠的依据。

4. 计量与人民生活

计量的重要性也体现在与我们息息相关的日常生活中,计量对人民生活的意义是相当明显的。生产过程的计量不容忽视,生活中的计量则更应关注。

在日常生活中,无论是衣食住行、柴米油盐,还是医疗卫生保健、社会服务、环境与安全等,都离不开计量,它直接触动人们的切身利益,而且有时非常敏感。例如,日常买卖中的计量器具是否准确,家用电表、煤气表和水表是否合格,以至公共交通的时刻是否准确等,都会对人们的生活产生一定的影响。可以说,计量科学技术时刻伴随着我们。

民以食为天,粮食是生活的必需品,任何人都离不开它。粮食的品质直接关系到人们的健康。在粮食生产的过程中,施化肥可以增产,洒农药可以除虫。但化肥和农药大多对人体有害,必须控制在一定的剂量之内,否则将会导致积累性中毒,造成严重的后果。还有蔬菜中常见的农药残留物(包括有机磷、有机氯、氨基甲酸酯类、除虫菊酯类等),有些虽然含量较低，却仍会对人的身体健康产生极其严重的危害。而对农药残留物质，各国都有非常严格的标准和规定，在检测过程中必须使用国家批准发放的农药残留量标准物质，而出口蔬菜还需要使用与出口地规定或标准相一致的标准物质，以保证极微量的农药残留量都能够被检测出。

食品的保鲜，是人们越来越关注的一个问题。医学界已经证明，粮食及其制品发霉变质会产生黄曲霉素，人和动物食用后容易致癌。另外，食品在加工过程中，往往要加入一些添加剂，如色素、味素、防腐剂等，都应对其进行必要的计量检测，以控制用量，否则会导致不良后果，危害人们的健康。所以，粮食及其制品的生产、储存和加工都离不开计量。副食品，特别是水产品、肉、蛋和蔬菜的冷冻保鲜，人们已普遍采用。对保鲜温度的控制很重要，温度过低会对食品的色、香、味甚至营养起破坏作用，温度过高则不易保存。这也只有通过相应的计量才能予以保证。总之食品安全得到保障，可以使我们免受许多病痛的困扰；反之，则会大大影响我们的健康，降低生活品质。

生态环境日益严峻的形势正受到全人类的共同关注，也直接关系到人类的生存与可持续发展。工业革命以后，高速增长的经济和化石能源的应用，对整个地球的生态和环境造成了巨大破坏，二氧化碳排放量持续增长，冰川消融、植被消失、物种灭绝，人类赖以生存的空气和水被严重污染，自然灾害也愈加频繁，这些是以牺牲环境和资源为代价的经济增长方式带来的后果。近年来，世界各国纷纷采取措施，其中关键的一环，就是进行有效的计量监测与控制，诸如对大气、水质及噪声等。至于水和空气对人体的重要性，是不言而喻的。社会调查表明，一些水质良好、空气新鲜的地区，特别是山区，人们的平均寿命较长；相反地，水质不好、空气污染严重的地区，人们的发病率较高，寿命普遍较短。近几年，通过对空气的计量测试，发现当空气中的负离子浓度较大时，人们会感到空气格外新鲜，对身体有一定的医疗保健作用。这也是往往将休养所、疗养院、保健院等建于山区、林中或海滨、湖畔的原因之一。目前，我国已经采用空间遥感卫星，利用先进的计量技术和方法，对农田、森林、草地、水体、荒漠、聚落生态等系统信息及变化进行全方位的监测。而在环境保护中，用于空气、水、噪声、废弃物、辐射等环境污染监测的计量仪器遍布全国，每时每刻提供着环境监测的数据。生态环境保护部门根据监测数据的变化，及时发布环境信息，对突发性环境污染事件及时预警并采取紧急处置措施。为了提高生态环境的监测水平，科学治理影响生态环境的突出问题，科学界正不断加强关于生态环境污染产生机理、污染监测、控制与治理的计量技术等的研究工作，并通过国际合作，建立起覆盖全球的地球观测系统，以监测生态环境变化和防范自然灾害。

在医疗卫生方面，计量测试的作用亦越来越明显。医学计量是确保医疗设备准确、可靠、有效、安全的必要手段，是医疗质量保障体系的技术基础和重要保证，是医院现代化管理的重要内容。例如，测量体温、血压，做心电图、脑电图以及各种化验等，皆是常见的计量测试，临床诊断的正确性除了依靠医生的经验外，最重要的是取决于医用诊断治疗设备测量的准确程度和测试方法的正确与否。如果计量器具失准，就不能正确客观地反映病人的病情，从而导致误诊、漏诊，最终造成错误治疗或延误病情。对于癌症，人们都很关注，是目前死亡率最高的疾病之一。据美国专家的估计，大约总人口的 1/4，在其一生中可能患有各种癌症。当然发病与否以及患病的程度各不相同。如今，有的国家癌症患者已逾百万。其中，约 70%的患者接受放射线治疗，但治愈者仅 40%左右。这里，要求肿瘤部位所受到放射线照射的剂量准确到±5%。因为,剂量小了,不足以抑制和杀伤癌细胞;剂量大了,则会使患者遭受不应有的损伤。

因此只有将计量管理方式和计量技术手段用于医疗质量控制环节,通过计量检定、校准发现并纠正医用计量器具、仪器设备存在的问题,避免不准确的医学量值带来的社会危害,才能使临床获取准确可靠的诊断和治疗。

5. 计量与国际贸易

计量是贸易正常开展的基本条件,现代贸易若无计量保证是难以想象的。例如,矿石、农产品等经常以“吨”“千克”等为单位,按质量结算;机械产品、轻工产品经常以“个”“卷”“打”等计数单位结算;木材、天然气等商品又以体积类单位“立方米”等结算。这些商品的量必须借助计量器具来确定,计量器具量值的准确与否将直接影响买卖双方的经济利益。计量也是把好贸易中商品质量关的重要保证,任何一种商品的质量都需要用参数指标来评价,例如色度、纯度、硬度、疲劳度等,而这些参数指标要依靠计量测试得到。例如,过去我国出口苹果,只凭观察外表或直接品尝,而没有采取计量手段。有的外商便借以刁难,随意削价。其实,对苹果的成熟度的计量很简单,只要定出与成熟度相应的硬度值,用普通的硬度计测一下就可以了。再如,我国出口原油,过去由于港口缺乏准确可靠的计量设备,往往采取宁可多装些油而避免索赔的做法,甚至出现多给了油,却被船主以超重为由提出索赔的憾事。当前我国原油的年产量已突破1.4亿t,每年都有相当数量的原油出口。一般港口对原油的计量精度约为0.5%。若将精度提高,哪怕只提高0.1%或更少,一年便可少损失大量的原油,不仅可获得明显的经济效益,而且也体现了我国的计量水平。至于我国进口的货物,数量不足、品质不符的情况时有发生。例如,国内某单位从外国进口了价值数百万美元的硅钢片,经计量检测,发现品质不合格,便向外商提出索赔。结果,在准确的计量数据面前,外商不得不认错,并进行了赔偿。我国进口了一批化肥,经计量检测发现分量明显不足,甚至比包装袋上的标称质量少百分之十几。人们越来越认识到,计量是保证产品品质、提高商品在市场上的竞争力的重要措施。对于国际贸易,计量更是消除贸易技术壁垒的重要手段。

在贸易全球化过程中,国际贸易规则也在不断发生新变化。国际市场上成功的交易通常都需要复杂的测量、标准及标准物质作为技术支撑,才能保证出口商品的测量数据和检验结果得到进口国的承认和接受。

6. 计量与交通安全

计量是现代交通运输和管理的重要基础。如今,全国城市和乡村安装了许多用于交通监控的装置,这些装置能够24h不间断地向中央管理系统提供道路车流的实时监控,合理分流车流,及时处置各种突发交通事故。到2014年底,我国机动车的保有量已达到2.64亿辆。机动车的安全可靠是交通管理的重要内容之一,对机动车的检验需要多种计量检测装置,通过对灯光、车速、刹车、底盘以及尾气排放等进行综合性能检测,以确保汽车行驶的安全可靠。在机场、铁路车站等处,有关部门会设置多种专用计量检测仪器,对重点部位的安全性能进行快速、动态检测,以及时发现和消除可能存在的事故隐患。比如高铁动车组运行时如果轮轴温度过高或轮轴出现裂纹,极可能引发车辆倾覆和人身安全事故。为此,在一些车站会设置检测点,当列车通过时,测量仪器自动对轮轴进行快速扫描和检测,发现隐患会立即报警。我国目前已经在远洋轮船、危险化学品运输车辆等交通工具上开始配备北斗卫星导航系统。北斗导航卫星上搭载了高准确度的原子钟，能够对船舶或车辆的位置提供精确的定位，还可以实现双向通信，为确保交通运输的安全、守时提供了重要的技术手段。

总之，计量已成为与百姓生活和国计民生息息相关的一门基础学科，是其他科学技术和社会经济发展的重要基础，也是社会生产力的重要组成部分。科学技术的进步、经济和社会的发展为计量的发展创造了重要的前提，同时也对计量提出了更高的要求，推动了计量的发展；而计量的成就，不仅促进了科技的进步，还激励了经济和社会的发展。正如门捷列夫所说："没有计量，便没有科学"。聂荣臻同志也曾明确指出："科技要发展，计量须先行""没有计量，寸步难行"。

思考题

1-1　什么叫计量？什么叫测量？

1-2　计量的内容有哪些？

1-3　计量是如何分类的？有何特点？

1-4　计量的发展经历了哪几个过程？

1-5　举例说明计量的作用和意义。

参考文献

[1]　王立吉.计量学基础[M].北京：中国计量出版社，2006.
[2]　李东升.计量学基础[M].北京：机械工业出版社，2006.

计量单位制

2.1 计量单位与单位制

2.1.1 量、量制、量纲

量是现象、物体或物质的可以定性区别和定量确定的一种属性。任何现象、物体或物质之所以存在并被察觉，就是因为它们具有一定的量。不同量可以通过定性和定量加以区别，所谓定性区别的含义是指量的单位，而定量确定的含义则是指量的数值。计量学中的量都是由一个数值和一个称为计量单位的特殊约定来组合表示的。

可直接相互比较的量(简称可比量)称为同种量；某些同种量又可组合在一起称为同类量，如功、热、能，厚度、周长、波长等。

计量学中的量，可分为基本量和导出量。在一定的量制中，约定的、被认为彼此独立的量，称为基本量；而由本量制的基本量的函数所定义的量，则称为导出量。

科学所有领域或一个领域的基本量和相应导出量的特定组合，称为量制。通常以基本量符号的组合作为特定量制的缩写名称，如基本量为长度(l)、质量(m)和时间(t)的力学量制的缩写名称为 l、m、t 量制。

在量制中，以基本量的幂的乘积表示，且其数字系数为 1 的本量制的一个量的表达式，称为量纲。量纲皆以大写的正体拉丁字母和希腊字母表示，如在力学量制中，力的量纲为 $\mathrm{LMT^{-2}}$。在国际单位制中，7 个基本量的量纲分别以 L(长度)、M(质量)、T(时间)、I(电流)、Θ(热力学温度)、N(物质量)和 J(发光强度)表示。力的量纲为 $\mathrm{LMT^{-2}}$，电阻的量纲为 $\mathrm{L^2MT^{-3}I^{-2}}$。除了 7 个基本量，其他所有导出量的量纲形式可以表示为基本量的量纲之积，故量纲常常又可以称为量纲积。总之，任意的量纲 Q 都可以表示为

$$\mathrm{dim}Q = \mathrm{L}^{\alpha}\mathrm{M}^{\beta}\mathrm{T}^{\gamma}\mathrm{I}^{\delta}\Theta^{\varepsilon}\mathrm{N}^{\xi}\mathrm{J}^{\eta} \tag{2-1}$$

指数 α、β、γ、δ、ε、ξ 和 η 均为比较小的整数，可以是正数、负数和零。导出量的量纲提供了关

于量和基本量之间的关系信息，和由SI基本单位的幂的乘积得到的导出量一样。

式(2-1)中，若导出量Q的量纲指数皆为零，则称为无纲量。严格地说，所谓无纲量，并非是没有量纲的量，只不过是量纲指数为零而已。由于任何指数为零的量皆等于1，故亦可以说，量纲等于1的量为无纲量。

在实际工作中，量纲的应用有相当重要的意义。任何科技领域中的规律、定律都可通过各有关量的函数式来描述。也就是说，所有的科技规律、定律都可以通过一组选定的基本量以及由它们得出的导出量来表述；而所有的量又都具有一定的量纲，即所有的物理量都包含在一个量纲系统中，从而使它们所描述的科技规律、定律获得统一的表示方法。

于是，通过量纲便可得出任一量与基本量之间的关系，还可以检验量的表达式是否正确等。如果一个量的表达式正确，则其等号两边的量纲必然相同，说明该表达式符合量纲法则。注意，这里所说的正确，是指按一定的原理或定义所得出的表达式，而并不是指所依据的原理或定义。也就是说，不符合量纲法则的表达式肯定是错误的；而符合量纲法则的表达式，就其所反映的规律而言，却不一定是正确的。这是因为在给定量制中，同种量的量纲一定相同，而相同量纲的量却未必同种。例如，在国际单位制中，功和力矩的量纲相同，皆为L^2MT^{-2}，但量却非同种。

2.1.2　计量单位与单位制

为了定量表示同种量的值，必须有一个量作为比较的基础，这种约定选取的特定量(通常其量值为1)便称为计量单位。

计量单位是在实践中逐渐形成的，往往不是唯一的，甚至有的量有若干个单位，如长度的单位就有米、码、英尺、市尺等。对于一个特定的量，其不同单位之间都有一定的换算关系，如1米等于3市尺或等于3.281英尺，等等。

计量单位一经选定，所有同种量便可用单位与纯数之积来表示，并称为该量的量值。

量的大小和量值的形式无关。量的大小，是客观存在，不取决于知道与否，也不取决于所采用的计量单位。也就是说，量的大小与所选择的单位无关；而量值则因单位不同而形式各异，即由于计量单位选取的不同，同一个量便会体现出不同形式的量值。例如，粒子的速度v可以表示为$v=25\text{m/s}=90\text{km/h}$，两个量值截然不同，但表示的却是同一个量的大小(粒子的速度)。

由于量的种类繁多，而且每个量又可能有不同的计量单位，所以为了便于应用，便在给定的量制中，约定选取某些独立定义的基本量单位作基础，并根据定义方程式由它们及一定的比例因数来导出其他相关量的单位。这些基本量的计量单位，便称为基本单位，而导出的其他相关量的单位则称为导出单位。为缩减符号长度，某些导出单位设有专门的名称和符号。例如，在国际单位制中，力的单位是由基本单位千克(kg)、米(m)和秒(s)导出的导出单位，并表示为$\text{m}\cdot\text{kg}\cdot\text{s}^{-2}$；而其专门名称则为牛顿，符号为N。

对于给定的量制，由选定的一组基本单位和该组基本单位及一定的比例因子根据定义方程式所确定的导出单位共同构成的单位体系，称为单位制。显然，所选取的基本单位不同，单位制也就不同。例如，以厘米、克、秒作为基本单位的单位制，称为厘米克秒制(CGS制)；以米、千克、秒作为基本单位的称为米千克秒制(MKS制)。

2.2 国际单位制

单位制的形成和发展，与科技的进步、经济和社会的发展密切相关。国际单位制是1960年第十一届国际计量大会通过，并在以后的实践中逐步发展和日趋完善的，是目前世界上最先进、科学和实用的单位制。由于国际单位制是在米制的基础上发展起来的，其中许多单位的名称和符号又都沿用了米制，故又有“现代米制”之称。

2.2.1 米制的起源与发展

米制是国际上最早公认的单位制。早在十七八世纪，计量单位及计量制度的混乱，就已经严重影响了科技和经济的发展，特别是在国际贸易和科技交流上的反映更加明显。于是，科学家们开始探求一种不分国家，即各国都适用的通用计量单位及计量制度。1791年经法国科学院的推荐，法国国民代表大会采纳了以长度单位“米”为基本单位的计量制度。当时，将法国敦刻尔克与西班牙巴塞罗那连线所在的地球子午线弧长的四千万分之一作为长度的基本单位，取名为“米”。面积和体积的单位分别是平方米和立方米，以及它们的十进倍数与分数单位。水的密度在4℃时具有最大值，于是法国国民议会将4℃时体积为1立方分米的纯水所具有的绝对质量规定为1千克，并作为质量的基本单位使用。由于这种制度是以“米”为基础的，故而称为“米制”。

根据上述决定，1772年4月，法国外交部就有关事项与西班牙政府达成一致，决定将拟定的子午线划分为南、北两段。其中南段位于罗德兹和巴塞罗那之间，由麦卡恩(Mechain)负责测量；北段位于罗德兹和敦刻尔克之间，由德拉布里(Delambre)负责测量；最终得出该长度为443.296分(当时巴黎使用的长度单位)。英国人勒努瓦选用金属铂，打造出4根横截面为矩形，左、右两端之间的距离正好等于1米的长杆状物件。并从中挑出最接近“米”的规定值、相对误差仅有0.001%的那根作为标准用尺。1799年6月22日，法国科学院举行盛大仪式，将勒努瓦选取的标准米尺交给法国国民议会。国民议会随后将该尺存放于法国档案局，史称档案局米(metre des archives)。1799年12月10日，国民议会颁布法律，将档案局米规定为长度原器。至此，完成了对长度单位米的定义工作。

关于质量，拉瓦锡尔(Lavoisier)等人测量了给定体积的水的质量，然后，依据所得的测量结果，用纯铂材质完成千克砝码的制作。1799年6月22日，纯铂材质的千克砝码与“米”的标准用尺一同送存于法国档案局，史称档案局千克(kiligramme des archives)。同年12月10日，法国国民议会颁布法律，将档案局千克规定为质量原器。就这样，关于质量单位的定义工作也宣告完成了。与此同时，也宣告了米制的诞生。

米制形成以后，米制就缓慢而坚定地在世界各地推广开来。1820年，荷兰、比利时和卢森堡等首先采用。紧接着西班牙、哥伦比亚、墨西哥、葡萄牙、意大利以及其他许多国家亦都相继采用。1858年(清咸丰八年)，米制传入我国，当时叫米突制、公制等，主要用于海关。1864年，英国开始允许米制与英制并行使用。到了1868年，德国也宣布自1872年1月1日起采用米制。

为了进一步统一世界的计量制度，法国政府于1869年向许多国家发出了关于派代表到巴黎召开国际米制委员会的邀请。会议于1872年8月召开，有24个国家派出了代表团。通过讨论，代表们最终决定，参照巴黎档案局所保存的档案局米和档案局千克制造出一批新的米尺和千克砝码，分发给与会各国作为原器使用。这些新原器都是用一种含10%铱和90%铂的熔融铂铱合金制造的。新的米原器是横截面为X形的线纹基准米尺，新的千克原器则为直径和高皆为39mm的圆柱形砝码。

1875年3月1日法国政府召集了有20个国家的政府代表与科学家参加的米制外交会议，此次会议不仅批准了前次会议所作出的有关决定，而且在会议的最后阶段，继续留在会议上的17个国家的代表正式签署了《米制公约》。公约规定从此以后通过召开国际计量大会的方式处理与计量有关的重大问题，由各签字国的代表组成的国际计量大会(CGPM)是"米制公约"的最高组织形式，下设国际计量委员会(Comité international des poids et mesures，法文缩写CIPM)，其常设机构为国际计量局(Bureau international des poids et mesures，法文缩写BIPM)。

1889年9月24—28日，第一届国际计量大会在法国巴黎顺利召开。会上将复制的30支新米原器中最接近档案局米的一支(No. 6)定义为国际米原器，称为国际米，并保存于国际计量局。会上还承认了根据档案局千克复制的国际千克原器，亦保存于国际计量局。

随着科技的发展，为适应工业和商业的需要，一些新的计量单位不断出现。于是也就逐渐形成了适用于各种科技领域的单位制。例如，厘米克秒制、米千克秒制、米千克力秒制、绝对静电单位制、绝对电磁单位制、国际实用单位制等。这些单位制虽然皆属米制，都是在米和千克这两个单位的基础上发展起来的，但制式繁多，且往往相互交叉使用，以致出现了一个量有多个单位同时应用的混乱局面。比如，压力就有千克力每平方米、达因每平方米、标准大气压、毫米汞柱、巴等许多单位。另外，由于历史的原因，有的国家除米制外，还存在着其他各种单位制，如英制、俄制等，结果使局面更加混乱。

第二次世界大战以后，出现了一种发展科技、繁荣经济、加强国际合作的新趋向。国际理论与应用物理协会和法国政府明确提出了在国际交往中应采用一种"国际实用单位制"的要求，并建议以米、千克、秒和绝对制中的一个电学单位为基础构成。结果，根据上述要求和建议，1948年10月12—21日召开的第九届国际计量大会责成国际计量委员会以法国文件为基础，征询各国科学技术与教育界的意见，以便提出一种为米制公约成员国都能接受的国际实用单位制。

根据国际征询所收到的意见，1954年召开的第十届国际计量大会决定：以米(m)、千克(kg)、秒(s)、安培(A)、开尔文(K)和坎德拉(cd)为基本单位，建立一种用于国际关系的国际实用计量单位制。

1956年，国际计量委员会建议，把以第十届国际计量大会通过的基本单位为基础的单位制命名为国际单位制，简称SI。

1958年，国际计量委员会又通过了关于单位制中单位名称的符号和构成倍数单位与分数单位的词头的建议。

1960年，第十一届国际计量大会根据上述建议，正式决定将该实用计量单位制命名为"国际单位制"，其国际符号"SI"系取自法文Le Système International d'Unités中的前两字的字头。

随着科学技术的进步和计量水平的提高，为满足实际需要，国际单位制亦在不断地充实和完善。例如，为适应化学的需要，1971 年第十四届国际计量大会决定增加一个叫“物质的量”的基本单位——摩尔。因为原有 6 个基本量中的“质量”，在物理学中是合适的，而在化学中则不尽然。在化学中，分子的结构，特别是一个系统中分子的数目往往比其总质量更加实用。又如，为将国际单位制推广到放射学的研究与应用中，使非专业人员使用单位尽可能简单，同时考虑到在医疗中发生错误可能造成危险的严重性，1975 年第十五届国际计量大会通过了关于放射性计量的两个具有专门名称的导出单位，即放射性活度单位贝可勒尔和吸收剂量单位戈瑞。再如，1979 年第十六届和 1983 年第十七届国际计量大会分别对发光强度单位坎德拉和长度单位米采取了新的定义；1991 年第十九届国际计量大会决定增加 4 个词头（10^{-24}、10^{-21}、10^{21}、10^{24}）；1999 年第二十一届国际计量大会建议对长度计量继续展开研究，以满足新增长的需求，建议对与质量单位相联系的基本常数或原子常数的关系进行研究，以考察千克未来的重新定义。2011 年第二十四届国际计量大会通过了用普朗克常数重新定义基本单位中的质量单位千克（kg），并对电流单位安培（A）、温度单位开尔文（K）、物质的量的单位摩尔（mol）重新进行了定义。2014 年第二十五届国际计量大会肯定了上届工作所取得的成果，建议对与重新定义单位相关的常数继续开展研究，以提供单位或重新定义单位满足要求的数据证明。

2.2.2 国际单位制

1. 国际单位制的构成

国际单位制由 SI 基本单位、SI 导出单位和 SI 单位的倍数单位构成，其体系如下：

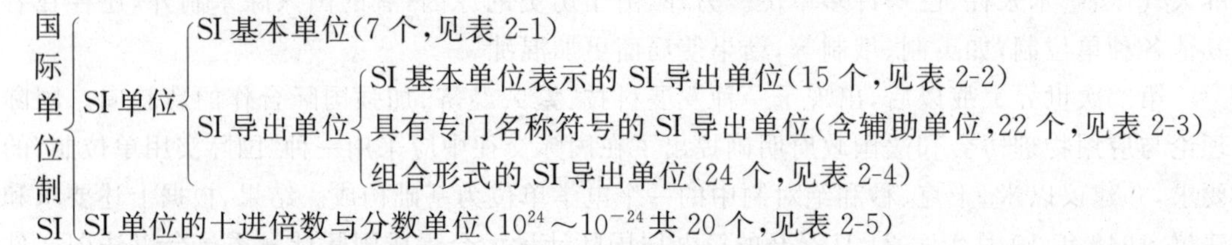

1）SI 单位

这里，SI 单位并不是国际单位制单位的简写，而只是 SI 中构成一贯性的单位。作为国际单位制单位来说，除 SI 单位外，还包括它们的倍数与分数单位。

所谓一贯性单位，是指一贯性导出单位。凡是按科学定义方程所得到的导出量，当构成其单位的基本单位的系数是 1 时，该导出单位对基本单位来说，便称为一贯性单位。例如，速度＝距离/时间。距离的基本单位为米，时间的基本单位为秒，于是速度的一贯性单位即为米/秒（或写成国际符号 m/s 或 $m\cdot s^{-1}$）。

(1) SI 基本单位

SI 基本单位共有 7 个，即米、千克、秒、安培、开尔文、摩尔、坎德拉，各 SI 基本单位所代表的物理量相互独立，构成了整个国际单位制 SI 的基础，SI 基本单位名称和符号见表 2-1，表中各 SI 基本单位的定义将会随着科学的发展，在现有的基础上，进一步地充实和完善。

表 2-1　SI 基本单位

物理量名称	物理量符号	单位名称	单位符号
长度	l,r 等	米	m
质量	m	千克(公斤)	kg
时间	t	秒	s
电流	I,i	安[培]	A
热力学温度	T	开[尔文]	K
物质的量	n	摩[尔]	mol
发光强度	I_v	坎[德拉]	cd

注：① 圆括号( )中的名称，是前面的名称的同义词，下同。
② 方括号[ ]内的字，在不致引起混淆、误解的情况下，可以省略。无方括号的量的名称与单位名称均为全称。去掉方括号中的字即为其名称的简称。下同。
③ 本标准所称的符号，除特殊指明外，均指我国法定计量单位中所规定的符号以及国际符号，下同。
④ 人民生活和贸易中，质量习惯称为重量。
⑤ 物理量符号用斜体表示。

① 米(m)

长度单位米是光在真空中于(1/299 792 458)s 时间间隔内所经路径的长度。因此，光在真空中的速度是 299 792 458m/s，即 C_0＝299 792 458m/s。

前已提及，最初米是以法国敦刻尔克与西班牙巴塞罗那连线所在的地球子午线弧长的四千万分之一来定义的，其原器保存于法国档案局。1889 年第一届国际计量大会正式批准了根据档案局米的值，用铂铱合金制造的新米原器中最接近档案局米的一支为国际米原器(国际米)，并已宣布：该米原器在冰融点温度时代表长度的单位米。这个国际米原器保存在国际计量局，而其余的米原器则抽签分发给各米制公约成员国作为国家基准米。尽管国际米原器系用铂铱合金制成，具有高硬度和高抗氧化性能，但其长度随时间的推移仍不可能保持不变。因为任何金属经加工后都难免产生一定的内应力，必然要引起微晶结构的缓慢变化。

为了摆脱实物基准器所固有的弊病，经过科学家们的积极努力，在 1960 年召开的第十一届国际计量大会上通过了以氪-86 原子辐射的波长来高精度复现米的新定义。这是第一个量子基准(亦称自然基准)，从而使米的复现精度从 1×10^{-7} 提高到 4×10^{-9}。后来，由于激光稳频技术的发展，激光在计量的复现性和易于应用方面已大大优于用氪-86 原子辐射的辐射基准，以致由计量激光频率和光速给定值所确定的激光波长的复现性比氪-86 要好。于是在 1983 年召开的第十七届国际计量大会上正式通过了现行的米以光速表示的新定义，从而使米的复现精度得以进一步提高，可达 $10^{-10}\sim10^{-11}$，甚至 10^{-12} 量级。

② 千克(kg)

千克是质量单位，等于国际千克原器的质量。

国际千克原器是用铂铱合金制造的。为减小由于磨损或其他物质的吸附而引起的变化，原器的表面积应尽可能小，因而最好的形状应是球形，但考虑到加工和调准的困难，还是取了最小面积的圆柱体，即高等于直径的圆柱体。该国际千克原器于 1878 年提出订制，1880 年与档案局千克进行比对，1883 年被国际计量局选定，1889 年被第一届国际计量大会承认。该原器百余年来一直被保存在国际计量局的地下室里，被精心地安置在有三层钟罩保护的托盘上(见图 2-1)。

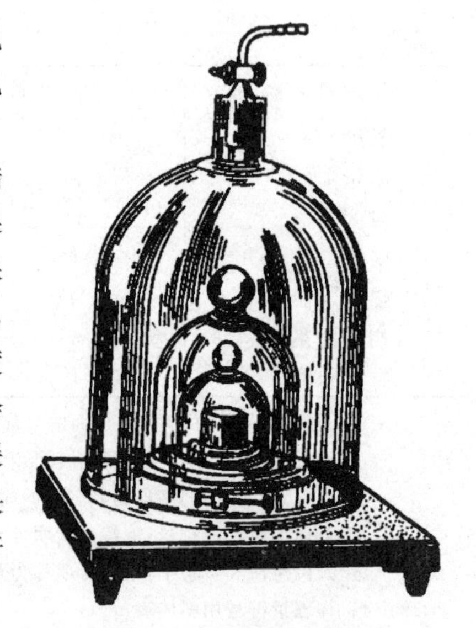

图 2-1 国际千克原器

1989 年，在国际计量局的统一安排下，世界各国陆续将其持有的千克基准与国际千克进行了比对，结果发现各国家基准的质量年均增长 0.5μg。其中，法国保存的原器采取的保存条件与国际千克原器相当，因此，人们有理由怀疑国际千克自身是否也发生了同等程度的改变。1995 年 10 月召开的第二十届国际计量大会提出希望国际上有条件、有能力的研究机构尽快开展废除千克实物基准的有关工作。在构思出的几种解决方案中，最具吸引力的是建立在瓦特天平上的约定普朗克常数这一构想。

英国国家物理研究所(National Physical Laboratory，NPL)是世界上最早开展瓦特天平方面研究的机构。1998 年其所得到的普朗克常数值为 $6.626\,068\,91\times10^{-34}$ 焦耳秒，相对不确定度为 8.7×10^{-8}，与国际千克原器可能具有的年漂移率处于同一个量级水平，从而为重新定义千克创造了良好条件。

2004 年年底，国际单位制咨询委员会(The Consultative Committee for Units，CCU)主席 Mills、国际科学技术数据委员会(Committee on Data for Science and Technology，CODATA)主席 Mohr、国际计量局(BIPM)前局长、美国国家标准技术研究院(National Institute of Standards and Technology，NIST)前电学处处长 Taylor 以及瓦特天平项目负责人 Williams 以"重新定义千克：是该作出决定的时候了"为题，共同建议：

(a) 将千克重新定义在普朗克常数或阿伏伽德罗常数的基础之上，而不必等到更为理想的数据出现之后；

(b) 现有千克原器所具有的 10^{-7} 量级的不确定度对于绝大多数的应用而言并不造成实际影响，其质量可以作为约定值继续使用，以担当量值传递任务。

2005 年 10 月，国际计量委员会作出如下决议：

(a) 原则上批准关于准备采用基本物理常数重新定义 SI 基本单位的建议；

(b) 请各有关方面在 2007 年 6 月之前向国际计量委员会提交准备采用基本物理常数重新定义 SI 基本单位的具体建议；

(c) 密切关注有关新定义的实验结果，尤其是那些运用不同方法所开展的实验；

(d) 建议各国家计量实验室开展与新定义有关的基本物理常数的测定工作，以及有关实物基准稳定性的考察工作，为新定义的实施做准备。

上述决议正式拉开了采用基本物理常数重新定义 SI 基本单位这项工作的序幕。

2011 年 10 月召开的第二十四届国际计量大会对国际单位制作出修订：千克仍将继续用于质量单位，千克的量将通过校准普朗克常数得到。普朗克常数等于 $6.626\,06\times10^{-34}$，用基本单位表示为 $m^2\cdot kg\cdot s^{-1}$，等于焦耳秒。此外，大会决定从国际单位制修订之日起，废除自 1889 年第一届国际计量大会以来基于国际千克原器对千克的定义。大会决议进一步指出，在废除旧定义之后，千克国际原器的质量仍然为1千克，其相对不确定度等同于被推荐的普朗克常数h，之后的不确定度将通过实验来确定。2014年11月第二十五届国际计量大会决议认为，用于千克重新定义的普朗克常数的测量已取得阶段性进展，不仅基于两种不同方法的测量结果不确定度进一步减小，不同结果间的一致性程度也明显得到改善，但仍需对其用于修订的实验数据开展进一步研究。

③ 秒(s)

时间单位秒是铯-133原子在温度为0开尔文时，原子基态的两个超精细能级之间跃迁所对应的辐射的9 192 631 770个周期的持续时间。

秒最初是根据地球自转一周，即太阳日的1/86 400来定义的。由于在一年的持续时间里太阳日是变化的，又确定了平均太阳日，并取平均太阳日的1/86 400作为时间单位秒。后来又发现地球的自转并非理想中的等速，于是又以地球绕太阳的公转周期，即回归年作为确定时间单位的基础。1960年第十一届国际计量大会正式确认：国际天文联合会定义秒为基于回归年1900的1/31 556 925.974 7。然而，回归年仍有变化，实验工作已经表明，一个原子时间标准，基于分子或原子的两个能级之间的过渡，可以实现更精确的再现。考虑到单位时间内一个非常精确的定义是科学技术不可缺少的，1967年第十三届国际计量大会决定采用原子时作为秒的定义，即1秒是铯-133原子基态的两个超精细能级之间跃迁所对应的辐射的9 192 631 770个周期的持续时间，这就使得秒的复现精度由10^{-9}提高到10^{-13}～10^{-14}甚至10^{-15}量级，是目前所有的计量单位中复现精度最高的。

2011年第二十四届国际计量大会对秒的定义作了进一步完善，即前面的定义所述。

④ 安培(A)

安培是电流的单位。在真空中，截面积可忽略的两根相距1m的无限长平行圆直导线内通以等量恒定电流时，若导线间相互作用力在每米长度上为2×10^{-7}N，则每根导线中的电流为1A。磁常数μ_0也被称为空间磁导率，$\mu_0=4\pi\times10^{-7}$H/m。

原来电流单位安培曾用能在硝酸银水溶液中以一定速率析出银的电流来定义，称为国际安培，属于当时的国际制。但复现的精度差，无法满足实际要求。早在1928年电学咨询委员会就向国际计量委员会提出了尽快解决以所要求的精度确定电流的建议。1939年，电学咨询委员会确认已能获得这样的精度，并建议过渡到绝对单位。后来由于第二次世界大战的缘故，迟迟未能召开国际计量会议。直到1946年，国际计量委员会才决定从1948年1月1日起开始使用绝对电学单位制，并给出了现行的安培定义，当时称为绝对安培，得到了1948年第九届国际计量大会的批准。2007年二十三届国际计量大会发现研究工作的进展对安培的重新修订具有较大的影响。2011年二十四届国际计量大会通过了将测定的元电荷数值$1.602\,176\,53\times10^{-19}$C作为自然不变量，电流单位安培的大小由元电荷决定的决议，2014年二十五届大会肯定了该项决议，并对其修订结果提出了要求。

⑤ 开尔文(K)

热力学温度单位开尔文等于水的三相点热力学温度的1/273.16。因此，水的三相点的热力学温度正好是273.16K。

热力学温度单位开尔文在1948年第九届国际计量大会上即已原则决议，并在1954年第十届国际计量大会上正式定义，当时叫开氏度，后来在1967年第十三届国际计量大会上才决定改称开尔文，符号为K。除开尔文(K)表示热力学温度(T)外，也使用摄氏度(℃)来表示摄氏温度(t)。摄氏度常用于日常生活,作为单位,它与开尔文相等,即1℃=1K。但由于摄氏度是以水的冰点的热力学温度($T_0=273.15\text{K}$,与水三相点的热力学温度差0.01K)为零度的,故摄氏温度与热力学温度的数值关系为$t=T-T_0$。温度间隔或温差,既可用摄氏度表示,亦可用开尔文表示。

2005年召开的国际计量委员会会议注意到,水分子的同素异形体的组成中由下面这几种元素的比例构成:在每摩尔^{1}H元素中包含0.000 155 76摩尔的^{2}H,在每摩尔^{16}O元素中包含0.000 379 9摩尔的^{17}O和0.002 005 2摩尔的^{18}O。

2011年第二十四届国际计量大会废除自1967/1968年(1967/1968年第十三届国际计量大会第4项决议)生效的基于更早更不明确(1954年第十届国际计量大会第3项决议)的开尔文定义。开尔文将继续用于热力学温度单位,开尔文的量将通过校准玻尔兹曼常数来得到。玻尔兹曼常数等于1.3806×10^{-23},用基本单位表示为$\text{m}^2\cdot\text{kg}\cdot\text{s}^{-2}\cdot\text{K}^{-1}$,等于焦耳每开。

⑥ 摩尔(mol)

物质的量单位摩尔是一系统的物质的量。每1摩尔任何物质(微观物质,如分子、原子等)含有阿伏伽德罗常量(约6.02×10^{23})个微粒。使用摩尔时基本微粒应予指明,可以是原子、分子、离子及其他粒子,或这些粒子的特定组合体。

过去,在确定摩尔之前,一直用克原子、克分子等单位来表示化学元素或化合物的量。这些单位与原子量、分子量有着直接的联系。所谓"原子量",最初是以氧的原子量为标准(定为16)。后来,分离出了各种同位素,物理学只将其中之一定为16;而化学则将3种同位素(16、17、18)的混合物,即天然氧元素定为16。于是便出现了两种不同的原子量标准,也就形成了两套不同的原子量,即物理原子量和化学原子量。为结束这种不一致的局面,国际理论与应用物理协会和国际理论与应用化学协会于1960年达成协议,一致同意将碳同位素12的值定为12,以其为标度去定出相对原子质量的数值,并提议定义一个物质的量的单位——摩尔。1971年第十四届国际计量大会考虑了这一提议,并决定了物质的量的单位摩尔的定义。1980年国际计量委员会批准了单位咨询委员会第七次会议提出的"在这个定义中还应指明,碳-12是非结合的、静止的且处于其基态的原子"的报告。

2011年第二十四届国际计量大会废除自1971年(第十四届国际计量大会第3项决议)生效的基于碳-12元素的摩尔质量等于0.012千克每摩尔的定义。摩尔将继续用于特定物质实体,例如原子、分子、离子、电子和其他粒子或特定种类粒子的量的单位,摩尔的量将通过校准阿伏伽德罗常数来得到。阿伏伽德罗常数等于$6.022\,14\times10^{23}$,用基本单位表示为mol^{-1}。

⑦ 坎德拉(cd)

发光强度单位坎德拉是一光源在给定方向上的发光强度,该光源发出频率为540×10^{12} Hz的单色辐射,且在此方向上的辐射强度为1/683W/sr。因此,对于频率540×10^{12} Hz的单色辐射的光谱光视效能是683流明每瓦,即K=683lm/W=683cd sr/W。

发光强度单位,最初是用蜡烛(或其他火焰)来定义的,故有"烛光"之称。后来逐渐采用黑体辐射原理对发光强度单位进行研究,并于1948年第九届国际计量大会上决定采用处于铂凝固点温度的黑体作为发光强度的基准,同时定名为"坎德拉",亦曾一度称为"新烛光"。1967年第十三届国际计量大会又对坎德拉作了措辞更加严密的定义。但由于用该定义复现的坎德拉的误差较大,满足不了需要,加之辐射功率的计量已取得了显著的进展,1979年第十六届国际计量大会便决定采用现行的新定义。

2011年10月召开的第二十四届国际计量大会通过若干决议,委员会认为虽然现阶段坎德拉的定义并不与基本常量相关，但也可以看作是与一项自然不变量相关。

2018 年 11 月召开的第二十六届国际计量大会通过了关于修订国际单位制的决议。国际单位制中的千克、安培、开尔文和摩尔 4 个基本单位的定义改由常数定义，另外 3 个基本单位，秒、米和坎德拉的定义保持不变，但是定义的表达方式会有一定改变。关于国际单位制的完整描述和解释可在国际计量局官网上获得。

(2) SI 导出单位

SI 导出单位包括 SI 基本单位表示的 SI 导出单位、具有专门名称与符号的 SI 导出单位、组合形式的导出单位。其中，用 SI 基本单位表示的 SI 导出单位是 SI 基本单位代数形式的组合，其符号中的乘和除采用数学符号，例如速度的 SI 单位为米每秒(m/s)；具有专门名称与符号的 SI 导出单位能够避免使用较为复杂的 SI 基本单位表示，使导出单位表达更为方便准确，一般用于基本单元组合使用较为频繁的情况，如力的单位以 N 表示，以取代较为麻烦的 $kg \cdot m/s^2$；组合形式的导出单位是由上述两种形式的单位组合而成的。

SI 基本单位表示的 SI 导出单位见表 2-2。

表 2-2　SI 基本单位表示的 SI 导出单位

量的名称	量的符号	单位名称	单位符号	量的名称	量的符号	单位名称	单位符号
面积	S	平方米	m^2	电流密度	J	安培每平方米	A/m^2
体积	V	立方米	m^3	磁场强度	H	安培每米	A/m
速度	v	米每秒	m/s	浓度	c	摩尔每立方米	mol/m^3
加速度	a	米每平方秒	m/s^2	质量浓度	ρ,γ	千克每立方米	kg/m^3
波数	σ	米的倒数	m^{-1}	[光]亮度	L	坎[德拉]每平方米	cd/m^2
密度	ρ	千克每立方米	kg/m^3	折射率	n	1	1
面密度	ρ_A	千克每平方米	kg/m^2	反射率	R	1	1
比容	v	立方米每千克	m^3/kg				

注：① 在临床化学中，浓度又被称为物质浓度。

② 折射率、反射率是无量纲的量，由于其单位符号为 1，书写时通常省略。

③ 无量纲的量通常是指两个国际单位相同的量的比值，除简单的折射率、反射率等之外，还表示较为复杂的量，如雷诺数，即 $Re=\rho vL/\eta$，ρ 为物质密度，η 为动态黏度，v 为速度，L 为长度。

④ 在一些情况下，无量纲的量也被赋予专门的符号与名称，例如表 2-3 中的弧度与球面度。

具有专门名称与符号的 SI 导出单位见表 2-3。

表 2-3　具有专门名称与符号的 SI 导出单位

量的名称	SI 导出单位		
	名称	符号	用 SI 基本单位和 SI 导出单位表示
[平面]角	弧度	rad	1rad=1m/m=1
立体角	球面度	sr	$1sr=1m^2/m^2=1$
频率	赫[兹]	Hz	$1Hz=1s^{-1}$
力	牛[顿]	N	$1N=1kg \cdot m/s^2$
压力，压强，应力	帕[斯卡]	Pa	$1Pa=1N/m^2$
能[量]，功，热量	焦[耳]	J	$1J=1N \cdot m$
功率，辐[射能]通量	瓦[特]	W	1W=1J/s
电荷[量]	库[仑]	C	$1C=1A \cdot s$
电压，电动势，电位，(电势)	伏[特]	V	1V=1W/A

续表

量的名称	SI导出单位		
	名称	符号	用SI基本单位和SI导出单位表示
电容	法[拉]	F	1F=1C/V
电阻	欧[姆]	Ω	1Ω=1V/A
电导	西[门子]	S	$1S=1\Omega^{-1}$
磁通[量]	韦[伯]	Wb	1Wb=1V·s
磁通[量]密度,磁感应强度	特[斯拉]	T	$1T=1Wb/m^2$
电感	亨[利]	H	1H=1Wb/A
摄氏温度	摄氏度	℃	1℃=1K
光通量	流[明]	lm	1lm=1cd·sr
[光照]度	勒[克斯]	lx	$1lx=1lm/m^2$
[放射性]活度	贝可[勒尔]	Bq	$1Bq=1s^{-1}$
吸收剂量	戈[瑞]	Gy	1Gy=1J/kg
剂量当量	希[沃特]	Sv	1Sv=1J/kg
催化活性	开[特]	kat	1kat=1mol/s

注：① 弧度、球面度原属SI辅助单位，1994年第八十三届国际计量委员会建议，把SI辅助单位弧度和球面度解释为无量纲导出单位，1995年第二十届国际计量大会正式将SI辅助单位并入到导出单位。

② 弧度、球面度为无量纲导出单位，在实际表达时，其符号rad、sr通常需要保留。

③ 在光度测定中，球面度的符号与名称通常都需要保留。

④ 频率的单位赫兹仅用于周期性现象，贝可勒尔仅适用于放射性活度的随机过程中。

⑤ 摄氏度是开尔文名称的特殊表达，二者温差大小是相等的。

⑥ 放射性活度与放射性不同。

在表2-3中，平面角单位弧度是圆内两条半径之间的平面角，这两条半径在圆周上所截取的弧长与半径相等。

立体角单位球面度是一立体角，其顶点位于球心，而它在球面上所截取的面积等于以球半径为边长的正方形面积。

放射性活度、吸收剂量、剂量当量、催化活性是为了人类健康安全防护上的需要而确定的，由于这些量涉及人的安全防护，故其单位表达必须是指定的贝可勒尔、戈瑞、希沃特，而不是秒的倒数或焦每千克，以避免由于单位不同而造成危害。

在实际应用中，量的单位一般优先使用某些特殊的单位名称或单位名称的组合，便于表达量的形成过程，如频率的单位赫兹代表周期每秒，角速度的单位为弧度每秒，贝可勒尔的单位为计数每秒，虽然这三个单位中均有秒的倒数表达，但所表示的物理量性质不同。

组合形式的SI导出单位见表2-4。

表2-4　组合形式的SI导出单位

量的名称	SI导出单位		
	名　　称	符　　号	用SI基本单位表示
[动力]黏度	帕[斯卡]秒	Pa·s	$kg\cdot m^{-1}\cdot s^{-1}$
力矩	牛[顿]米	N·m	$kg\cdot m^2\cdot s^{-2}$
表面张力	牛[顿]每米	N/m	$kg\cdot s^{-2}$

续表

量的名称	SI 导出单位		
	名称	符号	用 SI 基本单位表示
角速度	弧度每秒	rad/s	$m \cdot m^{-1} \cdot s^{-1} = s^{-1}$
角加速度	弧度每平方秒	rad/s^2	$m \cdot m^{-1} \cdot s^{-2} = s^{-2}$
热流[量]密度,辐[射]照度	瓦[特]每平方秒	W/m^2	$kg \cdot s^{-3}$
热容,熵	焦[耳]每开[尔文]	J/K	$kg \cdot m^2 \cdot s^{-2} \cdot K^{-1}$
比热容,比熵	焦[耳]每千克开[尔文]	J/(kg·K)	$m^2 \cdot s^{-2} \cdot K^{-1}$
比能	焦[耳]每千克	J/kg	$m^2 \cdot s^{-2}$
热导率	瓦[特]每开[尔文]	W/(m·K)	$kg \cdot m \cdot s^{-3} \cdot K^{-1}$
能[量]密度	焦[耳]每立方米	J/m^3	$kg \cdot m^{-1} \cdot s^{-2}$
电场强度	伏[特]每米	V/m	$kg \cdot m \cdot s^{-3} \cdot A^{-1}$
电荷[体]密度	库[仑]每立方米	C/m^3	$A \cdot s \cdot m^{-3}$
表面电荷密度	库[仑]每平方米	C/m^2	$A \cdot s \cdot m^{-2}$
电位移	库[仑]每平方米	C/m^2	$A \cdot s \cdot m^{-2}$
电容率	法[拉]每米	F/m	$kg^{-1} \cdot m^{-3} \cdot s^4 \cdot A^2$
磁导率	亨[利]每米	H/m	$kg \cdot m \cdot s^{-2} \cdot A^{-2}$
摩尔能量	焦[耳]每摩[尔]	J/mol	$kg \cdot m^2 \cdot s^{-2} \cdot mol^{-1}$
摩尔熵,摩尔热容	焦[耳]每摩[尔]开[尔文]	J/(mol·K)	$kg \cdot m^2 \cdot s^{-2} \cdot mol^{-1} \cdot K^{-1}$
X 或 γ 射线的曝光量	库[仑]每千克	C/kg	$A \cdot s \cdot kg^{-1}$
吸收剂量率	戈[瑞]每秒	Gy/s	$m^2 \cdot s^{-3}$
辐射强度	瓦[特]每球面度	W/sr	$kg \cdot m^2 \cdot s^{-3} \cdot sr^{-1}$
辐射率	瓦[特]每平方米球面度	$W/(m^2 \cdot sr)$	$kg \cdot s^{-3} \cdot sr^{-1}$
催化活性浓度	开[特]每立方米	kat/m^3	$mol \cdot s^{-1} \cdot m^{-3}$

2) SI 单位的十进倍数与分数单位

SI 单位的十进倍数与分数单位主要由 SI 词头加上 SI 单位构成。由于实际应用中,以 SI 基本单位或导出单位直接对某种量表示往往会产生许多不便,比如用千克来表示原子的 SI 质量则太大,而用千克表示地球的质量则又太小。于是便确定了一系列十进制的词头,词头符号与所紧接的单位符号应作为一个整体对待,它们共同组成一个新单位,并具有相同的幂次,而且还可以和其他单位构成组合单位。从而使单位相应地变大或变小,以满足不同的需要。目前已采用的 SI 词头共有 20 个,从 $10^{24} \sim 10^{-24}$(见表 2-5)。

例如,$1cm^3 = (10^{-2}m)^3 = 10^{-6}m^3$,$10^{-3}$tex 可写为 mtex。

不得使用重叠词头,如只能写 nm,而不能写 mμm。

注意:词头符号一律用正体;10^6 及其以上的词头符号用大写体,其余皆用小写体;词头不能无单位单独使用,必须与单位合用。

SI 单位加上 SI 词头后,就不再称为 SI 单位,而被称为 SI 单位的十进倍数与分数单位,唯一的例外就是千克(kg),它是 SI 质量单位而不是十进倍数单位,这是历史原因所造成的,而 SI 质量单位的倍数单位则是由“克”(g)前加 k 以外的词头构成。

表 2-5 SI 词头

因数	词头名称		符号
	英文	中文	
10^{24}	yotta	尧[它]	Y
10^{21}	zetta	泽[它]	Z
10^{18}	exa	艾[可萨]	E
10^{15}	peta	拍[它]	P
10^{12}	tera	太[拉]	T
10^{9}	giga	吉[咖]	G
10^{6}	mega	兆	M
10^{3}	kilo	千	k
10^{2}	hector	百	h
10^{1}	deca	十	da
10^{-1}	deci	分	d
10^{-2}	centi	厘	c
10^{-3}	milli	毫	m
10^{-6}	micro	微	μ
10^{-9}	nano	纳[诺]	n
10^{-12}	pico	皮[可]	p
10^{-15}	femto	飞[母托]	f
10^{-18}	atto	阿[托]	a
10^{-21}	zepto	仄[普托]	z
10^{-24}	yocto	幺[科托]	y

2. 用于描述生物效应的单位量

描述生物效应的单位量很难和国际单位制(SI)的单位联系起来,因为它们涉及的加权因子可能依赖于能量和频率,通常不能很精确地获取或定义。这些单位不属于国际单位制的单位,这里只作一些简单的介绍。

光辐射可能会引起生物或非生物材料的化学变化,这一特性称为光化作用,将造成这种变化的辐射称为光化辐射。在有些情况下光化学和光生物量的测量结果可以用国际单位制(SI)来表示。

声波可以引起空气中细微的振动,并在标准的大气压力下叠加,被人耳感知。耳朵的灵敏度取决于声音的频率,但并不是简单的压力变化或频率的函数,因此,频率加权量被应用在声学中来近似感知声音及预防听力损伤。超声波在医学诊断和治疗中的效应与之类似。

单位质量物质受电离辐射后会吸收辐射能量,简称吸收剂量,高剂量的电离辐射能够杀死细胞的现象可被用于放射治疗。适当的生物加权函数可被用来实现不同剂量的治疗效果,低剂量的辐射会导致肌体受损,如诱导癌症,需采用适当的风险加权函数作为辐射防护的基础。

上述用于某些物质的生物活性的医学诊断和治疗的单位,还没有在国际单位制(SI)中被定义。这是因为这些物质的医疗使用机理并不明确，很难被物理化学参数量化，鉴于人类健康和安全的重要性，世界卫生组织（WHO）已经负责承担起这种物质的生物活性的国际单位（IU）的定义。

3. 国际单位制的优越性

国际单位制的优越性可概括如下。

1）严格性

国际单位制对各种量及其单位的名称、符号和使用规则等，都有严格的规定，不致混淆，其依据是被科学实验所证实的物理规律，同时也澄清了某些量与单位的概念。比如，质量与物质的量，过去由于量与单位的概念不明确，曾长期模糊不清，往往造成混淆；而在国际单位制中，则明确地给出了严格的定义，从而得到了澄清。

2）简明性

国际单位制力求简明，取代了相当数量的其他单位制中的各种单位，从而免去了许多不同单位之间的换算，节约了人力、物力和时间，而且避免了换算误差与可能出现的换算错误。例如，压力、压强、应力的单位皆用帕（Pa），而取消了巴（bar）、毫米水柱（mmH_2O）、毫米汞柱（mmHg）、托（Torr）以及标准大气压（atm）、工程大气压（at）等，另外还可以避免同类量存在不同量纲以及不同类量而具有相同量纲的矛盾。

3）实用性

国际单位制由 SI 基本单位、SI 导出单位（其中较为常见的 22 个还规定了专门的名称和符号）、SI 单位的倍数单位构成。SI 基本单位与 SI 导出单位的主单位量值都比较实用；SI 单位的倍数单位用以构成十进倍数单位与分数单位，能大能小，可适用于各种需要。

4）通用性

国际单位制包括了所有理论与应用科学技术的计量单位，能使科技、生产、文化教育、经济贸易及人民生活等各方面所应用的计量单位统一于一个单位制中，具有其他已有各种单位制所不能比拟的通用性。另外，国际单位制的每个单位都有明确规定的专用符号，不受国度、种族、语言和文字的限制，便于国内和国际通用，不仅有利于本国的科技、经济和社会的发展，而且也有利于世界各国的科技、文化与经济交流。国际单位制的通用性，不仅体现在各行各业之间，而且也体现于世界各国之间。

由于国际单位制与其他单位制相比，具有明显的优越性，如今已被世界各国以及国际组织所广泛采用。就连长期一贯使用“英制”的英国，也从 1995 年 10 月 1 日起全面推行国际单位制。国际单位制所定义的 7 个基本单位，都是建立在当代科学技术最高实验水平的基础上，均能以最高准确度复现和保存，除质量单位千克外，其他 6 个基本单位均实现了量子基准。而千克定义在基本常数成为发展的方向，目前，使用自然基准重新定义千克的研究除了有通过测量普朗克常数以外，还有测量阿伏伽德罗常数、焦耳天平技术等方法。随着科学技术的发展，复现准确度还将不断提高。

2.2.3　国际单位制外的单位

国际计量委员会于 1969 年认为，在采用国际单位制时，亦可适当使用一些具有重要作用和广泛应用的或者在专门领域内经常使用的国际单位制外的单位，如与国际单位制并用的单位、由实验得出的与国际单位制并用的单位以及暂时保留与国际单位制并用的单位、与CGS (centimetre-gram-second，厘米-克-秒)或 CGS-Gaussian 单位制有关的单位。

1. 与国际单位制并用的单位

与国际单位并用的单位主要包括在某些领域常用且具有重要作用的单位，如代表时间的分、小时、日，代表平面角度的[角]分、[角]秒等，见表 2-6，表中的单位可与当今国际单位制中的单位并用。

表 2-6 与国际单位制并用的单位

单位名称	单位符号	用 SI 单位表示
分	min	1min＝60s
小时	h	1h＝60min＝3600s
日	d	1d＝24h＝86 400s
度	°	$1°=(\pi/180)$ rad
[角]分	′	$1'=(1/60)°=(\pi/10\,800)$ rad
[角]秒	″	$1''=(1/60)'=(\pi/648\,000)$ rad
升	l,L	$1l=1dm^3=10^{-3}m^3$
吨	t	$1t=10^3 kg$
公顷	ha	$1ha=1hm^2=10^4 m^2$
天文单位	au	1au＝149 597 870 700m

注：表中升的符号有 2 个，其中大写的 L 系为避免小写印刷体 l 和数字 1 之间发生混淆而增加的；1au 表示地球到太阳间的平均距离。

2. 由实验得出的与国际单位制并用的单位

由实验得出的与国际单位制并用的单位见表 2-7。表中的单位必须由实验决定，因此也相应地具有一定的不确定性，各单位的不确定性最小有效数字显示在数值后的括号里。表中均与基本的物理常数相关，在一些专业领域的测量与计算中能够起到方便有效地表达实验结果的作用。

表 2-7 由实验得出的与国际单位制并用的单位

单位名称	单位符号	定义
SI 接受并使用		
电子伏	eV	①
(统一的)原子质量单位	u	②
道尔顿	Da	1Da＝1u
自然单位制(量子场论中常用单位制)		
物理量	符号	数值·单位
光速	c_0	299 792 458m/s(精确)
约化(普朗克)常数	h	$1.054\,571\,726(47)\times10^{-34}$ J·s
电子质量	m_e	$9.109\,382\,91(40)\times10^{-31}$ kg
时间自然单位制	$h/(m_e c_0^2)$	$1.288\,088\,668\,33(83)\times10^{-21}$ s
原子单位制(在分子计算中常用的单位制)		
元电荷	e	$1.602\,176\,565(35)\times10^{-19}$ C
电子质量	m_e	$9.109\,382\,91(40)\times10^{-31}$ kg

续表

单位名称	单位符号	定义
约化(普朗克)常数	h	$1.054\,571\,726(47)\times10^{-34}$ J·s
波尔半径	a_0	$0.529\,177\,210\,92(17)\times10^{-10}$ m
哈特利能量	E_h	$4.359\,744\,34(19)\times10^{-18}$ J
时间原子单位制	h/E_h	$2.418\,884\,326\,502(12)\times10^{-17}$ s

注：① 电子伏是一个电子在真空中通过1伏特电位差所获得的动能，近似地有

$$1\text{eV}\approx1.602\,176\,565(35)\times10^{-19}\text{J}$$

② (统一的)原子质量单位等于一个^{12}C核素原子质量的1/12；近似地有

$$1\text{u}\approx1.660\,538\,921(73)\times10^{-27}\text{kg}$$

3. 暂时保留与国际单位制并用的单位

国际计量委员会于2004年在第七版的基础上修订了非国际制单位的分类，表2-8中所列的单位具有确切的定义，应用在特定的环境中以满足商业的或专门的科学研究的需要。表2-8中的奈培、贝尔、分贝，这些单位本质上与其他无量纲的单位不同，主要是以对数比率的形式传递信息的，目前已经被国际单位制系统所使用，但是不能视为SI单位，甚至被某些科学家否认为单位。

表2-8 暂时保留与国际单位制并用的单位

单位名称	单位符号	用SI单位表示的值
海里	n mile	1海里＝1852m
节	kn	1kn＝1n mile/h＝(1852/3600)m/s
埃	Å	1Å＝0.1nm＝10^{-10}m
靶恩	b	1b＝100fm^2＝10^{-28}m^2
巴	bar	1bar＝0.1MPa＝10^5Pa
毫米汞柱	mmHg	1mmHg≈133.322Pa
奈培	Np	依赖于定义的对数关系
贝尔	B	
分贝	dB	

4. 与CGS或CGS-Gaussian单位制有关的单位

表2-9中的单位与表2-8中的不同，它是与CGS有关的单位制，包括CGS电子单位制，这类单位制来自于三个基本单元，即厘米、克、秒。CGS的单位制按形式可以分为三种，即CGS-ESU(静电)单位制、CGS-EMU(电磁)单位制以及CGS-Gaussian单位制。CGS-Gaussian单位制一直被认为在特定的物理领域，特别是在古典和相对论电动力学领域具有很大的优势。表2-9给出了CGS单位与SI单位之间的关系，并给出了其名称与符号，表中的符号可与SI词头结合，如millidyne、mdyn、milligauss、mG等。

表2-9 与CGS或CGS-Gaussian单位制有关的单位

量的名称	单位名称	单位符号	定义
能量	尔格	erg	1erg＝10^{-7}J
力	达因	dyn	1dyn＝10^{-5}N

续表

量的名称	单位名称	单位符号	定义
动态黏滞度	泊	p	$1P=1dyn\cdot s\cdot cm^{-2}=0.1Pa\cdot s$
运动黏度	斯托克斯	St	$1St=1cm^2\cdot s^{-1}=10^{-4}m^2\cdot s^{-1}$
亮度	熙提	sb	$1sb=1cd\cdot cm^{-2}=10^4cd\cdot m^{-2}$
照度	辐透	ph	$1ph=1cd\cdot sr\cdot cm^{-2}=10^4lx$
加速度	加	Gal	$1Gal=1cm\cdot s^{-2}=10^{-2}m\cdot s^{-2}$
磁通量	麦克斯韦	Mx	$1Mx=1G\cdot cm^2=10^{-8}Wb$
磁通密度	高斯	G	$1G=1Mx\cdot cm^{-2}=10^{-4}T$
磁场强度	奥斯特	Oe	$1Oe\Leftrightarrow(10^3/4\pi)\cdot A\cdot m^{-1}$

注：① 加速度特指地球测量学和地球物理学中的重力加速度。
② ⇔表示等价。

关于上述的国际单位制外的单位，尽管可以与国际单位制单位并用或暂时保留并用，但还是尽量少用或不用。

2.3 我国的法定计量单位

我国的法定计量单位是以国际单位制的单位为基础，结合我国的实际情况，适当选用了一些其他单位构成的。

对于国际单位制的推行，我国一直是比较重视的。早在20世纪60年代初期，就已开始了该项工作，但由于十年动乱而被拖延。直到1978年，国家计量总局才编译了《国际单位制及其使用方法》，供有关部门参照使用。同年，教育部发出了通知，规定大中学校的教材中，一律采用国际单位制。同年11月，国务院成立了中国国际单位制推行委员会，全面负责国际单位制的推行工作。1981年，经国务院批准，颁布了《中华人民共和国计量单位名称与符号方案(试行)》。1984年，国务院发布了《关于在我国统一实行法定计量单位的命令》，同时颁布了《中华人民共和国法定计量单位》。该命令的内容如下：

(1) 我国的计量单位一律采用《中华人民共和国法定计量单位》(附后)。

(2) 我国目前在人民生活中采用的市制计量单位，可以延续使用到1990年，1990年底以前要完成向国家法定计量单位的过渡。农田土地面积计量单位的改革，要在调查研究的基础上制订改革方案，另行公布。

(3) 计量单位的改革是一项涉及各行各业和广大人民群众的事，各地区、各部门务必充分重视，制定积极稳妥的实施计划，保证顺利完成。

(4) 本命令责成原国家计量局(现国家质量监督检验检疫总局)负责贯彻执行。

本命令自公布之日起生效，过去颁布的有关规定有抵触的，以本命令为准。

命令内容(2)的执行情况为：1990年7月27日，国务院第65次常务委员会批准了由国家技术监督局、国家土地管理局、农业部共同拟定的《关于改革全国土地面积计量单位的方案》，并自1992年1月1日起，土地面积计量单位采用“平方公里(km^2)、公顷(hm^2)、平方米(m^2)”。

2.3.1　法定计量单位的构成

我国法定计量单位的构成如下：

(1) 国际单位制的基本单位(见表 2-1)；

(2) 国际单位制的辅助单位(见表 2-3 中的弧度与球面度)；

(3) 国际单位制中具有专门名称的导出单位(见表 2-3)；

(4) 国家选定的非国际单位制单位(见表 2-10)；

(5) 由以上单位构成的组合形式的单位；

(6) 由词头和以上单位所构成的十进倍数和分数单位(词头见表 2-5)。

表 2-10　可与国际单位制单位并用的我国法定计量单位

量的名称	单位名称	单位符号	与 SI 单位的关系
时间	分	min	1min＝60s
	[小]时	h	1h＝60min＝3600s
	日,(天)	d	1d＝24h＝86 400s
[平面]角	度	°	1°＝(π/180)rad
	[角]分	′	1′＝(1/60)°＝(π/10 800)rad
	[角]秒	″	1″＝(1/60)′＝(π/648 000)rad
体积	升	L,(l)	$1L=1dm^3=10^{-3}m^3$
质量	吨 原子质量单位	t u	$1t=10^3kg$ $1u\approx1.660\,540\times10^{-27}kg$
旋转速度	转每分	r/min	$1r/min=(1/60)s^{-1}$
长度	海里	n mile	1n mile＝1852m(只用于航行)
速度	节	kn	1kn＝1n mile/h＝(1852/3600)m/s(只用于航行)
能	电子伏	eV	$1eV\approx1.602\,177\times10^{-19}J$
级差	分贝	dB	
线密度	特[克斯]	tex	$1tex=10^{-6}kg/m$
面积	公顷	hm^2	$1hm^2=10^4m^2$

注：① 平面角单位度、分、秒的符号，在组合单位中应采用(°)、(′)、(″)的形式。例如，10(°)/min。

② 升的符号中，小写字母 l 为备用符号。

③ 公顷的国际通用符号为 ha。

2.3.2　法定计量单位的定义

原国家计量局(现国家质量监督检验检疫总局)公布的《中华人民共和国法定计量单位定义》包括国际单位制的基本单位、国际单位制的辅助单位(现已并入导出单位)、国际单位制中具有专门名称的导出单位、我国选定的非国际单位制单位。国际单位制的基本单位见表 2-11。国际单位制的辅助单位与国际单位制中具有专门名称的导出单位见表 2-12。由于国际单位制的辅助单位已并入导出单位，故将二者均列入表 2-12 中。我国选定的非国际单位制单位见表 2-13。

表 2-11 国际单位制的基本单位

序号	单位	中华人民共和国法定计量单位所采用的定义	备 注
1	米(m)	光在真空中于 1/299 792 458 秒时间间隔内所经路径的长度	
2	千克(kg)	质量单位，等于国际千克原器的质量	现阶段定义由 2011 年二十四届国际计量大会修订，内容为：千克仍将继续用于质量单位，千克的量将通过校准普朗克常数得到，普朗克常数等于 $6.626\,068\,96\times10^{-34}$，用基本单位表示为 $m^2\cdot kg\cdot s^{-1}$，等于焦耳秒
3	秒(s)	与铯-133 原子基态的两个超精细能级间跃迁相对应的辐射的 9 192 631 770 个周期的持续时间	现阶段定义由 2011 年二十四届国际计量大会完善，内容为：铯-133 原子在温度为 0 开尔文时的基态超精细跃迁的频率确定
4	安培(A)	电流单位。在真空中，截面积可忽略的两根相距 1 米的无限长平行圆直导线内通以等量恒定电流时，若导线间相互作用力在每米长度上为 2×10^{-7} 牛顿，则每根导线中的电流为 1 安培	现阶段定义由 2011 年二十四届国际计量大会修订，内容为：安培继续为电流的单位，将测得的元电荷数值 $1.602\,177\times10^{-19}$ C 固定为自然不变量，安培的大小由元电荷决定
5	开尔文(K)	热力学温度单位。等于水的三相点热力学温度的 1/273.16	现阶段定义由 2011 年二十四届国际计量大会修订，内容为：开尔文的量通过校准玻耳兹曼常数得到，玻耳兹曼常数等于 $1.380\,650\,5\times10^{-23}$，用基本单位表示为 $m^2\cdot kg\cdot s^{-2}\cdot K^{-1}$，等于焦耳每开。水三相点的热力学温度等于 273.16K
6	摩尔(mol)	一系统的物质的量。该系统中所包含的基本单元数与 0.012 千克碳-12 的原子数目相等，使用摩尔时，基本单元应予指明，可以是原子、分子、离子、电子及其他粒子，或是这些粒子的特定组合	现阶段定义由 2011 年二十四届国际计量大会修订，内容为：摩尔的量将通过校准阿伏伽德罗常数得到。阿伏伽德罗常数等于 $6.022\,141\,29\times10^{23}$，用基本单位表示为 mol^{-1}。碳-12 元素的摩尔质量为 0.012 千克每摩尔
7	坎德拉(cd)	一光源在给定方向上的发光强度。该光源发出频率为 540×1012 赫兹的单色辐射，且在此方向上的辐射强度为 1/683 瓦特每球面度	

表 2-12 国际单位制的导出单位

序号	单位	定 义	备 注
8	弧度(rad)	圆内两条半径之间的平面角，这两条半径在圆周上所截取的弧长与半径相等	原国际单位制的辅助单位
9	球面度(sr)	一立体角，其顶点位于球心，而它在球面上所截取的面积等于以球半径为边长的正方形面积	原国际单位制的辅助单位
11	牛顿(N)	使质量为 1kg 的物体产生加速度为 $1m/s^2$ 的力。$1N=1kg\cdot m/s^2$	国际单位制中具有专门名称的导出单位，下同

续表

序号	单位	定义	备注
12	帕斯卡(Pa)	1N的力均匀而垂直地作用在$1m^2$的面积上所产生的压力。 $1Pa=1N/m^2$	
13	焦耳(J)	1N的力使其作用点在力的方向上位移1m所做的功。 $1J=1N \cdot m$	
14	瓦特(W)	1s内产生1J能量的功率。 $1W=1J/s$	
15	库仑(C)	1A恒定电流在1s内所传送的电荷量。 $1C=1A \cdot s$	
16	伏特(V)	两点间的电位差,在载有1A恒定电流导线的这两点间消耗1W的功率。 $1V=1W/A$	
17	法拉(F)	电容器的电容,当该电容器充以1C电荷量时,电容器两极板间产生1V的电位差。 $1F=1C/V$	
18	欧姆(Ω)	一导体两点间的电阻,当在此两点间加上1V恒定电压时,在导体内产生1A的电流。 $1\Omega=1V/A$	
19	西门子(S)	每欧姆的电导。 $1S=1\Omega^{-1}$	
20	韦伯(Wb)	单匝环路的磁通量减小到零时,环路内产生1V的电动势。 $1Wb=1V \cdot s$	
21	特斯拉(T)	1Wb的磁通量均匀而垂直地通过$1m^2$面积的磁通量密度。 $1T=1Wb/m^2$	
22	亨利(H)	一闭合回路的电感,当此回路中流过的电流以1A/s的速率均匀变化时,回路中产生1V的电动势。 $1H=1V \cdot s/A$	
23	摄氏度(℃)	用以代替开尔文表示摄氏温度的专门名称	
24	流明(lm)	发光强度为1cd的均匀点光源在1sr立体角内发射的光通量。 $1lm=1cd \cdot sr$	
25	勒克斯(1x)	1lm的光通量均匀分布在$1m^2$表面上产生的光照度。 $1lx=1lm/m^2$	
26	贝可勒尔(Bq)	每秒发生一次衰变的放射性活度。 $1Bq=1s^{-1}$	
27	戈瑞(Gy)	1J/kg的吸收剂量。 $1Gy=1J/kg$	
28	希沃特(Sv)	1J/kg的剂量当量。 $1Sv=1J/kg$	

表 2-13 我国选定的非国际单位制单位

序号	单位	定义	备注
29	原子质量单位(u)	一个碳-12原子质量的1/12。 $1u \approx 1.6605655 \times 10^{-27}$ kg	现国际计量局调整为 $1u \approx 1.660538921(73) \times 10^{-27}$ kg
30	电子伏(eV)	一个电子在真空中通过1伏特电位差所获得的动能。 $1eV \approx 1.6021892 \times 10^{-19}$ J	现国际计量局调整为 $1eV \approx 1.602176565(35) \times 10^{-19}$ J
31	分贝(dB)	两个同类功率量或可与功率类比的量之比值的常用对数乘以10等于1时的级差	
32	分(min)	60秒的时间。 1min=60s	
33	小时(h)	60分的时间。 1h=60min	
34	天(日)(d)	24小时的时间。 1d=24h	
35	角秒[(″)]	1/60角分的平面角。 $1'' = (1/60)'$	
36	角分[(′)]	1/60度的平面角。 $1' = (1/60)^\circ$	
37	度[(°)]	π/180弧度的平面角。 $1^\circ = (\pi/180)$ rad	
38	转每分(r/min)	1分钟的时间内旋转一周的转速。 $1r/min = (1/60)s^{-1}$	
39	海里(n mile)	1852米的长度。 1n mile=1852m	
40	节(kn)	1海里每小时的速度。 1kn=1n mile/h	
41	吨(t)	1000千克的质量。 1t=1000kg	
42	升[L,(l)]	1立方分米的体积。 $1L = 1dm^3$	
43	特克斯(tex)	1千米长度上均匀分布1克质量的线密度。 1tex=1g/km	
44	公顷(hm^2)	1万平方米的土地面积。 $1hm^2 = 10\,000m^2$	

说明：

(1) 我国法定计量单位的定义是参照国际计量大会、国际计量局和国际标准化组织等的有关规定拟定的。

(2) 摄氏温度单位“摄氏度”与热力学温度单位“开尔文”相等。摄氏温度间隔或温差既可以用摄氏度表示，又可以用开尔文表示。以摄氏度(℃)表示的摄氏温度(t)与以开尔文(K)表示的热力学温度(T)之间的数值关系是

$$t(℃) = T(K) - 273.15$$

(3) 瓦特定义中的“产生”，按能量守恒原理，作“转化”理解。

(4) 分贝定义中的“可与功率类比的量”，通常是指电流平方、电压平方、质点速度平方、声压平方、位移平方、速度平方、加速度平方、力平方、振幅平方、场强平方、声强和声能密度等。

2.3.3　法定计量单位的使用方法

原国家计量局(现国家质量监督检验检疫总局)根据国务院《关于在我国统一实行法定计量单位的命令》的规定，公布了《中华人民共和国法定计量单位使用方法》，其内容如下。

1. 总则

(1) 中华人民共和国法定计量单位(简称法定单位)是以国际单位制单位为基础，同时选用了一些非国际单位制的单位构成的。法定单位的使用方法以本文件为准。

(2) 国际单位制是在米制基础上发展起来的单位制，其国际简称为 SI。国际单位制包括 SI 单位、SI 词头和 SI 单位的十进倍数与分数单位三部分。

按国际上的规定，国际单位制的基本单位、辅助单位、具有专门名称的导出单位以及直接由以上单位构成的组合形式的单位(系数为 1)都称为 SI 单位。它们有主单位的含义，并构成一贯单位制。

(3) 国际上规定的表示倍数和分数单位的 20 个词头，称为 SI 词头。它们用于构成 SI 单位的十进倍数和分数单位，但不得单独使用。质量的十进倍数和分数单位由 SI 词头加在“克”前构成。

(4) 本文件涉及的法定单位符号(简称符号)，系指国务院 1984 年 2 月 27 日命令中规定的符号，适用于我国各民族文字。

(5) 把法定单位名称中方括号里的字省略即成为其简称。没有方括号的名称，全称与简称相同。简称可在不致引起混淆的场合使用。

2. 法定单位的名称

(6) 组合单位的中文名称与其符号表示的顺序一致，符号中的乘号没有对应的名称，除号的对应名称为“每”字，无论分母中有几个单位，“每”字只出现一次。

例如，比热容单位的符号是 J/(kg·K)，其单位名称是“焦耳每千克开尔文”而不是“每千克开尔文焦耳”或“焦耳每千克每开尔文”。

(7) 乘方形式的单位名称，其顺序应是指数名称在前、单位名称在后。相应的指数名称由数字加“次方”二字而成。

例如，断面惯性矩的单位 m^4 的名称为“四次方米”。

(8) 如果长度的 2 次和 3 次幂是表示面积和体积，则相应的指数名称为“平方”和“立方”，并置于长度单位之前，否则应称为“二次方”和“三次方”

例如，体积单位 dm^3 的名称是“立方分米”，而断面系数单位 m^3 的名称是“三次方米”。

(9) 书写单位名称时不加任何表示乘或除的符号或其他符号。

例如，电阻率单位 Ω·m 的名称为“欧姆米”而不是“欧姆·米”“欧姆-米”“[欧姆][米]”等。

例如，密度单位 kg/m^3 的名称为“千克每立方米”而不是“千克/立方米”。

3. 法定单位和词头的符号

(10) 在初中、小学课本和普通书刊中有必要时，可将单位的简称(包括带有词头的单位简称)作为符号使用，这样的符号称为“中文符号”。

(11) 法定单位和词头的符号，不论拉丁字母或希腊字母，一律用正体，不附省略点，且无复数形式。

(12) 单位符号的字母一般用小写体，若单位名称来源于人名，则其符号的第一个字母用大写体。

例如，时间单位“秒”的符号是 s，压力、压强的单位“帕斯卡”的符号是 Pa。

(13) 词头符号的字母当其所表示的因数小于 10^6 时，一律用小写体，大于或等于 10^6 时用大写体。

(14) 由两个以上单位相乘构成的组合单位，其符号有下列两种形式：

$$\mathrm{N \cdot m} \quad \mathrm{Nm}$$

若组合单位符号中某单位的符号同时又是某词头的符号，并有可能发生混淆时，则应尽量将它置于右侧。

例如，力矩单位“牛顿米”的符号应写成 Nm，而不宜写成 mN，以免误解为“毫牛顿”。

(15) 由两个以上单位相乘所构成的组合单位，其中文符号只用一种形式，即用居中圆点代表乘号。

例如，动力黏度单位“帕斯卡秒”的中文符号是“帕·秒”而不是“帕秒”“[帕][秒]”“[帕]·[秒]”“帕-秒”“(帕)(秒)”等。

(16) 由两个以上单位相除所构成的组合单位，其符号可用下列三种形式之一：

$$\mathrm{kg/m^3} \quad \mathrm{kg \cdot m^{-3}} \quad \mathrm{kgm^{-3}}$$

当可能发生误解时，应尽量用居中圆点或斜线(/)的形式。

例如，速度单位“米每秒”的法定符号用 $m \cdot s^{-1}$ 或 m/s，而不宜用 ms^{-1}，以免误解为“每毫秒”。

(17) 由两个以上单位相除所构成的组合单位，其中文符号可采用以下两种形式之一：

$$\text{千克/米}^3 \quad \text{千克} \cdot \text{米}^{-3}$$

(18) 在进行运算时，组合单位中的除号可用水平横线表示。

例如，速度单位可以写成$\frac{\mathrm{m}}{\mathrm{s}}$或$\frac{\text{米}}{\text{秒}}$。

(19) 分子无量纲而分母有量纲的组合单位即分子为 1 的组合单位的符号，一般不用分式而用负数幂的形式。

例如，波数单位的符号是 m^{-1}，一般不用 1/m。

(20) 在用斜线表示相除时，单位符号的分子和分母都与斜线处于同一行内。当分母中包含两个以上单位符号时，整个分母一般应加圆括号。在一个组合单位的符号中，除加括号避免混淆外，斜线不得多于一条。

例如，热导率单位的符号是 W/(K·m)，而不是 W/(k·m)或 W/K/m。

(21) 词头的符号和单位的符号之间不得有间隙，也不加表示相乘的任何符号。

(22) 单位和词头的符号应按其名称或者简称读音，而不得按字母读音。

(23) 摄氏温度的单位“摄氏度”的符号℃，可作为中文符号使用，可与其他中文符号构成组合形式的单位。

(24) 非物理量的单位(如件、台、人、元等)可用汉字与符号构成组合形式的单位。

4. 法定单位和词头的使用规则

(25) 单位与词头的名称一般只宜在叙述性文字中使用。单位和词头的符号在公式、数据表、曲线图、刻度盘和产品铭牌等需要简单明了表示的地方使用，也可用在叙述性文字中。应优先采用符号。

(26) 单位的名称或符号必须作为一个整体使用，不得拆开。

例如，摄氏温度单位“摄氏度”表示的量值应写成并读成“20 摄氏度”，不得写成并读成“摄氏 20 度”；30km/h 应该读成“30 千米每小时”。

(27) 选用 SI 单位的倍数单位或分数单位，一般应使量的数值处于 0.1～1000 范围内。

例如，1.2×10^4N 可以写成 12kN，0.003 94m 可以写成 3.94mm，11 401Pa 可以写成 11.401kPa，3.1×10^{-8}s 可以写成 31ns。

某些场合习惯使用的单位可以不受上述限制。

例如，大部分机械制图使用的长度单位可以用“mm(毫米)”；导线截面积使用的面积单位可以用“mm^2(平方毫米)”。

在同一个量的数值表中或叙述同一个量的文章中，为对照方便而使用相同的单位时，数值不受限制。

词头 h、da、d、c(百、十、分、厘)一般用于某些长度、面积和体积的单位中，但根据习惯和方便也可用于其他场合。

(28) 有些非法定单位，可以按习惯用 SI 词头构成倍数单位或分数单位。

例如，mCi、mGal、mR 等。

法定单位中的摄氏度以及非十进制的单位，如平面角单位“度”“[角]分”“[角]秒”与时间单位“分”“时”“日”等，不得用 SI 词头构成倍数单位或分数单位。

(29) 不得使用重叠的词头。

例如，应该用 nm，不应该用 mμm；应该用 am，不应该用 μμμm，也不应该用 nnm。

(30) 亿(10^8)、万(10^4)等是我国习惯用的数词，仍可使用，但不是词头。习惯使用的统计单位，如万公里可记为“万 km”或“10^4km”，万吨公里可记为“万 t · km”或“10^4t · km”。

(31) 只是通过相乘构成的组合单位在加词头时，词头通常加在组合单位中的第一个单位之前。

例如，力矩的单位 kN · m，不宜写成 N · km。

(32) 只通过相除构成的组合单位或通过乘和除构成的组合单位在加词头时，词头一般应加在分子中的第一个单位之前，分母中一般不用词头。但质量的 SI 单位 kg，这里不作为有词头的单位对待。

例如，摩尔内能单位 kJ/mol 不宜写成 J/mmol，比能单位可以是 J/kg。

(33) 当组合单位分母是长度、面积和体积单位时，按习惯与方便，分母中可以选用词头构成倍数单位或分数单位。

例如，密度的单位可以选用 g/cm^3。

(34) 一般不在组合单位的分子分母中同时采用词头，但质量单位 kg 这里不作为有词头对待。

例如,电场强度的单位不宜用 kV/mm,而用 MV/m,质量摩尔浓度可以用 mmol/kg。

(35) 倍数单位和分数单位的指数,指包括词头在内的单位的幂。

例如,$1\mathrm{cm}^2=1(10^{-2}\mathrm{m})^2=1\times10^{-4}\mathrm{m}^2$,而 $1\mathrm{cm}^2\neq10^{-2}\mathrm{m}^2$;$1\ \mu\mathrm{s}^{-1}=1(10^{-6}\mathrm{s})^{-1}=10^6\mathrm{s}^{-1}$。

(36) 在计算中,建议所有量值都采用 SI 单位表示,词头应以相应的 10 的幂代替(kg 本身是 SI 单位,故不应换成 10^3g)。

(37) 将 SI 词头的部分中文名称置于单位名称的简称之前构成中文符号时,应注意避免与中文数词混淆,必要时应使用圆括号。

例如,旋转频率的量值不得写为 3 千秒$^{-1}$。

如表示"三每千秒",则应写为"3(千秒)$^{-1}$"(此处"千"为词头);

如表示"三千每秒",则应写为"3 千(秒)$^{-1}$"(此处"千"为数词)。

例如,体积的量值不得写为"2 千米$^{-3}$"。

如表示"二立方千米",则应写为"2(千米)^3"(此处"千"为词头);

如表示"二千立方米",则应写为"2 千(米)^3"(此处"千"为数词)。

以上是《中华人民共和国法定计量单位使用方法》的内容。

5. 法定计量单位使用中常见的错误

为了正确使用法定计量单位,现将比较常见的错误,以及应废除的常用单位与法定计量单位的换算,列举如下。

(1) 把单位的名称作为物理量的名称使用。

例如,发动机的马力多大?

马力是功率的单位,法定计量单位中不包括它,表示功率的法定计量单位为瓦特。此例错在把单位"马力"当作物理量来用。正确的提问应是:发动机的功率多大?

又例如,马力为 90 匹。

匹是马的计数单位,不能用于表示功率。正确的表示方式应为:功率为 90 马力。但马力不是法定计量单位,今后对功率的表示应使用瓦特。

再例如,氧的摩尔数为 2。

第一,氧应指明是氧分子还是氧原子;第二,摩尔是单位名称,是表示物质的量的单位,不能用摩尔数来代替物质的量,在科学技术中,"数"常指没有计量单位的纯数。正确的表达方式应为:氧分子的物质的量为 2 摩尔。

(2) 把词头当成单位使用或表示因数。

例如,用 μ 作为长度单位 μm 的符号;用 μ 作为电容单位 μF 的符号;用 k 在仪表表盘上或其他场合表示"$\times10^3$"等。

(3) 错误的、非规定的单位符号。

例如,把电荷量单位库仑的符号写成 coul 而不用 C;

把电流单位安培的符号写成 amp 而不用 A;

把力的单位牛顿的符号写成 nt 而不用 N;

把容积的单位立方厘米写成 c. c. 而不用 cm^3;

把长度单位毫米的符号写成 m/m 而不用 mm;

把质量单位克的符号写成 gr 或 gm 而不用 g;

把力的单位千克力的符号写成 kg 而不用 kgf(“千克力”不是法定单位,应逐步淘汰。但如果暂时还要使用,就不能省略“f”这一符号);

把马力的符号写成 HP、hp 或 PS 等(HP、hp 是英制马力的符号,PS 是德语国家所用的符号。我国未规定马力的符号,而且也是要淘汰的单位。必须使用时,只可用“马力”二字);

把体积单位立方米的符号写成 cum 而不用 m^3;

把时间单位秒的符号写成 sec、(″)或 S 而不用 s;

把时间单位小时的符号写成 hr 而不用 h;

把面积单位平方公里的符号写成 sqkm 而不用 km^2;

把体积流量单位立方米每秒的中文符号写成立方米/秒而不用米^3/秒;

频率的单位符号用 c 而不用 Hz(c 是“周”的外文简写,不能作为频率单位。就是写成周每秒,即 c/s 也不应该,因法定计量单位中规定用 SI 单位赫兹);

压力单位巴的符号国际上规定为 bar 而不是 b(这个单位在国际标准化组织中虽然保留了,但我国法定计量单位中未予保留,不应使用,应代之以 0.1MPa);

旋转速度单位转每分的符号用 rpm 而不用 r/min 等。

(4) 不恰当的单位名称。

例如,把容积单位升称为公升、立升;

把容积单位毫升称为西西;

把质量单位吨称为公吨;

把质量单位 100 克称为公两,把 10 克称为公钱;

把长度单位厘米称为公分;

把长度单位米称为公尺;

把长度单位毫米称为公厘;

把功率单位千瓦称为瓩;

把摄氏温度单位摄氏度称为百分度;

把热力学温度单位开尔文称为绝对度、开氏度;

把电能单位千瓦小时称为度(至少在正式文件和技术资料中不应如此)等。

(5) 应废除的常用计量单位与法定计量单位的换算。

3[市]尺=1m(米);

3[市]寸=1dm(分米);

3[市]分=1cm(厘米);

1 费密=1fm(飞米);

1 埃(Å)=0.1nm(纳米);

1 码(yd)=91.44cm(厘米);

1 英尺(ft)=30.48cm(厘米);

1 英寸(in)=2.54cm(厘米);

1[市]亩=666.6m^2(米^2);

1 靶恩(b)=10^{-28} m^2(米^2);

1 伽(Gal)=1cm/s^2(厘米/秒^2);

1 达因(dyn)=10^{-5}N(牛);

1 千克力，公斤力(kgf)＝9.806 65N(牛)；

1 巴(bar)＝0.1MPa(兆帕)；

1 标准大气压(atm)＝101 325Pa(帕)；

1 毫米汞柱(mmHg)＝133.322Pa(帕)；

1 工程大气压(at)＝98 066.5Pa(帕)；

1 尔格(erg)＝10^{-7}J(焦)；

1[米制]马力＝735.498 75W(瓦)；

1 国际蒸汽表卡(cal)＝4.1868J(焦)；

1 英加仑(UKgal)＝4.546dm^3(分米^3)；

1 英蒲式耳(bushe)＝36.3687dm^3(分米^3)；

1[米制]克拉＝200mg(毫克)；

1 盎司(常衡，oz)＝28.3495g(克)；

1 盎司(金衡，药衡)＝31.1035g(克)；

2 市斤＝1kg(千克)；

1 两＝50g(克)；

1 钱＝5g(克)；

1 磅(lb)＝453.59g(克)；

(6) 把 ppm、ppb、pphm 等作为单位使用。

ppm 是 parts per million 的缩写，意为百万分之一(10^{-6})；

ppb 是 part per billion 的缩写，其中 billion 一词在美、法、俄等国含意为 10^{-9}，而在英、德、意等国则为 10^{-12}，两者差异很大；

pphm 是 parts per hundred million 的缩写，意为亿分之一(10^{-8})。

在 2006 年发布的第八版的国际单位制手册中关于说明无量纲量或带量纲量的值时指出，术语“ppm、%”仍在被使用，它们是描述无量纲量的值的一种重要的方式。同样被使用的还包括了 ppb，但由于 ppb 所表达的含义依赖于语言而不同，因此，术语 ppb 最好避免使用。

(7) 单位与数值的组合——量值的表示。

① 当数值是某一区间(范围)或和或差时，应加括号或分别乘以计量单位。例如(5～7)m 或 5m～7m，(9±1)m 或 9m±1m；图书中也可简写成 5～7m。

② 当数值范围用百分比表示时，如相对湿度 45%～75%或(45～75)%，而不宜写成 45～75%或 60%±15%(后者的含义不明确，可能是 60%的 15%，也可能是 100%的 15%)。

2.3.4　量、数值及下角标

1. 量的符号

(1) 量的符号采用拉丁文或希腊文的字母，有时带有下角标或其他记号。

(2) 量的符号用斜体字。

例如，频率的符号为 f，波长的符号为 λ，谐振频率的符号为 f_r，最大波长的符号为 λ_{max}，电压峰值的符号为$\hat{U}$。

(3) 矢量的符号一般采用黑(粗)体字母。

例如,磁场强度的符号为 $\boldsymbol{H}$。

书写如有困难,也可在量符号的上方加箭头,如$\vec{H}$。

(4) 量符号的组合。

① 当一个量由几个其他量相乘构成时,其符号可取下列形式之一(以量 a 和量 b 为例):

$$ab \quad a \cdot b \quad a \times b$$

② 对于矢量,居中圆点表示标量积,例如 $\boldsymbol{A} \cdot \boldsymbol{B}$;而乘号则表示矢量积,例如 $\boldsymbol{A} \times \boldsymbol{B}$。

③ 当一个量由其他几个量相除构成时,其符号可写成

$$\frac{a}{b} \quad a/b \quad ab^{-1}$$

2. 数值

(1) 数值一般用正体。

(2) 为便于认读,多位数的数值可分为适当的组,通常是每三位一组。具体分法是:从小数点向左右计算,每组之间留一小空隙(一般约为半个字位),但不得使用逗号、点或其他任何标记。

例如,$2.997\,924\,58 \times 10^{10}\,\mathrm{cm} \cdot \mathrm{s}^{-1}$,3 600s。

(3) 小数点为齐线圆点。但用外文书写时,可用逗点作为小数点。如果数值小于1,则在小数点前应有一个零。

(4) 数值间的乘号只能用×,而不能用圆点,以免与小数点混淆。但是,用外文书写时,以逗号作为小数点,则可用居中圆点表示相乘。

例如,$1.2345 \times 10^{-3}\,\mathrm{cm}$;若用外文书写,则可为 $1.2345 \cdot 10^{-3}\,\mathrm{cm}$。

3. 下角标

(1) 在一篇文章中,当不同的量用同一字母作称号,或同一个量表示不同的值时,为了相互区别,可采用下角标。

下角标字母的字号应比量符号字母的字号小,并且其下缘应低于量符号所居的横线。

有时亦可不用下角标而采用其他记号或不同的字体或不同的字母来达到上述目的。

例如,用 I_a、I_b、I_c 表示不同导线中的电流,用$\hat{i}$来表示电流的峰值,用 i 表示电流的瞬时值,用 I 表示电流的有效值。用 α、β、γ 等有一定联系的字母来表示不同的角度。

(2) 当以量的符号或变动性的数字符号作为下角标时,一般用斜体,其他则用正体。

例如,定压热容 C_p(斜体),力的 x 分量 F_x(斜体),相对磁导率 μ_r(正体),居里温度 T_c(正体)。

(3) 下角标来源于人名者,应用大写字体。

例如,霍尔系数 R_H,阿伏伽德罗常数 N_A。

(4) 当单一字母的下角标含义不清时,可采用稍多的字母,甚至一个词。

例如,原始电动势 E_ini,感应电动势 E_ind,波尔磁子 μ_Bohr。

(5) 下角标也可采用复合形式,并列或下角标自身带下角标。

例如,A 的 x 分量的最小值 $A_{x\min}$,A 的 x_0 分量 A_{x_0}。

当使用并列的复合形式的下角标时,一般将表示量的类别部分放在前,而将表示特定条件部分放在后。

例如,J_{3y}——电流密度 J 的 3 次谐波的 y 分量,J_{y3}——电流密度 J 的 y 分量的 3 次谐波。

2.3.5　法定计量单位制度

自 2014 年 3 月 1 日起施行的修订版的《中华人民共和国计量法》中的第二章对计量单位进行了规定。

(1)(法定计量单位制度)国家实行统一的法定计量单位制度。

国际单位制计量单位和国家选定的其他计量单位为国家法定计量单位。国家法定计量单位的名称、符号由国务院计量行政主管部门制定,报国务院批准后发布实施。

(2)(法定计量单位适用范围)从事下列活动,需要使用计量单位的,应当使用国家法定计量单位:

① 制发公文、公报、统计报表;

② 编播广播、电视节目,传输信息;

③ 出版、发行出版物;

④ 制作、发布广告;

⑤ 生产、销售产品,标注产品标识,编制产品使用说明书;

⑥ 印制票据、票证、账册;

⑦ 出具证书、报告等技术文件;

⑧ 制作公共服务性标牌、标志;

⑨ 国家规定应当使用国家法定计量单位的其他活动。

(3)(例外条款)其他特殊需要使用非国家法定计量单位的,按照国家有关规定执行。

思考题

2-1　试说明量纲与单位概念的区别。

2-2　试说明国际单位制是如何形成和发展起来的?

2-3　国际单位制是怎样构成的?并阐述国际单位制的优越性。

2-4　试述 7 个 SI 基本单位对应的量的名称、单位名称和单位符号。

2-5　SI 中常用的词头有哪些?

2-6　举例说明国际单位制外经常使用的单位。

2-7　试述我国法定计量单位的特点。

参考文献

[1]　王立吉.计量学基础[M].北京：中国计量出版社,2011.

[2]　李东升.计量学基础[M].北京：机械工业出版社,2011.

[3]　薛新法.量和单位系列讲座第三讲国际单位制(SI)[J].中国计量,2013,35(3)：52-54.

[4]　张钟华.基本物理常量与国际单位制基本单位的重新定义[J].物理通报,2006(2)：7-10.

[5]　宣泓.第24届国际计量大会“传真”[J].中国计量,2012,31(2)：53-56.

[6]　蒋埙,邱隆.米制史话[J].中国计量,2003,41(5)：74-77.

[7]　李楠,张泽光,骆旭.千克重新定义研究的最新进展[J].计测技术,2012,32(3)：8-11.

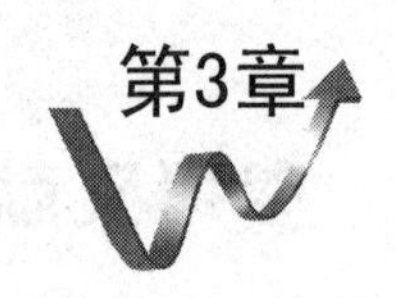

测量误差与测量不确定度评定

3.1 常用计量术语

常用计量术语主要是为了便于下文的叙述而简要列出的。引用了我国 JJF 1001—2011 通用计量术语及定义技术规范部分内容，它是依据国际标准 ISO、IEC GUIDE 99：2007 修订后的版本。该规范中所用的概率与统计术语基本采用国际标准 ISO 3534-1：2006 的术语和定义。

1. 量(quantity)

现象、物体或物质的特性，其大小可用一个数和一个参照对象表示。量，可指一般的概念的量，如长度、能量、温度、电阻、电荷等；也可以指特定的量，如某人的身高和体重等。参考对象可以是一个测量单位、测量程序、标准物质或其组合。

量从概念上一般可分为物理量、化学量、生物量，或分为基本量和导出量。

2. 被测量(measurand)

被测量是指拟测量的量，它可以是待测量的量，也可以是已测量的量。

3. 影响量(influence quantity)

影响量是指在直接测量中不影响实际被测的量，但会影响示值与测量结果之间关系。例如，用安培计直接测量交流电流恒定幅度时的频率，测量某杆长度时测微计的温度(不包括杆本身的温度，因为杆的温度可以进入被测量的定义中)等。

4. 量值(quantity value)

量值全称量的值(value of a quantity)，简称值(value)，指用数和参照对象一起表示的量的大小。例如，给定杆的长度为 5.34m 或 534cm，给定物体的质量为 0.152kg 或 152g 等。

5. 量的真值(true quantity value，true value of quantity)

量的真值简称真值(true value)，是指与量的定义一致的量值。在描述关于测量的“误差方法"中，认为真值是唯一的，实际上是不可知的，而只能随着科技的发展，认识的提高去逐渐接近它。在"不确定度方法"中认为，由于定义本身细节不完善，不存在单一真值，只存在与定义一致的一组真值，然而，从原理上和实际上，这一组值是不可知的。近年来，鉴于量的真值是一个理想的概念，已不再使用它，而代之以"量的值"或"被测量的值"。

6. 约定量值(conventional quantity value)

约定量值又称量的约定值(conventional value of a quantity)，简称约定值(conventional value)，是指对于给定目的，由协议赋予某量的量值。例如，标准自由落体加速度 $g_n = 9.806\,65\text{m} \cdot \text{s}^{-2}$，给定质量标准的约定量值 $m = 100.003\,47\text{g}$。

一般来说，约定真值与真值的差值可以忽略不计，故而在实际应用中，约定真值可以代替真值。

7. 实际值(actual value)

实际值是指满足规定精确度的用来代替真值的量值。实际值可理解为由实验获得的，在一定程度上接近真值的量值。在计量检定中，通常将上级计量标准所复现的量值称为下级计量器具的实际值。

8. 测量结果(measurement result, result of measurement)

测量结果是指与其他有用的相关信息一起赋予被测量的一组量值，即由测量得到的被测量的量值及其不确定度，还应包括测量条件、主要影响量的值及范围的说明。

9. 测量重复性(measurement repeatability)

测量重复性简称重复性(repeatability)，是指在一组重复性测量条件下的测量精密度。它一般可用结果之间的差值(离散)来定量表示。

10. 重复性测量条件(measurement repeatability condition of measurement)

重复性测量条件是指相同测量程序、相同操作者、相同测量系统和相同操作条件和相同地点，并在短时间内对同一或相类似被测对象重复测量的一组测量条件。

11. 复现性测量条件(measurement reproducibility condition of measurement)

复现性测量条件是指不同地点、不同操作者或不同测量系统(可包括不同的测量程序)，对同一或相类似被测对象重复测量的一组测量条件。上述条件中，可以是某项不同，某些项不同，也可以是所有项都不同。

12. 测量复现性(measurement reproducibility)

测量复现性简称复现性(reproducibility)，是指在复现性测量条件下的测量精密度。它一般可用结果之间的差值(离散)来定量表示。

13. 测得的量值(measured quantity value)

测得的量值又称量的测得值(measured value of a quantity)，简称测得值(measured value)，代表测量结果的量值。它可能是从计量器具直接得出的量值，也可能是通过必要的换算、查表等所得出的值。

14. 测量准确度(measurement accuracy, accuracy of measurement)

测量准确度简称准确度(accuracy)，是指被测量的测得值与其真值间的一致程度。它是精密度和正确度的综合反映。

15. 测量正确度(measurement trueness, trueness of measurement)

测量正确度简称正确度(trueness),是指无穷多次重复测量所得量值的平均值与一个参考量值间的一致程度。它反映的是测量结果的系统误差的大小。

16. 测量精密度(measurement precision)

测量精密度简称精密度(precision),是指在规定条件下对同一或类似被测对象重复测量所得示值或测得值间的一致程度。其中规定条件可以是重复性测量条件、复现性测量条件。它反映的是测量结果的随机误差的大小。

至于通常所说的测量精度或计量器具的精度等,一般指的是准确度,而并非精密度。也就是说,精度是精确度(准确度)习惯上的简称。本书中所用的精确度(准确度),是精密度和正确度的综合概念。

如图 3-1 所示,设圆心"○"为真值,黑点为测量结果。则图 3-1(a)正确度较高,精密度较差;图 3-1(b)精密度较高,正确度较差;图 3-1(c)精密度和正确度都较高,即精确度(准确度)较高。

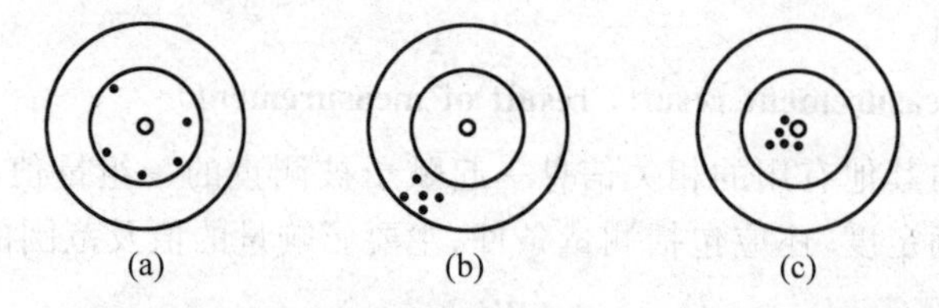

图 3-1 精密度、正确度、准确度示意图

3.2 测量误差

人们对自然现象的研究,不仅要进行定性的观察,还必须通过各种测量进行定量描述。由于被测量的数值形式常常不能以有限位的数来表示,而且人们认识能力的不足和科学水平的限制,实验中测得的值和它的真值并不一致,这种矛盾在数值上的表现即为误差。随着科学水平的提高和人们的经验、技巧和专门知识的丰富,误差可以控制得越来越小,但不能使误差为零,误差始终存在于一切科学实验的过程中。

由于误差歪曲了事物的客观形象,而它们又必然存在,所以,我们就必须分析各类误差产生的原因及其性质,从而制定控制误差的有效措施,正确处理数据,以求得正确的结果。

研究实验误差,不仅使我们能正确鉴定实验结果,还能指导我们正确地组织实验。例如,合理地设计仪器、选用仪器及选定测量方法,使我们能以最经济的方式获得最好的效果。

3.2.1 误差的定义

误差表示测得值与被测量真值的差值。其中测得值指测量值、标示值、标称值、近似值等给出的非真值。真值是指在某一时刻、某一位置或某一状态某量的客观值或实标值。

严格地讲,被测量的真值永远是未知的,而只能随着科技的发展、测试方法和手段的改进以及人们认识的加深,使测得值越来越接近真值。因此,通常所说的真值,实际上是相对真值。国际计量大会所规定的计量单位值，称为计量学中的约定相对真值，或简称约定真值。

真值的分类见表 3-1。

表 3-1　真值的分类

类型	举　例
理论真值	平面三角形三个内角和为 180°；同一量自身之差为零，自身之比为 1
计量学约定真值	米：在 1/299 792 458s 的时间内光在真空中行进的路程长度。 秒：1 秒是铯-133 原子基态的两个超精细能级之间跃迁所对应的辐射的 9 192 631 770 个周期的持续时间。 安培：一恒定电流，如果处在真空中相距 1 米的两根无限长而圆截面可忽略的平行直导线，所载电流各保持 1 安培，则这两导线间每单位长度的作用力为 2×10^{-7} 牛顿·米。 开尔文：水的三相点热力学温度的 1/273.16
标准器相对真值	高一级标准器的误差与低一级标准器或普通仪器的误差相比为 1/5（或者 1/3～1/10）时，则可以认为前者是后者的相对真值

对于多次重复测量，有时亦可视测得值的平均值为相对真值。

误差的定义有多种形式，主要有以下几种。

1. 绝对误差

绝对误差 Δx 是测得值 x 与其真值 x_0 之差，即

$$\Delta x = x - x_0 \tag{3-1}$$

它反映测得值离真值的大小。

2. 相对误差

相对误差 δx 是测得值 x 的绝对误差与其真值 x_0 之比，即

$$\delta x = \frac{\Delta x}{x_0} \times 100\% = \frac{x - x_0}{x_0} \times 100\% \tag{3-2}$$

一般用百分数表示。

例如，用一频率计测量准确值为 100kHz 的频率源，测得值为 101kHz，测量误差为 1kHz，又用波长表测量一准确值为 1MHz 的标准频率源，测得值为 1.001MHz，其误差也为 1kHz。上面两个测量，从误差的绝对量来说是一样的，但它们是在不同频率点上进行测量的，它们的准确度是不同的。为描述测量的准确度而引入相对误差的概念。

3. 引用误差

引用误差系计量器具的绝对误差与其特定值之比，即

$$\delta x_{\text{lim}} = \frac{\Delta x}{x_{\text{lim}}} \tag{3-3}$$

特定值通常是计量器具的量程或标称范围的上限。引用误差也是相对误差，一般用于连续刻度的多挡仪表，特别是电气仪表。

在测量中经常使用电气仪表，电气仪表的准确度分为 0.1，0.2，0.5，1.0，1.5，2.5 和5.0 七级，若仪表为 S 级，X_S表示为满刻度值，则用该仪表测量时绝对误差为

$$\text{绝对误差} \leqslant X_S \times S\%$$

$$\text{相对误差为} \leqslant \frac{X_S}{X} \times S\%$$

故当测量值 X 越接近于 X_S 时，其测量准确度越高，相对误差越小。这就是人们利用这类仪表时，尽可能在仪表满刻度 2/3 以上量程内测量的原因。所以测量的准确度不仅取决于仪表的准确度，还取决于量程的选择。

例如，用一块 0.5 级、量程为 0～300V 的电压表和一块 1.0 级量程为 0～100V 的电压表测量一接近 100V 的电压，问哪块表测量较为准确？

因为

$$r_{0.5}=\frac{X_S}{X}\times S\%=\frac{300}{100}\times 0.5\%=1.5\%$$

$$r_{1.0}=\frac{X_S}{X}\times S\%=\frac{100}{100}\times 1.0\%=1.0\%$$

可见，量程选择恰当，用 1.0 级电压表进行测量也会得到比用 0.5 级电压表更为准确的结果。

4. 分贝误差

分贝误差 ΔD 实际上是相对误差的另一种表现形式，即

$$\Delta D=20\lg\left(1+\frac{\Delta x}{x}\right)\approx 8.69\,\frac{\Delta x}{x} \tag{3-4a}$$

上述分贝误差是对电压而言，若对功率 P，则有

$$\Delta D=10\lg\left(1+\frac{\Delta x}{x}\right) \tag{3-4b}$$

3.2.2 误差的来源

1. 装置误差

计量器具本身的结构、工艺、调整以及磨损、老化或故障等引起的误差称为装置误差。

(1) 标准器误差：标准器是提供标准量的器具，如标准电池、标准电阻、标准钟、砝码等，它们本身体现的量都有误差。

(2) 仪表误差：如电表、天平、游标等本身的误差。

(3) 附件误差：进行测量时所使用的辅助附件，如供电电源、连接导线等所引起的误差。

2. 方法误差

测量方法（或理论）不十分完备，特别是忽略和简化等引起的误差称为方法误差。

(1) 经验公式、函数类型选择的近似性及公式中各系数确定的近似值所引起的误差。

(2) 在推导测量结果表达式中没有得到反映，而在测量过程中实际起作用的一些因素，如漏电、热电势、引线电阻等引起的误差。

(3) 由于知识不足或研究不充分引起的误差。

3. 环境误差

由于各种环境因素（如温度、湿度、气压、振动、照明、电磁场等）与要求的标准状态不完全一致，及其在空间上的梯度和随时间的变化，致使测量装置和被测量本身的变化所引起的

误差,称为环境误差。

4. 人员误差

测量者生理上的最小分辨力、感官的生理变化、反应速度和固有习惯所引起的误差,称为人员误差。

3.2.3 误差的分类

根据误差的性质,测量误差可分为三类:系统误差、随机误差和粗大误差。

1. 系统误差

定义:在同一条件下多次测量同一量时,误差的绝对值和符号保持恒定或在条件改变时,按某一确定规律变化的误差。系统误差决定测量结果的"正确性"。

实验条件一经确定,系统误差就获得一个客观上的恒定值。多次测量的平均值也不能削弱它的影响,改变实验条件或改变测量方法可以发现系统误差,可以通过修正予以消除。

系统误差的特征是它确定的规律性,这种规律性可表现为定值,如未经零点校准的仪器造成的误差;也可表现为累加,如用受热膨胀的钢尺测量长度,其示值小于真实长度,并随待测长度成正比增加;也可表现为周期性规律,如测角仪圆形刻度盘中心与仪器转动中心不重合造成的偏心差。系统误差的规律性在于测量条件一经确定,误差也随之确定。因此,原则上讲这类误差能够针对产生的原因进行消减或修正。对于操作者来说,系统误差的规律和其产生原因可能知道,也可能不知道,因此又可将其分为可定系统误差和未定系统误差。对于可定系统误差,可以找出修正值对测量结果加以修正;而对于未定系统误差一般难以作出修正,只能对它作出估计。

系统误差的消除:根据前述产生误差的原因,不难得出下列一些消除系统误差的基本方法。

(1) 测量前设法消除可能消除的误差源。

(2) 测量过程中采用适当的实验方法,如替代法、补偿法、对称法(见表3-2)等将系统误差消除。

(3) 通过适当的附加手段对测量结果引入可能的修正量。例如,用高一级标准仪器进行校正,作出修正表格、公式和曲线等;采取理论分析法对实验结果进行修正,例如,单摆测量重力加速度,当超出近似范围时,带来的系统误差的修正等。

(4) 通过若干人的重复测量来消除人员误差。

表3-2　减小和消除系统误差方法一栏表

名　称	实施方法	举　　例
替代法	用于被测对象处于相同条件下的已知量来替代被测量,即先将被测量接入测试回路,使系统处于某个工作状态,然后以已知量替代之,并使系统的工作状态保持不变	利用电桥测量电阻、电感和电容等
补偿法	通过两次不同的测量,使测得值的误差具有相反的符号,然后取平均值	用正反向二次测量消除热电转换器的直流正反向差

续表

名　称	实施方法	举　例
对称法	当被测量为某量(如时间)的线性函数时,在相等的时间间隔依次进行数次测量(至少3次),则其中任何一对对称观测值的累积误差的平均值皆等于两次观测的间隔中点相对应的累积误差,利用这一对称性便可将线性累积系统误差消除	利用对称法来消除由于电池组的电压下降而在直流电位差计中引起的累积系统误差。事实表明,在一定的时间内,电池组的电压下降所产生的误差是与时间成正比的线性系统误差
半周期偶数次观测法	每半个周期测量一次,测量偶数次求平均值,可消除周期性系统误差的影响	仪表指针回转中心与圆形刻度盘中心不重合等引起的周期性系统误差

【例 3-1】　如图 3-2 所示,测量螺纹的螺距时,由于存在调整误差,仪器的测量轴线和螺纹轴线不重合,互相之间有偏斜,从而引起螺距测量中的定值误差 δt。为此,在螺纹的两边各测量一次,分别得到螺距的测得值 $t_{左}$ 和 $t_{右}$,则有

$$\begin{cases} t_{左} = t - \delta t \\ t_{右} = t + \delta t \end{cases}$$

其中,t 是螺纹的正确螺距,取两个测得值的平均作为测量结果,可消除螺纹轴线倾斜所引入的系统误差。

【例 3-2】　用天平测质量,先将未知质量 x 与媒介质质量 P 平衡,若天平的两臂长有误差,设长度分别为 l_1 与 l_2,如图 3-3 所示,则有

$$x = \frac{l_2}{l_1}P$$

但由于不能准确知道两臂长 l_1 与 l_2 的实际值,若取 $x=P$,将带来固定不变的系统误差。因此移去被测量 x,用已知质量为 Q 的标准砝码代替。若该砝码可使天平重新平衡,则有 $x=Q$。

若该砝码不能使天平重新平衡,读出差值 ΔQ,则有

$$Q + \Delta Q = \frac{l_2}{l_1}P$$

即

$$x = Q + \Delta Q$$

这样就可消除由于天平两臂不等而带来的系统误差。

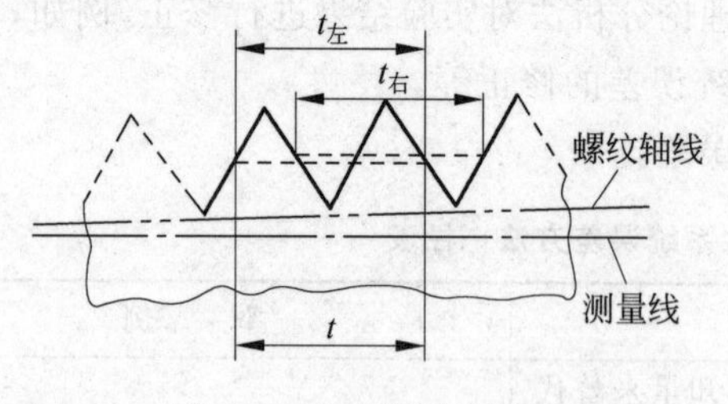

图 3-2　螺纹螺距的测量

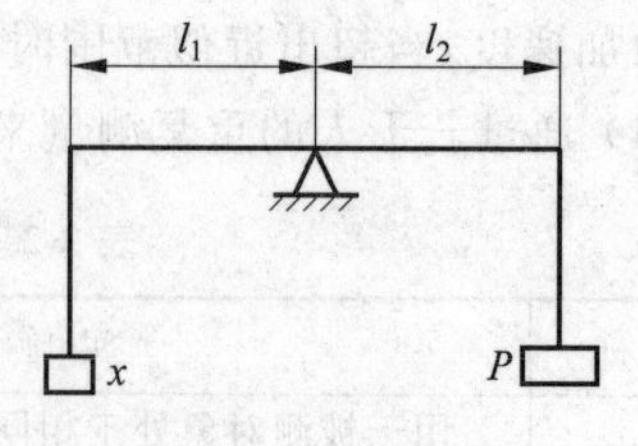

图 3-3　天平测量

【例 3-3】　如在等臂天平上称量重物,如图 3-4 所示,其中 P 和 P' 为两个砝码,x 为待测重物。当天平达到平衡时,应有 $x=P$。但必须是两臂长度相等条件下才成立。一般情况下由于 $l_1 \neq l_2$ 就会引入系统误差。此时应有

$$x=\frac{l_2}{l_1}P$$

为了消除由于 $l_1\neq l_2$ 所引入的系统误差，可以把 P 和 x 互相交换位置。如果有系统误差，则天平就不再平衡。需调整砝码，直到砝码质量为 P' 时，天平再次达到平衡，显然此时有

$$P'=\frac{l_2}{l_1}x$$

由上式得

$$x=\sqrt{PP'}\approx\frac{P+P'}{2}$$

这样得到的测量结果中就不再包含系统误差。

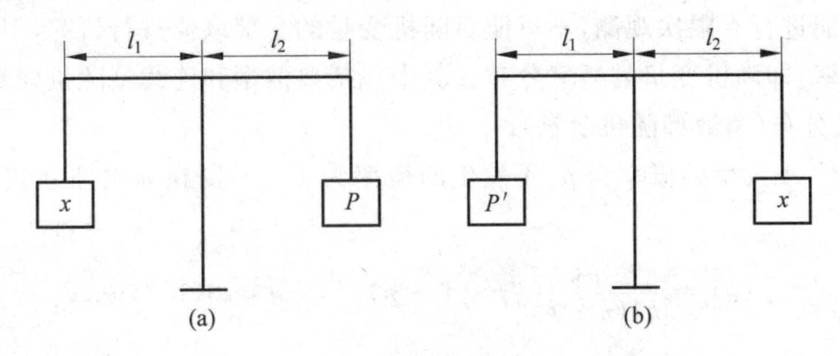

图 3-4　交换法在天平测量中的应用

需要指出，在具体测量中，往往很难将系统误差完全消除。因此，应力求比较准确地给出残余系统误差的范围，即未消除的系统误差限。

2. 随机误差

1）随机误差的定义

定义：在同一条件下多次测量同一量时，误差的绝对值和符号随机变化。它的特点是随机性，没有一定规律，时大时小，时正时负，不能确定。

随机误差来源于测量方面的多种原因，如实验条件和环境的微小的无规则变化、仪器的精密程度，以及观测者的心理状态、视觉器官的分辨本领和手的灵活程度，当然不排除在观测时产生的其他偶然因素。随机误差遵从一定的统计规律，可用统计的方法处理。

由于随机误差具有偶然的性质，不能预先知道，因而也就无法从测量过程中予以修正或把它加以消除。但是随机误差在多次重复测量中服从统计规律，在一定条件下，可以用增加测量次数的方法加以控制，从而减小它对测量结果的影响。

在一定条件下对某一物理量进行测量，每次出现什么观测值是一个随机事件。若各随机事件可分别用一个数值表示，则这个数值可看作随机事件的函数，称为随机变量。随机变量的取值就是各个观测值。随机变量分为连续型和离散型。如测量人体身高、物体长度属于连续型随机变量；而打靶时的命中数、两个骰子的点数和属于离散型随机变量。由于物理实验的观测量是随机变量，所以对测量数据的分析处理，必须应用建立在概率论和数理统计基础上的误差理论，从概率和统计的意义上来理解随机误差。下面简要地给出常见的相关概念和定义，其他内容可详见概率论和数理统计相关书籍。

2）相关的概念与定义

（1）总体、样本和统计量

总体亦称母体，是数理统计中的一个基本概念。通常，将全体测量或讨论的对象所组成的集合称为总体(或母体)，将其中的对象称为个体或单元。

从总体中按一定的方式取出一部分个体所组成的集合称为样本，将样本中含有的个体数量称为样本容量或样本大小，获取样本的过程称为抽样。

对样本进行必要的加工处理和计算所得的结果称为统计量。例如，样本 $x_1, x_2, \cdots, x_n$ 的均值 $\bar{x} = \frac{1}{n}\sum_{i=1}^{n} x_i$ 是统计量，样本方差 $s^2 = \frac{1}{n-1}\sum_{i=1}^{n}(x_i - \bar{x})^2$ 也是统计量。

（2）物理量测量中常见的统计分布

实验中只能进行有限次观测，不可能对随机变量的全部取值进行研究，但必须了解各种可能取值的概率，即随机变量的概率分布。其中包括离散型和连续型随机变量的分布形式。

① 二项式分布(离散型随机变量)。

设随机事件 A 发生的概率为 p，不发生的概率为 $1-p$，则在 n 次独立试验中 A 发生 k 次的概率为

$$p(k) = \frac{n!}{k!(n-k)!}p^k(1-p)^{n-k}, \quad k = 0,1,2,\cdots,n \tag{3-5}$$

式中，系数 $\frac{n!}{k!(n-k)!}$ 为在 n 次试验中事件 A 发生是 k 次而 $n-k$ 次不发生的组合数。

$p(k)$ 的表达式恰好是二项式展开式中的一般项，所以将这个分布称为二项式分布，也称为成功次数的概率分布。通常表示为 $B(n,p)$，其中 n 和 p 称为分布参数。若离散型随机变量 A 服从二项式分布，则可表示成 $A \sim B(n,p)$，n 为有限值。一个随机变量的概率函数或概率密度函数式中的参数(称为分布参数)是表征该统计分布的特征量。

② 泊松分布(离散型随机变量)。

泊松分布是离散型随机变量的一种重要分布，适合于描述试验结果 K 是没有自然上限的非负整数(即 0,1,2,…)的情形。可以证明二项式分布的极限情况是泊松分布，其分布函数为

$$p(k) = \frac{\lambda^k}{k!}e^{-\lambda} \tag{3-6}$$

式中，$e=2.718$，为自然对数的底；$\lambda>0$，为常数，称为泊松分布参数。

泊松分布通常表示为 $P(\lambda)$，若离散型随机变量 A 服从泊松分布，则可表示成 $A \sim P(\lambda)$。在单位时间内放射源中原子核衰变的数目、单位体积内粉尘的数目等均服从泊松分布。

③ 均匀分布(连续型随机变量)。

定义：设连续型随机变量 X 在有限区间内取值，其概率密度函数为

$$f(x) = \begin{cases} \frac{1}{b-a}, & a < x < b \\ 0, & \text{其他 } x \text{ 值} \end{cases} \tag{3-7}$$

则称 X 在区间 (a,b) 上服从均匀分布，记作 $X \sim R(a,b)$，如图 3-5 所示。

均匀分布的分布函数为

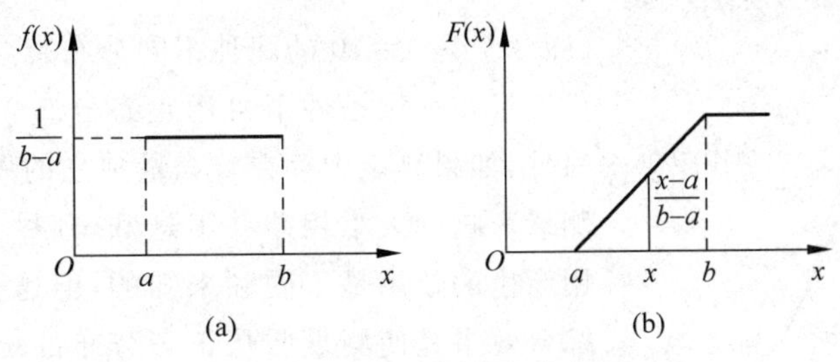

图 3-5　均匀分布概率分布图

(a) 概率密度函数；(b) 分布函数

$$F(x)=\begin{cases}0, & x\leqslant a\\ \dfrac{x-a}{x-b}, & a<x<b\\ 1, & x\geqslant b\end{cases}\tag{3-8}$$

数据处理中的数值修约误差、刻度仪表读数的读数误差、数字仪表的量化误差等都可看作服从均匀分布的随机变量，其他分布如三角分布、指数分布、反正弦分布等可参阅相关文献。

④ 正态分布(连续型随机变量)。

正态分布也称为高斯分布，是连续型随机变量的最常见、最重要的一种分布，在概率论和数理统计中占有非常重要的地位，其概率密度函数为

$$f(x)=\frac{1}{\sqrt{2\pi}\sigma}e^{-\frac{(x-\mu)^2}{2\sigma^2}}\tag{3-9}$$

式中，μ 和 σ 为正态分布的分布参数。μ 对应于正态概率密度函数曲线峰值的横坐标，也是该曲线的对称轴 $x=\mu$ 通过之处，而且是随机变量 X 的数学期望值，若不存在系统误差，μ 也就是待测量的真值。σ 是该曲线拐点处的横坐标与期待值之差的绝对值，称为正态分布的标准差，$\sigma(x)=\sigma$。

正态分布通常表示为 $N(\mu,\sigma^2)$。连续型随机变量 X 服从正态分布，可表示为 $X\sim N(\mu,\sigma^2)$。

若令 $x-\mu=\delta$，即测量误差或残差，则式(3-9)变为

$$f(\delta)=\frac{1}{\sqrt{2\pi}\sigma}e^{-\frac{\delta^2}{2\sigma^2}}\tag{3-10}$$

若令 $z=\dfrac{\delta}{\sigma}$，则式(3-10)变为

$$f(z)=\frac{1}{\sqrt{2\pi}}e^{-\frac{z^2}{2}}\tag{3-11}$$

该式就是标准化的正态概率密度函数，相应的分布称为标准正态分布 $N(0,1)$。

由于 $f(x)$ 满足归一化条件，因而 σ 值小的曲线高而窄、散布小，σ 值大的则低而宽、散布大，它们各自对应着精密度高低不同的实验，如图 3-6 所示。

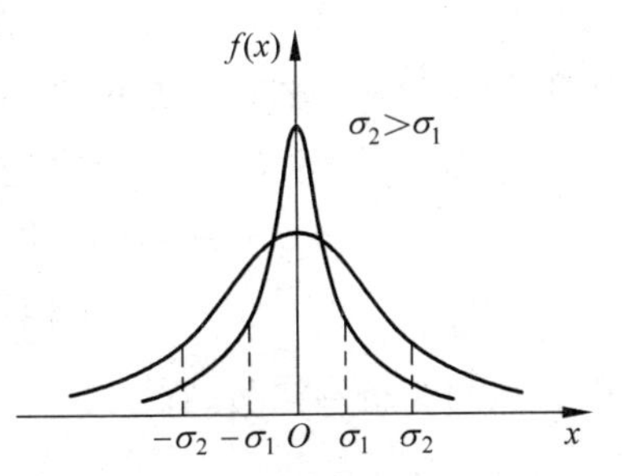

图 3-6　正态概率密度函数图

许多其他分布在极限条件下都趋近于正态分布，例如泊松分布当其随机变量的期待值 λ 足够大时便趋近于正态分布，$\lambda\geqslant10$ 的泊松分布已经很接近正态分布了

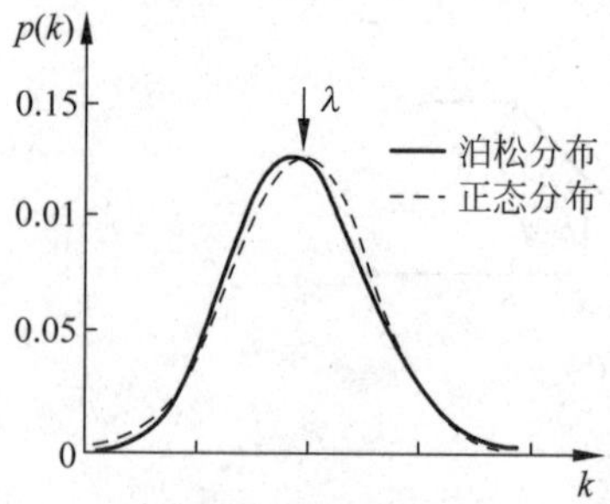

图 3-7 $\lambda=10$ 时的泊松分布

（图 3-7 是 $\lambda=10$ 的两种不同分布）。因而某些离散型随机变量在一定条件下可用正态分布来近似描述和处理。另外，如果测量中存在着大量独立的偶然因素，且它们对测量影响的大小相差并不悬殊，则尽管每个因素单独作用产生的效果是不同和未知的，但这些因素共同作用的综合效果是使测量服从正态分布的统计规律，因此测量的随机误差通常可按正态分布处理（中心极限定律）。当系统误差不存在时，只要给出了正态分布函数的参数 μ、σ 的数值，随机变量的分布就完全确定了。由以上两点可见，在误差理论中正态分布是最重要的统计分布。

（3）抽样分布

总体中含有很多个体，究竟会取出哪些个体，须随机而定，故样本是随机变量。既然样本是随机变量，自然也就有概率分布。通常将样本的概率分布简称为样本分布。

由于统计量是从随机变量（样本）而来，所以它也是随机变量，当然也就有一定的概率分布，通常称其为统计量的抽样分布。于是，建立在样本基础上的统计量，便可利用概率论来进行研究，这也正是数理统计与概率论的有机结合。下面介绍几种常用的从正态总体中得到的抽样分布。

① 样本均值的分布。

设 $X \sim N(\mu,\sigma^2)$，$X_1,X_2,\cdots,X_n$ 为其一个样本，则对统计量 $\overline{X}$ 有

$$E(\overline{X}) = \mu \tag{3-12}$$

$$D(\overline{X}) = \frac{\sigma^2}{n} \tag{3-13}$$

且

$$\overline{X} \sim N(\mu,\sigma^2/n) \tag{3-14}$$

即 $\dfrac{\overline{X}-\mu}{\sigma/\sqrt{n}}$ 为归一化的样本均值。

② χ^2 分布（赫尔梅特(F. Helmet)，1875）。

χ^2 分布是一个统计量的分布，是由标准正态分布引出的一种重要分布。

设 $X \sim N(0,1)$，$X_1,X_2,X_3,\cdots,X_n$ 为其一个样本，它们的平方和记作 χ^2，即

$$\chi^2 = X_1^2 + X_2^2 + \cdots + X_n^2 \tag{3-15}$$

则称此统计量所服从的分布为自由度为 n 的 χ^2 分布，记作 $\chi^2 \sim \chi^2(n)$，其概率密度函数为

$$f(y) = \begin{cases} \dfrac{1}{2^{n/2}\Gamma\left(\dfrac{n}{2}\right)} y^{[(n/2)-1]} \exp\left(-\dfrac{y}{2}\right), & y \geqslant 0 \\ 0, & y < 0 \end{cases} \tag{3-16}$$

其中 $\Gamma(\alpha)$ 为伽马函数，有

$$\Gamma(\alpha) = \int_0^{\infty} x^{(\alpha-1)} \exp(-x)\,\mathrm{d}x, \quad \alpha > 0 \tag{3-17}$$

χ^2 分布的概率密度如图 3-8 所示。式(3-16)中，n 是样本容量，作为分布的参数此值称为 χ^2 分布的自由度，为避免与样本数(容量)相混，改记作 ν，自由度可理解为表示平方和中独立变量的个数。χ^2 分布中有 n 个独立的随机变量 X_i 的平方和，因此 χ^2 的自由度为 n(样本容量)。

对于 n 个变量 $x_1-\bar{x}, x_2-\bar{x}, \cdots, x_n-\bar{x}$ 之间存在唯一的线性约束条件

$$\sum_{i=1}^{n}(x_i-\bar{x})=\sum_{i=1}^{n}x_i-n\bar{x}=0$$

因此，平方和 $(n-1)s^2=\sum_{i=1}^{n}(x_i-\bar{x})^2\left(\text{或}\frac{1}{n-1}\sum(x_i-\bar{x})=s^2\right)$ 中独立变量个数有 $n-1$ 个，即 $\nu=n-1\neq n$。

对给定的正数 $\alpha(0<\alpha<1)$，满足条件

$$P\{\chi^2<\chi_\alpha^2(\nu)\}=\alpha \tag{3-18}$$

的点 $\chi_\alpha^2(\nu)$ 称为 $\chi^2(\nu)$ 的上 100α 百分位点(见图 3-9)。

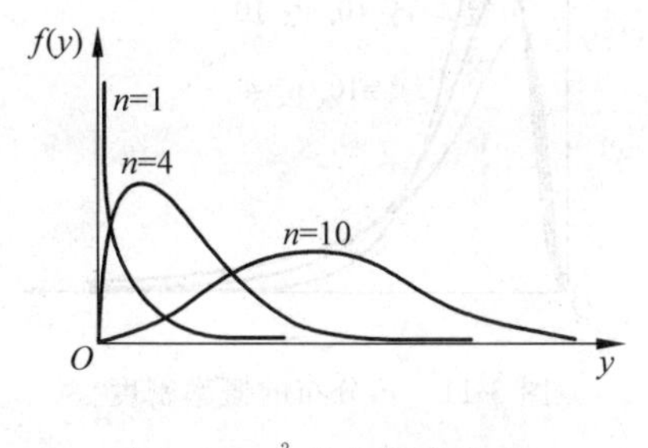

图 3-8　χ^2 分布概率密度

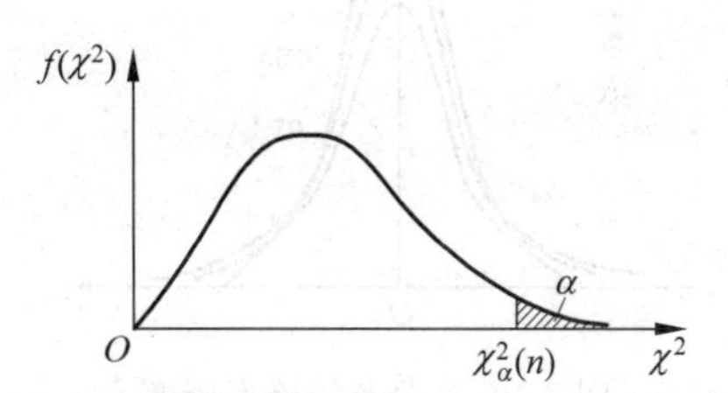

图 3-9　χ^2 分布上的百分位点

χ^2 分布常用于随机变量区间的估计。从测量误差来看，就是对测量数据的极限误差的估计。

③ t 分布(戈塞特(W. S. Gosset)，1908)。

当时戈氏是以笔名“学生”(Student)提出的，故也称学生氏分布，也是由标准正态分布引出的一种重要分布。

设随机变量 X 与 Y 相互独立，且 $X\sim N(0,1)$，$Y\sim\chi^2(\nu)$，则有随机变量

$$t=\frac{X}{\sqrt{Y/\nu}} \tag{3-19}$$

服从自由度为 ν 的 t 分布，记作 $t\sim t(\nu)$，其概率密度函数为

$$f(t)=\frac{\Gamma\left(\frac{\nu+1}{2}\right)}{\sqrt{\nu\pi}\,\Gamma\left(\frac{\nu}{2}\right)}\left(1+\frac{t^2}{\nu}\right)^{-(\nu+1)/2},\quad -\infty<t<+\infty \tag{3-20}$$

t 分布的概率密度如图 3-10 所示。

不难看出，当 $\nu\to\infty$ 时，$t(\nu)\to N(0,1)$ 作为极限，故标准正态分布称为自由度为无穷大的 t 分布。t 分布在研究小样本或有限次测量问题时，是一种严密而有效的分布形式，常用于随机误差极限的估算。

④ F 分布(费希尔(R. S. Fisher),1920)。

F 分布也是一种与正态分布密切相关的统计量的分布。

设 $U \sim \chi^2(\nu_1)$,$V \sim \chi^2(\nu_2)$,且 U 和 V 相互独立,则构成的统计量

$$F = \frac{U/\nu_1}{V/\nu_2} \tag{3-21}$$

服从自由度为(ν_1,ν_2)的 F 分布,记作 $F \sim F(\nu_1,\nu_2)$,其表达式为

$$f(y) = \begin{cases} \dfrac{\Gamma\left(\dfrac{\nu_1+\nu_2}{2}\right)}{\Gamma\left(\dfrac{\nu_1}{2}\right)\Gamma\left(\dfrac{\nu_2}{2}\right)} \cdot \dfrac{\nu_1}{\nu_2}\left(\dfrac{\nu_1}{\nu_2}y\right)^{(\nu_1/2)-1}\left(1+\dfrac{\nu_1}{\nu_2}y\right)^{-(\nu_1+\nu_2)/2}, & y > 0 \\ 0, & y < 0 \end{cases} \tag{3-22}$$

其概率密度如图 3-11 所示。

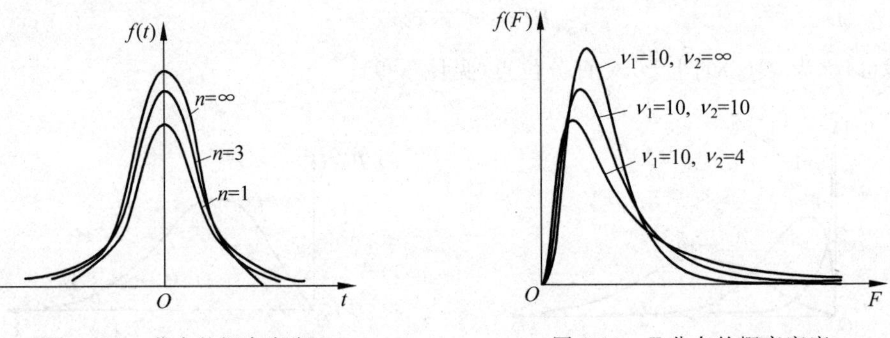

图 3-10　t 分布的概率密度　　图 3-11　F 分布的概率密度

F 分布可用于方差分析、曲线拟合以及检验两组测量的精度是否相同等。

3) 随机变量的数字表征

用概率分布函数和概率密度函数可以准确而全面地描述随机变量的分布情况。但是在许多实际问题中,往往只需要知道随机变量可能取值的平均数和取值分散的程度等特征,即可明确随机变量的性质。下面仅介绍最常用的两种数字特征量:数学期望和方差。

(1) 数学期望(均值)

数学期望表征随机变量分布的平均值。设 X 为离散型随机变量,它的取值为 $x_1,x_2,\cdots,x_n$,对应的概率分布函数为 $p_1,p_2,\cdots,p_n$。则 X 的数学期望定义为

$$E(X) = \sum_{i=1}^{n} x_i p_i \tag{3-23}$$

因为 $\sum_{i=1}^{n} p_i = 1$,所以 $E(X)$实际上是 x 的加权平均。数学期望 $E(X)$是一个数,它反映了 x 取值的平均水平或位置特征。

对于连续型随机变量,如果其概率密度函数为 $f(x)$,那么 x 取值为$(x,x+\Delta x)$的概率为 $f(x)\mathrm{d}x$,因此连续型随机变量的数学期望值为

$$E(X) = \int_{-\infty}^{\infty} x f(x)\mathrm{d}x \tag{3-24}$$

对于一组随机变量 $X_i(i=1,2,\cdots,n)$的数学期望,有如下性质:

$$E\left(\sum_{i=1}^{n} X_i\right) = \sum_{i=1}^{n} E(X_i) \tag{3-25}$$

（2）方差

方差表征随机变量对其数学期望的离散程度。方差值小，随机变量的值在其数学期望值左右分布越集中，由此表明数学期望 $E(x)$ 越能代表 X 取值的平均水平。

对离散型随机变量 X，其方差定义为

$$D(X) = \sum_{k} [x_k - E(X)]^2 p_k \tag{3-26}$$

对连续型随机变量 X，其方差定义为

$$D(X) = \int_{-\infty}^{+\infty} [x - E(X)]^2 f(x) \mathrm{d}x \tag{3-27}$$

可以证明

$$D(X) = E(X^2) - [E(X)]^2 \tag{3-28}$$

以上是当随机变量的取值和分布函数已知时，求取 $E(X)$ 和 $D(X)$ 的方法。有关举例计算参见辅助教材。

但是有些情况下随机变量的分布并不知道，而只有 N 次取样的观测数据，这时数学期望和方差值常用样本平均值 $\bar{x}$ 与样本方差 s^2 来近似代替。这些量的计算式为

$$s^2 = \frac{1}{N-1} \sum (x_i - \bar{x}) \tag{3-29}$$

$$\bar{x} = \frac{1}{N} \sum_{i=1}^{N} x_i \tag{3-30}$$

表 3-3 给出了服从不同的概率分布一维随机变量对应的数字特征。

表 3-3　一维随机变量对应的数字特征及其性质

		离散型	连续型
（1）一维随机变量的数字特征	期望（期望就是平均值）	设 X 是离散型随机变量，其分布规律为 $P(X = x_k) = p_k, k = 1,2,\cdots,n$；$E(X) = \sum_{k=1}^{n} x_k p_k$（要求绝对收敛）	设 X 是连续型随机变量，其概率密度函数为 $f(x)$，则有 $E(X) = \int_{-\infty}^{+\infty} x f(x) \mathrm{d}x$（要求绝对收敛）
	函数的期望	$Y = g(X)$ $E(Y) = \sum_{k=1}^{n} g(x_k) p_k$	$Y = g(X)$ $E(Y) = \int_{-\infty}^{+\infty} g(x) f(x) \mathrm{d}x$
	方差为 $D(X) = E[X - E(X)]^2$ 标准差为 $\sigma(X) = \sqrt{D(X)}$	$D(X) = \sum_{k} [x_k - E(X)]^2 p_k$	$D(X) = \int_{-\infty}^{+\infty} [x - E(X)]^2 f(x) \mathrm{d}x$
（2）期望的性质	（1）$E(C) = C$；（2）$E(CX) = CE(X)$；（3）$E(X+Y) = E(X) + E(Y)$，$E\left(\sum_{i=1}^{n} C_i X_i\right) = \sum_{i=1}^{n} C_i E(X_i)$；（4）$E(XY) = E(X)E(Y)$。充分条件：$X$ 和 Y 独立；充要条件：X 和 Y 不相关		

续表

(3) 方差的 性质	(1) $D(C)=0, E(C)=C$； (2) $D(aX)=a^2D(X), E(aX)=aE(X)$； (3) $D(aX+b)=a^2D(X), E(aX+b)=aE(X)+b$； (4) $D(X)=E(X^2)-E^2(X)$； (5) $D(X\pm Y)=D(X)+D(Y)$。充分条件：X 和 Y 独立；充要条件：X 和 Y 不相关。 $D(X\pm Y)=D(X)+D(Y)\pm 2E[(X-E(X))(Y-E(Y))]$，无条件成立。 $E(X+Y)=E(X)+E(Y)$，无条件成立		
(4) 常见分 布的期 望和方 差		期望	方差
	0-1 分布 $B(1,p)$	p	$p(1-p)$
	二项分布 $B(n,p)$	np	$np(1-p)$
	泊松分布 $P(\lambda)$	λ	λ
	几何分布 $G(p)$	$\frac{1}{p}$	$\frac{1-p}{p^2}$
	超几何分布 $H(n,M,N)$	$\frac{nM}{N}$	$\frac{nM}{N}\cdot 1-\frac{M}{N}\cdot\frac{N-n}{N-1}$
	均匀分布 $U(a,b)$	$\frac{a+b}{2}$	$\frac{(b-a)^2}{12}$
	指数分布 $e(\lambda)$	$\frac{1}{\lambda}$	$\frac{1}{\lambda^2}$
	正态分布 $N(\mu,\sigma^2)$	μ	σ^2
	χ^2 分布	n	$2n$
	t 分布	0	$\frac{n}{n-2}\ (n>2)$

表 3-4 给出了二维随机变量对应的数字特征和相关性质。

表 3-4 二维随机变量对应的数字特征及其性质

(5) 二维随机 变量的数 字特征	期望	$E(X)=\sum_{i=1}^{n}x_i p_{i\cdot}$ $E(Y)=\sum_{j=1}^{n}y_j p_{\cdot j}$ 其中：$p_{i\cdot}=\sum_j p_{ij}$ $p_{\cdot j}=\sum_i p_{ij}$	$E(X)=\int_{-\infty}^{+\infty}xf_X(x)\mathrm{d}x$ $E(Y)=\int_{-\infty}^{+\infty}yf_Y(y)\mathrm{d}y$ 其中 $f_X(x)=\int_{-\infty}^{+\infty}f(x,y)\mathrm{d}y$ $f_Y(y)=\int_{-\infty}^{+\infty}f(x,y)\mathrm{d}x$
	函数的期望	$E[G(X,Y)]=\sum_i\sum_j G(x_i,y_j)p_{ij}$	$E[G(X,Y)]=$ $\int_{-\infty}^{+\infty}\int_{-\infty}^{+\infty}G(x,y)f(x,y)\mathrm{d}x\mathrm{d}y$
	方差	$D(X)=\sum_i[x_i-E(X)]^2p_{i\cdot}$ $D(Y)=\sum_j[x_j-E(Y)]^2p_{\cdot j}$	$D(X)=\int_{-\infty}^{+\infty}[x-E(X)]^2f_X(x)\mathrm{d}x$ $D(Y)=\int_{-\infty}^{+\infty}[y-E(Y)]^2f_Y(y)\mathrm{d}y$
	协方差	对于随机变量 X 与 Y，称它们的二阶混合中心矩 μ_{11} 为 X 与 Y 的协方差或相关矩，记为 σ_{XY} 或 $\mathrm{Cov}(X,Y)$，即 $\sigma_{XY}=\mu_{11}=E[(X-E(X))(Y-E(Y))]$。 与记号 σ_{XY} 相对应，X 与 Y 的方差 $D(X)$ 与 $D(Y)$ 也可分别记为 σ_{XX} 与 σ_{YY}	

续表

(5) 二维随机变量的数字特征	相关系数	对于随机变量 X 与 Y，如果 $D(X)>0, D(Y)>0$，则称 $$\rho_{XY}=\frac{\sigma_{XY}}{\sqrt{D(X)}\ \sqrt{D(Y)}}$$ 为 X 与 Y 的相关系数，记作 ρ_{XY}（有时可简记为 ρ）。 $\lvert\rho\rvert \leqslant 1$，当 $\lvert\rho\rvert=1$ 时，称 X 与 Y 完全相关，即 $P(X=aY+b)=1$ 完全相关 $\begin{cases}\text{正相关，当 } \rho=1 \text{ 时}(a>0)；\\ \text{负相关，当 } \rho=-1 \text{ 时}(a<0)。\end{cases}$ 而当 $\rho=0$ 时，称 X 与 Y 不相关。 以下 5 个命题是等价的： (1) $\rho_{XY}=0$； (2) $\mathrm{Cov}(X,Y)=0$； (3) $E(XY)=E(X)E(Y)$； (4) $D(X+Y)=D(X)+D(Y)$； (5) $D(X-Y)=D(X)+D(Y)$
	协方差矩阵	$\begin{pmatrix}\sigma_{XX} & \sigma_{XY}\\ \sigma_{YX} & \sigma_{YY}\end{pmatrix}$
	混合矩	对于随机变量 X 与 Y，如果有 $E(X^kY^l)$ 存在，则称为 X 与 Y 的 $k+1$ 阶混合原点矩，记为 v_{kl}；$k+1$ 阶混合中心矩记为 $u_{kl}=E[(X-E(X))^k\ (Y-E(Y))^l]$
(6) 协方差的性质	(1) $\mathrm{Cov}(X,Y)=\mathrm{Cov}(Y,X)$； (2) $\mathrm{Cov}(aX,bY)=ab\mathrm{Cov}(X,Y)$； (3) $\mathrm{Cov}(X_1+X_2,Y)=\mathrm{Cov}(X_1,Y)+\mathrm{Cov}(X_2,Y)$； (4) $\mathrm{Cov}(X,Y)=E(XY)-E(X)E(Y)$	
(7) 独立和不相关	(1) 若随机变量 X 与 Y 相互独立，则 $\rho_{XY}=0$；反之不真。 (2) 若 $(X,Y)\sim N(\mu_1,\mu_2,\sigma_1^2,\sigma_2^2,\rho)$，则 X 与 Y 相互独立的充要条件是 X 和 Y 不相关	

4) 置信区间、置信因子、置信概率、显著水平

概率积分的上下限所包含的区间称为概率区间，而随机变量落在其中的区间则称为置信区间。例如，区间界限为 $-\varepsilon$ 和 ε 的正态分布（$N(0,\sigma)$）的随机变量 δ 的概率为

$$P(-\varepsilon<\delta<\varepsilon)=\frac{1}{\sigma\sqrt{2\pi}}\int_{-\varepsilon}^{\varepsilon}\mathrm{e}^{\frac{\delta^2}{2\sigma^2}}\,\mathrm{d}\delta$$

δ 出现的区间 $\pm\varepsilon$ 与标准差 σ 的关系可表示为

$$\varepsilon=k\sigma \tag{3-31}$$

即随机变量出现的概率区间极限 ε 可取为标准差的 k 倍。

若令随机变量 δ 出现的概率为

$$P(-\varepsilon<\delta<\varepsilon)=1-\alpha$$

则概率 P（或 $1-\alpha$）称为置信概率、置信水平或置信度。显然 α 便是随机变量 δ 超出区间界限 $\pm\varepsilon$（或 $\pm k\sigma$）的概率，通常称为超差概率、显著水平或显著度。区间 $[-\varepsilon,\varepsilon]$ 或 $[-k\sigma,k\sigma]$ 称为置信区间或置信限，k 称为置信因子。

表 3-5 所列的是正态分布的随机变量的置信因子、置信概率和显著水平的一些典型数据。可见，在实践中，一般取置信区间为$\pm 2.5\sigma$即满足要求，其相应的置信概率为 0.9876；在要求较高时，可取置信区间为$\pm 3\sigma$，其相应的置信概率为 0.9973。该区间通常称为统计上允许的合理误差范围或误差限。

表 3-5 置信因子、置信概率和显著水平

k	P	α	k	P	α
0.5	0.3829	0.6171	2.5	0.9876	0.0124
1.0	0.6827	0.3173	3.0	0.9973	0.0027
1.5	0.8664	0.1336	3.5	0.9995	0.0005
2.0	0.9545	0.0455	4.0	0.9999	0.0001

显然，概率分布不同，置信因子亦不同。表 3-6 列出了几种常见概率分布与合理误差范围相应的置信因子。

表 3-6 几种常见概率分布与合理误差范围相应的置信因子

分布形式	正 态	均 匀	三 角	反三角	梯 形	反正弦
置信因子 k	3	1.7	2.4	1.4	2.3	1.4

5）随机误差的基本性质

事实表明，大量的观测结果皆服从正态分布。服从正态分布的随机误差具有下列基本性质。

（1）有界性：对于已知分布的一系列观测结果，具有给定概率 P 的随机误差的绝对值不超出一定的范围。

（2）对称性：当测量次数足够多时，正误差和负误差的绝对值相等，概率相等，即

$$P(+\delta) = P(-\delta) = 1/2$$

（3）单峰性：在一系列等精度测量中，绝对值小的误差比绝对值大的误差出现的机会多。

（4）抵偿性：可观测次数无限增加时，误差的算术平均值的极限为零，即

$$\lim_{n \to \infty} \frac{\sum_{i=1}^{n} \delta_i}{n} = 0 \tag{3-32}$$

应该说明，上述性质是大量实验的统计结果，其中的单峰性不一定对所有的随机误差都存在。随机误差的主要特性是抵偿性。

6）随机误差的表示方式

假定没有系统误差存在的情况下来讨论多次测量结果的随机误差估计。

（1）算术平均值

对某一物理量 x 进行 n 次等精度测量，测量到的算术平均值 $\bar{x} = \sum_{i=1}^{n} x_i / n$，它是真值 x 的最佳估计值，一般以$\bar{x}$代表该物理量的测量结果。

(2) 测量到的平均绝对误差

把它定义为各次测量误差的绝对值的平均值，即

$$\eta=\frac{\sum_{i=1}^{n}|x_i-\mu|}{n} \tag{3-33}$$

由于μ是未知的，所以$x_i-\mu$是无法计算的，实际测量中只能获得算术平均值$\bar{x}$以及各测量值x_i与$\bar{x}$的差值v_i(偏差)，可用偏差v_i来估算平均绝对误差，即

$$\eta=\frac{\sum_{i=1}^{n}|v_i|}{n} \tag{3-34}$$

测量列中任一观测值落到$\mu-\eta$到$\mu+\eta$之间的概率是

$$P(\mu-\eta<x<\mu+\eta)=\int_{\mu-\eta}^{\mu+\eta}f(x)\mathrm{d}x=57.5\%$$

(3) 测量列中单次测量的标准偏差

设在同一情况下对物理量x进行了n次等精度测量，为了评价这组数据的可靠性和表征这组数据的离散性，引入标准误差：

$$\sigma=\sqrt{\frac{\sum_{i=1}^{n}(x_i-\mu)^2}{n}} \tag{3-35}$$

实际测量中，测量次数不可能无限多，真值也是未知的，标准偏差无法从上述定义式求得。对有限次测量，应按贝塞尔公式

$$\sigma=\sqrt{\frac{\sum_{i=1}^{n}(x_i-\bar{x})^2}{n-1}}=\sqrt{\frac{\sum_{i=1}^{n}v_i^2}{n-1}} \tag{3-36}$$

估算标准偏差。式中，$v_i=x_i-\bar{x}$。可以证明，当测量次数$n\to\infty$时，贝塞尔公式与测量列的标准误差定义式是一致的。σ标志随机变量围绕期待值分布的离散程度，即随机变量的取值偏离期待值起伏的大小。若一组数据的σ值小，则各测量值的离散性小，即数据集中，重复性好，因而测量的精密度高，这组数据可靠性强。σ具有统计意义，它不是某一具体的测量误差值，而是反映了在相同条件下测量某一物理量随机误差的概率分布情况。可算得测量列中任一观测值x落在$(\mu-k\sigma,\mu+k\sigma)$区间的概率。

测量列的平均绝对误差η与标准偏差μ的关系为

$$\eta=0.798\sigma\approx 4\sigma/5 \tag{3-37}$$

(4) 测量列算术平均值的标准误差

测量列$x_1,x_2,\cdots,x_n$的算术平均值$\bar{x}$也是一个随机变量，显然$\bar{x}$是$x_1,x_2,\cdots,x_n$的函数，$\bar{x}$的可靠程度以$\bar{x}$的标准误差$\sigma_{\bar{x}}$来估计。对于等精度测量，由于各测量值的标准误差σ_x相同，则有

$$\sigma_{\bar{x}}=\frac{\sigma_x}{\sqrt{n}} \tag{3-38}$$

$\bar{x}$是真值的最佳估计值，多次测量取平均减小了随机误差的影响，因而测量列平均值的

标准误差 $\sigma_{\bar{x}}$ 小于测量列单次测量的标准误差 σ_x，$\bar{x}$ 比测量列中任一测量值可靠程度更高。适当增加测量次数 n 有利于提高精密度。

测量平均值的标准差与测量次数 n 之间的关系曲线如图 3-12 所示。可见，$\sigma_{\bar{x}}$ 随 n 的增大而减小，并且开始较快，逐渐变慢，当 $n=5$ 时已较慢，当 $n>10$ 时则更慢，而且增加测量次数，必然会延长测量时间，不易保持稳定不变的测量条件，观测者因疲劳可能产生更大的观测误差。因此一般实验中测量次数不必太多，通常取 10 次左右即可。

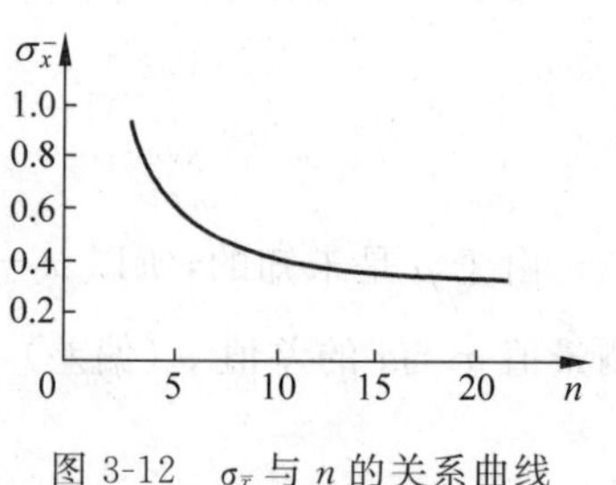

图 3-12　$\sigma_{\bar{x}}$ 与 n 的关系曲线

(5) 或然误差

在一系列测量中，测得值的误差在 $-\gamma\to0$ 之间的次数与在 $0\to\gamma$ 之间的次数相等，即

$$P(|\delta|\leqslant\gamma)=\frac{1}{2} \tag{3-39}$$

式中，γ 称为或然误差。

根据定义，或然误差的求法是：将一系列 n 个测得值的残差分别取绝对值按大小依次排列，如 n 是奇数则取中间值，如 n 为偶数则取最靠近中间的两者的平均值，故 γ 也称为中值误差。

可证明

$$\gamma=0.6745\sigma \tag{3-40}$$

(6) 极限误差

随机误差的出现服从正态分布规律，绝对值小的误差比绝对值大的误差出现的概率大，且绝对值非常大的误差出现的概率趋于 0，因而总可以找到这样一个误差限，测量列中单次测量值的误差超过该界限的概率小到可以忽略不计。测量列中任一次测量的随机误差落到 $(-3\sigma,+3\sigma)$ 区间的概率为

$$P(\mu-3\sigma<\delta<\mu+3\sigma)=\frac{1}{\sqrt{2\pi}\sigma}\int_{\mu-3\sigma}^{\mu+3\sigma}\mathrm{e}^{\frac{(x-\mu)^2}{2\sigma^2}}\mathrm{d}x=99.7\%$$

落到该区间外的概率极小，仅为 0.3%，因此定义 3σ 为极限误差。

7) 非等精度测量的随机误差表示

对同一物理量进行非等精度测量，各个结果的精度不同，应区别对待，对精度较高的结果应给予较高的信赖，使它在求平均值时占有较大的比重。为此引入权的概念，用数值来表示对测量结果的信赖程度，以决定不同精度的测量结果对平均值贡献的大小。定义权与方差成反比，第 i 次测量结果的权为 $W_i=k/\sigma_i^2$，为简便，可选择系数 k 使其中最小的权取值为 1，设单位权的方差为 σ_0^2，则方差为 σ_i^2 的权定义为 $W_i=\sigma_0^2/\sigma_i^2$。设对某物理量进行非等精度测量，各组测量结果分别为 $\bar{x}_1,\bar{x}_2,\cdots,\bar{x}_n$，相应的权分别为 $W_1,W_2,\cdots,W_n$，可证明加权算术平均值 $\bar{A}_W$ 就是该物理量的最佳值，即

$$\bar{X}_W=\sum_{i=1}^{n}\bar{x}_iW_i\Big/\sum_{i=1}^{n}W_i \tag{3-41}$$

根据式(3-41)，精度越高(对应的 σ_i 越小)的观测结果对 $\bar{X}_W$ 的贡献越大。等精度测量中，$W_1=W_2=\cdots=W_n$，则 $X_W=\bar{X}$。

加权算术平均值的标准偏差是

$$\sigma_{\bar{X}_W}=\sqrt{\frac{\sum_{i=1}^{n}W_i v_i^2}{(n-1)\sum_{i=1}^{n}W_i}} \tag{3-42}$$

式中 $v_i=\bar{x}_i-\bar{x}_W$。

3. 粗大误差

定义：明显歪曲测量结果的误差。这是由于测量者在测量和计算中方法不合理、粗心大意、记错数据等所引起的误差。

产生粗大误差的主要原因如下：

(1) 客观原因：电压突变、机械冲击、外界震动、电磁(静电)干扰、仪器故障等引起了测试仪器的测量值异常或被测物品的位置相对移动，从而产生了粗大误差；

(2) 主观原因：使用了有缺陷的量具，操作时疏忽大意，读数、记录、计算的错误等。

另外，环境条件的反常突变因素也是产生这些误差的原因。

粗大误差不具有抵偿性，它存在于一切科学实验中，不能被彻底消除，只能在一定程度上减弱。它是异常值，严重歪曲了实际情况，所以在处理数据时应将其剔除，否则将对标准差、平均差产生严重的影响。

对粗大误差，必须随时或在进行数据处理时予以鉴别，并将相应的数据剔除。实验之后则采用统计学的判断法，如 3σ 准则和格拉布斯(Grubbs)准则来检验有无坏数据。测量列中的随机误差落在$(-3\sigma,+3\sigma)$区间外的概率仅为 0.3%，换句话说，若出现误差的绝对值大于 3σ 的数据，有 99.7%的可能是错误的。3σ 准则以极限误差作为鉴别值判断测量数据的好坏，以决定数据的取舍。规定：把偏差的绝对值大于 3σ 者视为坏数据，加以剔除。对其余测量数据重新求出平均值、偏差和标准误差，再次检验有无不满足 $|\delta_i|<3\sigma$ 的测量值，若有还要再次剔除，直至所有数据均满足要求为止。3σ 准则的前提是要求测量次数 n 趋近于无穷大，它的适用条件是测量次数必须大于 10，否则此准则无效。

消除粗大误差的根本办法是对工作认真负责，切实保持计量器具的计量性能和所要求的环境条件，严格执行检测规程和操作规范，以及具备熟练的计量测试技能等。

3.2.4 有效数字和数字修约

1. 有效数字

若某近似数字的绝对误差值不超过该数末位的正负半个单位值时，则从其第一个不是零的数字起至最末一位数的所有数字，都是有效数字。即有效数字是指实际上能测量到的数值，在该数值中只有最后一位是可疑数字，其余的均为可靠数字。它的实际意义在于有效数字能反映出测量时的准确程度，也反映了测量的相对误差。例如米尺，最小刻度是 mm，如果测量的某个物体长度为 23.7mm，可认为这 3 个数字是客观有效的数字。

2. 有效数字的科学表达方法及注意事项

在确定有效数字位数时，特别需要指出的是数字“0”来表示实际测量结果时，它便是有效数字。关于有效数字，有以下几个问题需要引起注意。

1）“0”的特殊性

在一些测量结果中，往往包括若干个“0”，它算不算有效数字呢？这要具体分析。例如，0.050 60 千米，其中包括了 4 个“0”。中间的“0”为准确数字，最后的“0”为可疑数或估计数，均为有效数字。而前面两个“0”，只起定位作用，不算有效数字。随着单位的变换，小数点的位置会发生相应变化，例如，0.050 60km＝50.60m＝5060cm。

2）推荐使用科学计数法

例如，296cm＝2.96m＝2960mm，前两个均为 3 位有效数字，第 3 个却为 4 位有效数字。这样的变换不符合有效数字的规则，应该为 2.96×10^3mm。这种表示方法比较科学，故称为科学计数法。科学计数法的具体要求是：整数部分只保留一位，且不能为“0”，其他数字均放在小数部分，然后乘以 10 的幂，即 $X.XX\cdots\times10^n$（单位）。

3）有效位数的增计

若有效数字的第一位数为 8 或 9，则有效位数可增计一位。例如 8.78，虽然只有 3 位有效数字，但第一位数字大于 7，所以运算时，可看作 4 位。

3. 测试结果与误差的有效数字

根据有效数字的定义，测试结果的有效位数，一般应取至绝对误差不大于末位数的半个单位值的那一位。因此，有效数字的位数便基本上反映了测试的精度（如测试结果有比较稳定的更高的重复性，则必要时亦可比有效数字多取一位，以供应用时参考）。而对于实验中用到的平均绝对误差、相对误差，通常要求有效数字保留一位（可从标准偏差的标准偏差公式得出此项要求）。例如，测量某一物体长度的最终表达式为

$$L = 23.1 \pm 0.1(\mathrm{mm})$$

$$E = \frac{0.1}{23.1} \times 100\% = 0.5\%$$

从中可以看出，测量结果的有效位数是 3 位，误差的有效位数是 1 位。

4. 有效数字的运算法则

（1）加减法。一般来说，若参与运算的数不超过 10 个，则小数位数多的数要比小数位数最少的数的位数多取一位，余者皆可舍去，最后结果的位数应与位数最少者相同。

例如，50.6＋7.348＝57.9，76.57－4.306＝72.26。

（2）乘除法。当两个小数相乘或相除时，有效数字较多的数应比有效数字少的数多保留一位，而运算结果的位数应从第一个不是 0 的数字算起与位数少者相同。

例如，3.1517×2.11＝6.65，37643/217＝173。

（3）幂运算。结果的有效数字位数与运算前的有效数字位数相同。

例如，$\sqrt{6.25}=2.50$。

（4）三角函数。三角函数的有效数字位数一般取 5 位。

（5）多步运算。在运算过程中，每步的结果应多保留一位有效数字，最后的结果再按照规定保留相应的有效数字位数。

5. 尾数的舍入法则

通常所用的尾数舍入法则是四舍五入。对于大量测量数据的运算来说，这样的舍入不是很合理。因为总是入的概率大于舍的概率。现在通用的是：“偶舍奇入恰逢 5”规则，即

“尾数小于五则舍，大于五则入，等于五则把尾数凑成偶数”的法则，这种舍入法则使尾数入与舍的概率相等。

例如，1.575 取 3 位有效数字位为 1.58，

12.445 取 4 位有效数字位为 12.44。

3.2.5 测量结果的表示

测量的最终结果中既要包含待测量的近似真实值$\bar{x}$，又要包含测量结果的标准偏差σ，还要反映出物理量的单位。因此，要写成物理含义深刻的标准表达形式，即

$$x = \bar{x} \pm k\sigma(\text{单位})\ \text{置信概率} \tag{3-43}$$

式中，x为待测量；$\bar{x}$为测量的近似真实值；σ为合成不确定度；k为置信因子。$k\sigma$的值一般保留一位有效数字。

直接测量时若不需要对被测量进行系统误差的修正，一般就取多次测量的算术平均值$\bar{x}$作为近似真实值；若在实验中有时只需测一次或只能测一次，该次测量值就为被测量的近似真实值。如果要求对被测量进行一定系统误差的修正，通常是将一定系统误差(即绝对值和符号都确定的可估计出的误差分量)从算术平均值$\bar{x}$或一次测量值中减去，从而求得被修正后的直接测量结果的近似真实值。例如，用螺旋测微器测量长度时，从被测量结果中减去螺旋测微器的零误差。在间接测量中，$\bar{x}$即为被测量的计算值。

在测量结果的标准表达式中，给出了一个范围$(\bar{x}-k\sigma)\sim(\bar{x}+k\sigma)$，它表示待测量的真值在$(\bar{x}-k\sigma)\sim(\bar{x}+k\sigma)$范围之间的概率置信因子所对应的置信概率，不要误认为真值一定就会落在$(\bar{x}-k\sigma)\sim(\bar{x}+k\sigma)$之间。认为误差在$-k\sigma\sim+k\sigma$之间是错误的。

3.3 间接测量误差传递理论

在实际工作中，经常会遇到间接测量，即根据一些直接测量的结果，按一定的关系式求得被测量的量值，如求面积、体积等。于是便出现了关于间接测量的误差问题，或者称为误差的传递问题。

设间接测得量$y=f(x_1,x_2,\cdots,x_n)$，式中$x_1,x_2,\cdots,x_n$均为彼此相互独立的直接测得量，每一直接测得量为等精度多次测量，且只含随机误差，那么间接测得量y的最可信赖值(用平均值$\bar{y}$表示)为

$$\bar{y} = f(\bar{x}_1,\bar{x}_2,\cdots,\bar{x}_n) \tag{3-44}$$

基于随机误差的抵偿性，不难证明，上式就是间接测量的最佳估计值。

1. 系统误差传递公式

若各直接测得量相互独立，其误差为$\Delta x_i(i=1,2,\cdots,m)$，则由此产生的间接量$y$的误差为

$$\Delta y = \frac{\partial f}{\partial x_1}\Delta x_1 + \frac{\partial f}{\partial x_2}\Delta x_2 + \cdots + \frac{\partial f}{\partial x_n}\Delta x_n = \sum_{i=1}^{n}\frac{\partial f}{\partial x_i}\Delta x_i \tag{3-45}$$

可见$\frac{\partial f}{\partial x_i}$起了将 Δx_i 传递到 Δy 的作用，故将其称为误差传递系数。它反映了 Δx_i 对 Δy 的影响的大小和方向。对于已定系统误差 $\Delta x_i(i=1,2,\cdots,n)$，其大小和符号已确定，可以直接用上式计算间接测得量的误差，即上式就是已定系统误差合成公式。

2. 间接测量的标准差

前面已经说明，标准差是随机误差的一种常用的表示方式，设 x_i 含有随机误差，并分别对 x_i 进行 m 次等精度测量，结果有

$$\begin{aligned} y_1 &= f(x_{11},x_{21},\cdots,x_{n1}) \\ y_2 &= f(x_{12},x_{22},\cdots,x_{n2}) \\ &\vdots \\ y_m &= f(x_{1m},x_{2m},\cdots,x_{nm}) \end{aligned}$$

令 δx_i 为 x_i 的误差，δy_k 为 y_k 的误差，则对于第 k 次测量有

$$y_k+\delta y_k = f(x_{1k}+\delta x_{1k},x_{2k}+\delta x_{2k},\cdots,x_{nk}+\delta x_{nk})$$

将上式的右侧按泰勒级数展开并略去高次项，则可得

$$\delta y_k = \sum_{i=1}^{n}\frac{\partial f}{\partial x_i}\delta x_{ik}$$

将上式平方，并把 m 次测量结果相加，得

$$\delta y_k^2 = \sum_{k=1}^{m}\sum_{i=1}^{n}\left(\frac{\partial f}{\partial x_i}\right)^2\delta x_{ik}^2+2\sum_{k=1}^{m}\sum_{i<j}\left(\frac{\partial f}{\partial x_i}\right)\left(\frac{\partial f}{\partial x_j}\right)\delta x_{ik}\delta x_{jk} \tag{3-46}$$

将上式两侧除以 m，并根据标准偏差的定义式(3-35)，即误差的平方和的平均值的平方根，可得间接测量的标准差 σ_y 为

$$\sigma_y = \sqrt{\sum_{i=1}^{n}\left(\frac{\partial f}{\partial x_i}\right)^2\sigma_i^2+2\sum_{i<j}\left(\frac{\partial f}{\partial x_i}\right)\left(\frac{\partial f}{\partial x_j}\right)\rho_{ij}\sigma_i\sigma_j} \tag{3-47}$$

式中，σ_i 与 σ_j 分别为 x_i 和 x_j 的标准差；ρ_{ij} 为 x_i 和 x_j 的相关系数(见表 3-4 中的定义表达式)。

可见若 $\rho_{ij}=0$，即各项误差彼此无关，则标准差的传递定律为

$$\sigma_y = \sqrt{\sum_{i=1}^{n}\left(\frac{\partial f}{\partial x_i}\right)^2\sigma_i^2} \tag{3-48}$$

当函数表达式为积和商(或含和差的积商形式)的形式时，其相对偏差传递公式可由式(3-49)求得，即

$$\frac{\sigma_y}{y} = \sqrt{\left(\frac{\partial \ln f}{\partial x_1}\right)^2\sigma_{x_1}^2+\left(\frac{\partial \ln f}{\partial x_2}\right)^2\sigma_{x_2}^2+\cdots+\left(\frac{\partial \ln f}{\partial x_n}\right)^2\sigma_{x_n}^2} \tag{3-49}$$

【例 3-4】 已知 $z=a+b-\frac{1}{3}c$，其中 $a=\bar{a}\pm\sigma_a$，$b=\bar{b}\pm\sigma_b$，$c=\bar{c}\pm\sigma_c$。求 z 的平均值和标准偏差传递公式。

解：

$$\bar{z}=\bar{a}+\bar{b}-\frac{1}{3}\bar{c}$$

$$\frac{\partial z}{\partial a}=1,\quad \frac{\partial z}{\partial b}=1,\quad \frac{\partial z}{\partial c}=-\frac{1}{3}$$

$$\sigma_z = \sqrt{\left(\frac{\partial z}{\partial a}\sigma_a\right)^2 + \left(\frac{\partial z}{\partial b}\sigma_b\right)^2 + \left(\frac{\partial z}{\partial c}\sigma_c\right)^2} = \sqrt{\sigma_a^2 + \sigma_b^2 + \frac{1}{9}\sigma_c^2}$$

【例 3-5】 已知 $\rho = \frac{4m}{\pi d^2 h}$,其中 $m = \bar{m} \pm \sigma_m, d = \bar{d} \pm \sigma_d, h = \bar{h} \pm \sigma_h$。求 h 的平均值和标准偏差传递公式。

解:

$$\bar{\rho} = \frac{4\,\bar{m}}{\pi\,\bar{d}^2\,\bar{h}}$$

$$\ln\rho = \ln\frac{4}{\pi} + \ln m - 2\ln d - \ln h$$

$$\frac{\partial \ln\rho}{\partial m} = \frac{1}{m}, \quad \frac{\partial \ln\rho}{\partial d} = -\frac{2}{d}, \quad \frac{\partial \ln\rho}{\partial h} = -\frac{1}{h}$$

$$\frac{\sigma_\rho}{\rho} = \sqrt{\left(\frac{\partial \ln\rho}{\partial m}\sigma_m\right)^2 + \left(\frac{\partial \ln\rho}{\partial d}\sigma_d\right)^2 + \left(\frac{\partial \ln\rho}{\partial h}\sigma_h\right)^2} = \sqrt{\left(\frac{\sigma_m}{m}\right)^2 + \left(\frac{2}{d}\sigma_d\right)^2 + \left(\frac{\sigma_h}{h}\right)^2}$$

3.4　测量误差的合成

在实际的计量测试中,对于一个被测量来讲,往往有许多因素引入的若干项误差。如何将所有误差合理地合成一直是人们探讨的重点问题。

合成误差时,为了简便起见,设各项误差是彼此独立的;否则,还要考虑协方差项。其实,在一般的计量测试中,各项测量误差往往都可看成是互不相关的,即相互独立的。比较常见的测量误差合成方法有下列几种。

1. 线性和法

线性和法是将所有误差项按各自的正负号取线性和,即

$$e = \sum_{i=1}^{n} e_i \tag{3-50}$$

式中,e 为合成误差;e_i 为第 i 项误差;n 为误差的项数。该法适用于已定系统误差的合成。

2. 绝对值和法

绝对值和法是将所有误差项按绝对值求和,即

$$e = \sum_{i=1}^{n} |\, e_i \,| \tag{3-51}$$

该法完全没有考虑各项误差之间可能的抵偿,是最保守的,也是最稳妥的。显然,合成的误差可能偏大。

3. 方和根法

方和根是取所有误差项的平方和的正平方根,即

$$e = \sqrt{\sum_{i=1}^{n} e_i^2} \tag{3-52}$$

该法一般用于随机误差的合成,是当前国内外普遍采用的一种较好的误差合成方法。

显然，若式中 e_i 是标准差 σ_i，则 e_i^2 便是方差 σ_i^2，而 e 则是合成标准差 σ，即合成标准差等于各项标准差的平方和的正平方根。

3.5 测量不确定度

测量的目的是不但要测量待测物理量的近似值，而且要对近似真实值的可靠性作出评定（即指出误差范围），这就要求我们还必须掌握不确定度的有关概念。下面将结合对测量结果的评定来讨论不确定度的概念、分类、合成等问题。

3.5.1 测量不确定度的含义

测量不确定度是测量结果所含有的一个参数，是表征被测量的真值所处的量值范围的评定，是对测量结果受测量误差影响不确定程度的科学描述。具体地说，不确定度定量地表示了随机误差和未定系统误差的综合分布范围，它可以近似地理解为一定置信概率下的误差限值。该参数可以是标准差或标准差的倍数，也可以是置信区间的半宽度。

不确定度是“误差可能数值的测量程度”，表征所得测量结果代表被测量的程度。也就是因测量误差存在而对被测量不能肯定的程度，因而是测量质量的表征，用不确定度可以对测量数据作出比较合理的评定。对一个科学实验的具体数据来说，不确定度是指测量值（近真值）附近的一个范围，测量值与真值之差（误差）可能落于其中。不确定度小，测量结果可信赖程度高；不确定度大，测量结果可信赖程度低。在实验和测量工作中，“不确定度”一词近似于不确知、不明确、不可靠、有质疑，是作为估计而言的。因为误差是未知的，不可能用指出误差的方法去说明可信赖程度，而只能用误差的某种可能的数值去说明可信赖程度，所以不确定度更能表示测量结果的性质和测量的质量。用不确定度评定实验结果的误差，其中包含了各种来源不同的误差对结果的影响，而它们的计算又反映了这些误差所服从的分布规律，这更准确地表述了测量结果的可靠程度，因而有必要采用不确定度的概念。

3.5.2 测量不确定度的分类

科学实验中的不确定度，一般主要来源于测量方法、测量人员、环境波动、测量对象变化等。计算不确定度是将可修正的系统误差修正后，将各种来源的误差按计算方法分为两类，即用统计方法计算的 A 类不确定度和用非统计方法计算的 B 类不确定度。

A 类统计不确定度，是指可以采用统计方法（即具有随机误差性质）计算的不确定度，如测量读数具有分散性、测量时温度波动影响等。这类统计不确定度通常认为它是服从正态分布规律的，因此可以像计算标准偏差那样，用贝塞尔公式计算被测量的 A 类不确定度。通常，若对随机变量 X 在相同的条件下进行 n 次独立观测，则 X 的期望的最佳估计是所有观测值 x_i 的算术平均值 $\bar{x}$，则 A 类不确定度 $S_{\bar{x}}$ 为

$$u(x_i) = S = \sqrt{\frac{\sum_{i=1}^{n}(x_i - \bar{x})^2}{n-1}} = \sqrt{\frac{\sum_{i=1}^{n}\Delta x_i^2}{n-1}} \tag{3-53a}$$

$$u(\bar{x_i}) = S_{\bar{x}} = \frac{S}{\sqrt{n}} \tag{3-53b}$$

式中，$i=1,2,\cdots,n$ 为测量次数。

在计算A类不确定度时，也可以用最大偏差法、极差法、最小二乘法等，本书只采用贝塞尔公式法，并且着重讨论读数分散对应的不确定度。用贝塞尔公式计算A类不确定度，可以用函数计算器直接读取，十分方便。同时在A类不确定度的评定时，必须考虑估计值 $\bar{x}$ 和不确定度的自由度 ν_i。

B类非统计不确定度，是指用非统计方法求出或评定的不确定度，所以若输入量 X_i 的估计值 x_i 不是由重复测得值给出的，则相应的近似估计方差 $u^2(x_i)$ 或标准不确定度 $u(x_i)$ 便应根据引起 x_i 的可能变化的全部信息来判断和估算。这些信息一般包括以前的测量数据、对有关资料和仪器性能的了解、制造厂的技术说明书、校准或其他证书提供的数据以及取自有关于手册的标准数据的不确定度等。为了简便，有时将这种方法估计的 $u^2(x_i)$ 和 $u(x_i)$ 分别称为B类方差和B类标准不确定度。

在评定B类不确定度时，要求有相应的知识和经验来合理地使用所有可用的信息，这也是一种技巧，可在实践中学习和掌握。

总之，B类不确定度是根据对事件发生的相信程度为依据的假设概率(即所谓的先验或主观概率)分布的概率密度函数求出的；而不像A类不确定度那样，由一系列观测值的统计概率分布的概率密度函数所决定。

由于评定B类不确定度常用估计方法，要估计适当，需要确定分布规律，同时要参照标准，更需要估计者的实践经验、学术水平等。本书对B类不确定度的估计同样只作简化处理。仪器不准确的程度主要用仪器误差来表示，所以因仪器不准确对应的B类不确定度为

$$\sigma_{\mathrm{B}} = \Delta_{仪} \tag{3-54}$$

式中，$\Delta_{仪}$ 为仪器误差或仪器的基本误差，或允许误差，或显示数值误差。一般的仪器说明书中都以某种方式注明仪器误差，是制造厂或计量检定部门给定的。物理实验教学中，由实验室提供。对于单次测量的随机误差一般是以最大误差进行估计，以下分两种情况处理。

已知仪器准确度时，这时以其准确度作为误差大小。例如，一个量程150mA、准确度0.2级的电流表，测某一次电流，读数为131.2mA。为估计其误差，则按准确度0.2级可算出最大绝对误差为0.3mA，因而该次测量的结果可写成 $I=(131.2\pm0.3)$mA。又如，用物理天平称量某个物体的质量，当天平平衡时砝码为 $P=145.02$ 克，让游码在天平横梁上偏离平衡位置一个刻度(相当于0.05克)，天平指针偏过1.8分度，则该天平这时的灵敏度为(1.8÷0.05)分度/克，其感量为0.03克/分度，就是该天平称量物体质量时的准确度，测量结果可写成 $P=(145.02\pm0.03)$克。

未知仪器准确度时，单次测量误差的估计应根据所用仪器的精密度、仪器的灵敏度、测试者感觉器官的分辨能力以及观测时的环境条件等因素具体考虑，以使估计误差的大小尽可能符合实际情况。一般来说，最大读数误差对连续读数的仪器可取仪器最小刻度值的一半，而无法进行估计的非连续读数的仪器，如数字式仪表，则取其最末位数的一个最小单位。

合成不确定度为A类不确定度和B类不确定度的平方和的正平方根，即

$$\sigma=\sqrt{S_{\bar{x}}^2+\sigma_{\mathrm{B}}^2} \tag{3-55}$$

3.5.3 直接测量的不确定度

在对直接测量的不确定度的合成问题中，对A类不确定度主要讨论在多次等精度测量条件下，读数分散对应的不确定度，并且用贝塞尔公式计算A类不确定度。对B类不确定度，主要讨论仪器不准确对应的不确定度，将测量结果写成标准形式。因此，实验结果的获得，应包括待测量近似真实值的确定，A、B两类不确定度以及合成不确定度的计算。增加重复测量次数对于减小平均值的标准误差，提高测量的精密度有利。但是应注意，当次数增大时，平均值的标准误差减小逐渐缓慢，当次数大于10时平均值的减小便不明显了。通常取测量次数为5～10为宜。下面通过两个例子加以说明。

【例3-6】 采用感量为0.1g的物理天平称量某物体的质量，其读数值为35.41g。求物体质量的测量结果。

解：采用物理天平称量物体的质量，重复测量读数值往往相同，故一般只需进行单次测量即可。单次测量的读数即为近似真实值，$m=35.41\mathrm{g}$。物理天平的示值误差通常取感量的一半，并且作为仪器误差，即

$$\sigma_{\mathrm{B}}=\Delta_{仪}=0.05(\mathrm{g})=\sigma$$

测量结果为

$$m=35.41\pm0.05(\mathrm{g})$$

在例3-6中，因为是单次测量($n=1$)，合成不确定度$\sigma=\sqrt{S_m^2+\sigma_{\mathrm{B}}^2}$中的$S_m=0$，所以$\sigma=\sigma_{\mathrm{B}}$，即单次测量的合成不确定度等于非统计不确定度。但是这个结论并不表明单次测量的σ就小，因为$n=1$时，S_m发散。其随机分布特征是客观存在的，测量次数n越大，置信概率就越高，因而测量的平均值就越接近真值。

【例3-7】 用螺旋测微器测量小钢球的直径d(mm)，5次的测量值分别为11.922，11.923，11.922，11.922，11.922。已知螺旋测微器的最小分度数值为0.01mm，试写出测量结果的标准式。

解：(1) 直径d的算术平均值为

$$\bar{d}=\frac{1}{n}\sum_{1}^{5}d_i=\frac{1}{5}(11.922+11.923+11.922+11.922+11.922)$$
$$=11.922(\mathrm{mm})$$

(2) 螺旋测微器的仪器误差为$\Delta_{仪}=0.005(\mathrm{mm})$，因此B类不确定度为

$$\sigma_{\mathrm{B}}=\Delta_{仪}=0.005(\mathrm{mm})$$

(3) A类不确定度为

$$S_d=\sqrt{\frac{\sum_{1}^{5}(d_i-\bar{d})^2}{n-1}}$$
$$=\sqrt{\frac{(11.922-11.922)^2+(11.923-11.922)^2+\cdots+(11.922-11.922)^2}{5-1}}$$
$$=0.0005(\mathrm{mm})$$

$$S_{\bar{d}} = \frac{S_d}{\sqrt{5}} = 0.0002(\text{mm})$$

(4) 合成不确定度为

$$\sigma = \sqrt{S_{\bar{d}}^2 + \sigma_B^2} = \sqrt{0.0002^2 + 0.005^2}$$

式中，由于 $0.0002 < \frac{1}{3} \times 0.005$，故可略去 $S_{\bar{d}}$，于是 $\sigma = 0.005(\text{mm})$。

(5) 测量结果为

$$d = \bar{d} \pm \sigma = 11.922 \pm 0.005(\text{mm})。$$

从上例可以看出，当有些不确定度分量的数值很小时，相对而言可以略去不计。在计算合成不确定度中求方和根时，若某一平方值小于另一平方值的 1/9，则这一项就可以略去不计。这一结论叫作微小误差准则(见 3.6.2 节)。在进行数据处理时，利用微小误差准则可减少不必要的计算。不确定度的计算结果一般应保留一位有效数字，多余的位数按有效数字的修约原则进行取舍。评价测量结果，有时候需要引入相对不确定度的概念。相对不确定度定义为

$$E_\sigma = \frac{\sigma}{\bar{x}} \times 100\% \tag{3-56}$$

式中，E_σ 的结果一般应取两位有效数字。

测量不确定度表达涉及深广的知识领域和误差理论问题，大大超出了本课程的教学范围。同时，有关它的概念、理论和应用规范还在不断地发展和完善。本书的重点放在建立必要的概念，有一个初步的基础，以后在工作需要时，可以参考有关文献继续深入学习。

3.5.4　间接测量结果的合成不确定度

间接测量的近似真实值和合成不确定度是由直接测量结果通过函数式计算出来的，既然直接测量有误差，那么间接测量也必有误差，这就是误差的传递。由直接测量值及其误差来计算间接测量值的误差之间的关系式称为误差的传递公式。

设间接测量的函数式为 $Y = f(X_1, X_2, \cdots, X_N)$，其估计值 $y = f(x_1, x_2, \cdots, x_n)$ 的总不确定度由输入值的估计值 $x_1, x_2, \cdots, x_n$ 的各个不确定度所合成，则合成方差 $u_c^2(y)$ 的近似表达式为

$$u_c^2(y) = \sum_{i=1}^{N} \left(\frac{\partial f}{\partial x_i}\right)^2 u^2(x_i) + 2\sum_{i=1}^{N-1} \sum_{j=i+1}^{N} \frac{\partial f}{\partial x_i} \frac{\partial f}{\partial x_j} u(x_i, x_j) \tag{3-57}$$

式中，x_i 和 x_j 为 X_i 和 X_j 的估计值；$u^2(x_i)$ 为 x_i 的方差；$u(x_i, x_j) = u(x_j, x_i)$，是 x_i 和 x_j 的估计协方差。

x_i 和 x_j 之间的相关程度，可用估计的相关系数 $\rho(x_i, x_j)$ 来表征，即

$$\rho(x_i, x_j) = \frac{u(x_i, x_j)}{u(x_i) u(x_j)}$$

式中，$\rho(x_i, x_j) = \rho(x_j, x_i)$，且 $-1 \leqslant \rho(x_i, x_j) \leqslant 1$。

若 x_i 和 x_j 相互独立，即 $\rho(x_i, x_j) = 0$，则 y 的估计合成的方差为

$$u_c^2(y) = \sum_{i=1}^{N} \left(\frac{\partial f}{\partial x_i}\right)^2 u^2(x_i) \tag{3-58}$$

则标准差为

$$u_c(y)=\sqrt{\sum_{i=1}^{N}\left(\frac{\partial f}{\partial x_i}\right)^2 u^2(x_i)} \tag{3-59}$$

式(3-59)表明，间接测量的函数式确定后，测出它所包含的直接观测量的结果，将各个直接观测量的不确定度 $u(x_i)$ 乘以函数对各变量（直测量）的偏导数 $\frac{\partial f}{\partial x_i}u(x_i)$，求方和根，即 $\sqrt{\sum_{i=1}^{k}\left(\frac{\partial f}{\partial x_i}u(x_i)\right)^2}$ 就是间接测量结果的不确定度。

当间接测量的函数表达式为积和商（或含和差的积商形式）的形式时，为了使运算简便起见，可以先将函数式两边同时取自然对数，然后再求全微分，即

$$\frac{\mathrm{d}y}{y}=\frac{\partial \ln f}{\partial x_1}\mathrm{d}x_1+\frac{\partial \ln f}{\partial x_2}\mathrm{d}x_2+\cdots+\frac{\partial \ln f}{\partial x_n}\mathrm{d}x_n$$

同样改写微分符号为不确定度符号，再求其方和根，即为间接测量的相对不确定度 $u_{\mathrm{rel}}(y)$，即

$$\begin{aligned}u_{\mathrm{rel}}(y)=\frac{u_c(y)}{y}&=\sqrt{\left(\frac{\partial \ln f}{\partial x_1}u_c(x_1)\right)^2+\left(\frac{\partial \ln f}{\partial x_2}u_c(x_2)\right)^2+\cdots+\left(\frac{\partial \ln f}{\partial x_n}u_c(x_n)\right)^2}\\&=\sqrt{\sum_{i=1}^{n}\left(\frac{\partial \ln f}{\partial x_i}u_c(x_i)\right)^2}\end{aligned} \tag{3-60}$$

由式(3-60)可以求出合成不确定度为

$$u_c(y)=yu_{\mathrm{rel}}(y) \tag{3-61}$$

这样计算间接测量的统计不确定度时，特别对于函数表达式很复杂的情况，尤其显示出它的优越性。今后在计算间接测量的不确定度时，对函数表达式仅为和差形式，可以直接利用式(3-59)求出间接测量的合成不确定度 $u_c(y)$，若函数表达式为积和商（或积商和差混合）等较为复杂的形式，可直接采用式(3-60)，先求出相对不确定度，再求出合成不确定度 $u_c(y)$。

【例 3-8】 已知电阻 $R_1=50.2\pm0.5,\Omega$；$R_2=149.8\pm0.5,\Omega$。求它们串联的电阻R 和合成不确定度σ_R。

解：串联电阻的阻值为

$$R=R_1+R_2=50.2+149.8=200.0(\Omega)$$

合成不确定度为

$$\begin{aligned}u_R&=\sqrt{\sum_{i=1}^{2}\left(\frac{\partial R}{\partial R_i}u_{Ri}\right)^2}=\sqrt{\left(\frac{\partial R}{\partial R_1}u_{R1}\right)^2+\left(\frac{\partial R}{\partial R_2}u_{R2}\right)^2}\\&=\sqrt{u_{R1}^2+u_{R2}^2}=\sqrt{0.5^2+0.5^2}=0.7(\Omega)\end{aligned}$$

相对不确定度为

$$u_{\mathrm{rel}}=\frac{u_R}{R}=\frac{0.7}{200.0}\times100\%=0.35\%$$

测量结果为

$$R=200.0\pm0.7(\Omega)$$

【例 3-9】 测量金属环的内径 $D_1=2.880\pm0.004,\mathrm{cm}$；外径 $D_2=3.600\pm0.004,\mathrm{cm}$；厚度 $h=2.575\pm0.004,\mathrm{cm}$。试求环的体积 V 和测量结果。

解：环体积公式为

$$V=\frac{\pi}{4}h(D_2^2-D_1^2)$$

(1) 环体积的近似真实值为

$$V=\frac{\pi}{4}h(D_2^2-D_1^2)$$

$$=\frac{3.1416}{4}\times 2.575\times(3.600^2-2.880^2)=9.436(\mathrm{cm}^3)$$

(2) 首先将环体积公式两边同时取自然对数，再求全微分，有

$$\ln V=\ln\frac{\pi}{4}+\ln h+\ln(D_2^2-D_1^2)$$

$$\frac{\mathrm{d}V}{V}=0+\frac{\mathrm{d}h}{h}+\frac{2D_2\mathrm{d}D_2-2D_1\mathrm{d}D_1}{D_2^2-D_1^2}$$

则相对不确定度为

$$u_{V\mathrm{rel}}=\frac{u_V}{V}=\sqrt{\left(\frac{u_h}{h}\right)^2+\left(\frac{2D_2u_{D_2}}{D_2^2-D_1^2}\right)^2+\left(\frac{-2D_1u_{D_1}}{D_2^2-D_1^2}\right)^2}$$

$$=\left[\left(\frac{0.004}{2.575}\right)^2+\left(\frac{2\times3.600\times0.004}{3.600^2-2.880^2}\right)^2+\left(\frac{-2\times2.880\times0.004}{3.600^2-2.880^2}\right)^2\right]^{\frac{1}{2}}$$

$$=0.0081=0.81\%$$

(3) 总合成不确定度为

$$u_V=Vu_{V\mathrm{rel}}=9.436\times0.0081=0.08(\mathrm{cm}^3)$$

(4) 环体积的测量结果为

$$V=9.44\pm0.08(\mathrm{cm}^3)$$

V 的标准式中，$V=9.436\ \mathrm{cm}^3$ 应与不确定度的位数取齐，因此将小数点后的第三位数6，按照数字修约原则进到百分位，故为 $9.44\ \mathrm{cm}^3$。

间接测量结果的误差，常用两种方法来估计：算术合成(最大误差法)和几何合成(标准误差)。误差的算术合成将各误差取绝对值相加，是从最不利的情况考虑，误差合成的结果是间接测量的最大误差，因此是比较粗略的，但计算较为简单，它常用于误差分析、实验设计或粗略的误差计算中。上面例子采用几何合成的方法，计算较麻烦，但误差的几何合成较为合理。

3.5.5　扩展(范围、展伸)不确定度

为满足工业、商业、卫生、安全以及法制等领域的相关要求，可将合成不确定度 u_c 乘以置信(包含、范围)因子 k，以给测量结果一个较高置信水平的置信区间，从而得到扩展(范围、展伸)不确定度 U，即

$$U=ku_c$$

这里并没有提供任何新的信息，而只是给出了一个较高置信水平的置信区间。置信(包含、范围)因子 k，对于正态分布，通常取为 2～3，相应的置信水平为 0.95～0.99。

3.5.6　不确定度的报告

当报告测得值及其不确定度时，应提供较多的信息，比如：

(1) 阐明由实验的观测值和输入数据计算测得值及其不确定度的方法；

(2) 列出所有不确定度分量并充分说明它们的评定方法；

(3) 给出数据分析方法，以使其每个重要步骤易于效仿，必要时能单独重复计算报告结果；

(4) 给出分析处理中使用的全部修正量、常数及其来源。

当不确定度以合成标准不确定度 u_c 来表述时，测量结果可选用下列形式之一（这里，为便于表述，设被报告的量值是标称值为 10g 的标准砝码，其合成不确定度 $u_c=0.35\text{mg}$）：

(1) $m_s=100.021\,47\text{g}, u_c=0.35\text{mg}$；

(2) $m_s=100.021\,47\text{g}(35)\text{mg}$，其中括号中的数字便是合成不确定度的数值，与所述测得值的最后位数相应；

(3) $m_s=100.021\,47(0.000\,35)\text{g}$；

(4) $m_s=(100.021\,47\pm0.000\,35)\text{g}$，其中±号后的数字是合成不确定度的数值，而不是置信区间。

必要时，可给出相对合成不确定度，即

$$\frac{u_c}{|y|}, \quad |y|\neq 0$$

式中，y 为所获得的被测量 Y 的最佳估计值。

当不确定度以扩展(范围)不确定度 $U=ku_c$ 表述时，必须注明 k 的数值。例如上例中的 $u_c=0.35\text{mg}$。若取 $k=2.26$，自由度 $\nu=9$，则 $U=0.79\text{mg}$。于是，测量结果可写为

$$m_s=(0.021\,47\pm0.000\,79)\text{g}, \quad k=2.26$$

式中，±号后面的数字便是 U，即由其定义的置信区间的所相应的置信水平约为 0.95。

必要时，可给出相对扩展(范围)不确定度，即

$$\frac{U}{|y|}, \quad |y|\neq 0$$

式中，y 为所获得的被测量 Y 的最佳估计值。

在报告测量结果时，不确定度的数值要取得适当，最多只能取两位有效数字（参见3.6节）。当然，在进行数据处理的过程（即中间运算环节）中，为避免引入舍入误差，可适当保留多余的位数。至于测得值的有效位数，应与其不确定度数值的有效位数相应。

3.6 数据处理方法和微小误差准则

3.6.1 算术平均值与最小二乘法原理

1. 算术平均值

设对某量 x 的一系列等精度测量的测得值为 $x_1, x_2, \cdots, x_n$，则该测量列的算术平均值为

$$\bar{x}=\frac{1}{n}\sum_{i=1}^{n}x_i$$

设被测量的真值为 x_0，各测得值 x_i 与 x_0 偏差皆为随机误差。

将上列各误差相加并除以测量次数 n，则有

$$\frac{1}{n}\sum_{i=1}^{n}(x_i - x_0) = \bar{x} - x_0 \tag{3-62}$$

根据随机误差的基本性质，当测量次数 n 足够大时，误差的算术平均值的极限为零，即

$$\frac{1}{n}\sum_{i=1}^{n}(x_i - x_0) \to 0 \tag{3-63}$$

于是由式(3-62)和式(3-63)可得

$$\bar{x} \to x_0$$

即当测量次数 n 足够大时，测得值的算术平均值趋近真值，并且 n 越大，算术平均值越趋近于真值。

2. 最小二乘法原理

最小二乘法是对测量数据进行处理的重要方法。下面仅对该方法的基本原理略加阐述。

在等精度测量的测得值中，最佳值是使所有测得值的误差(残差)的平方和最小的值，这就是最小二乘法的基本原理。

设对某量 x 的一系列等精度测量的测得值为 $x_1, x_2, \cdots, x_n$，其最佳值为 a；并设测量误差均为随机误差，且服从正态分布。于是误差 $x_i - a$ 在微分子区间 $\mathrm{d}x_i$ 中出现的概率为

$$P_i = \frac{1}{\sqrt{2\pi}\sigma}\mathrm{e}^{-\frac{(x_i-a)^2}{2\sigma^2}}\mathrm{d}x_i,\quad i = 1,2,\cdots,n$$

式中，$x_1, x_2, \cdots, x_n$ 设定彼此相互独立，故它们同时出现的概率为

$$P = \prod_{i=1}^{n} P_i = \prod_{i=1}^{n}\frac{1}{\sqrt{2\pi}\sigma}\mathrm{e}^{-\frac{(x_i-a)^2}{2\sigma^2}}\mathrm{d}x_i$$

$$= \left(\frac{1}{\sqrt{2\pi}\sigma}\right)^n \mathrm{e}^{-\frac{\sum_{i=1}^{n}(x_i-a)^2}{2\sigma^2}}\mathrm{d}x_1\mathrm{d}x_2\cdots\mathrm{d}x_n \tag{3-64}$$

根据随机误差的基本性质，对于正态分布，在一系列等精度测量中，绝对值小的误差比绝对值大的误差出现的机会多。也就是说，概率最大时的误差最小，即相应的值为最佳值或最可信赖值。

由式(3-64)可知，当

$$\sum_{i=1}^{n}(x_i - a)^2 = Q \tag{3-65}$$

为最小时，P 有最大值。从上式可以看出，Q 有最小值的条件是

$$\frac{\mathrm{d}Q}{\mathrm{d}a} = -2(x_1 - a) - 2(x_2 - a) - \cdots - 2(x_n - a) = 0$$

于是有

$$a = \frac{1}{n}\sum_{i=1}^{n} x_i \tag{3-66}$$

可见，对于等精度测量来讲，它们的算术平均值是最佳值或最可信赖值，各测得值与算术平均值偏差的平方和最小。

3.6.2 微小误差准则

在误差合成中，有时误差项较多，同时它们的性质和分布又不尽相同，估算起来相当繁琐。如果各误差的大小相差比较悬殊，而且如果小误差项的数目又不多，则在一定的条件下，可将小误差忽略不计，该条件便称为微小误差准则。

1. 系统误差的微小准则

系统误差的合成可按式(3-50)计算，即

$$E_{\text{sys}} = \sum_{i=1}^{n} e_i$$

现设其中第 k 项误差是 e_k 为微小误差。根据有效数字的规则，当总误差取一位有效数字时，若

$$e_k < (0.1 \sim 0.05)e \tag{3-67}$$

e_k 便可忽略不计。

当总误差取两位有效数字时，若

$$e_k < (0.01 \sim 0.005)e \tag{3-68}$$

e_k 便可忽略不计。

2. 随机误差的微小准则

随机误差的合成可按式(3-52)计算，即

$$E_{\text{rand}} = \sqrt{\sum_{i=1}^{n} e_i^2}$$

设其中第 k 项误差是 e_k 为微小误差，并令 $e^2 - e_k^2 = e'^2$。根据有效数字的规则，当总误差取一位有效数字时，有

$$e - e' < (0.1 \sim 0.05)e$$
$$e' > (0.9 \sim 0.95)e$$
$$e'^2 > (0.81 \sim 0.9025)e^2$$
$$e^2 - e'^2 = e_k^2 < (0.19 \sim 0.0975)e^2$$

于是有

$$e_k < (0.436 \sim 0.312)e$$

或近似地取

$$e_k < (0.4 \sim 0.3)e \tag{3-69}$$

即当某分项误差约为总误差 e 的 1/3 时，便可将其忽略不计。

当总误差取两位有效数字时，有

$$e - e' < (0.01 \sim 0.005)e$$

最后可得

$$e_k < (0.14 \sim 0.1)e \tag{3-70}$$

即当某分项误差约比总误差 e 小一个数量级时，便可将其忽略不计。

思考题

3-1 什么是测量误差，按其形式分为哪几种表示方式？

3-2 通过例子描述测量误差的来源。

3-3 随机变量常用的数字特征量有哪些？这些特征量描述了什么特点？

3-4 随机误差的定义是什么，有哪些特点？有哪几种表示方式？如何减小随机误差？

3-5 什么是系统误差，有哪些特点？简述减小或消除系统误差的方法。

3-6 什么是粗大误差，有哪些特点？如何对待粗大误差？

3-7 描述有效数字的定义及其运算法则。

3-8 测量误差有哪几种合成方式？

3-9 什么是测量不确定度，有哪几种分类？

3-10 简述最小二乘法原理。算术平均值原理与最小二乘法原理有何关系？

3-11 简述微小误差准则。

3-12 一块0.5级测量范围为0～150V的电压表，经更高等级标准电压表校准，在示值为100.0V时，测得实际电压为99.4V。问该电压表是否合格？

3-13 对某物体的质量等精度直接称量9次，得到如下数据(单位：g)：24.774，24.778，24.771，24.780，24.772，24.777，24.773，24.775，24.774。试求置信因子$k=3.36$时的测量结果(设无系统误差和粗大误差)。

3-14 用某仪器测量关键尺寸，已知该仪器的标准偏差$\sigma=0.02$mm。若要求测量结果的标准不确定度不超过0.005mm，应测量多少次？

3-15 计算(a)25.42+31.454+16.5=？(b)562.31×12.1=？

3-16 已知$\rho=\frac{4m}{\pi d^2 h}$，其中$m=\bar{m}\pm S_m$，$d=\bar{d}\pm S_d$，$h=\bar{h}\pm S_h$。求$\rho$的平均值和标准偏差传递公式。

3-17 测量某电路的电流$I=35.5$mA，电压$U=7.1$V，I和U的标准偏差为$\sigma_I=0.7$mA，$\sigma_U=0.1$V。试求所耗功率$P=UI$及其合成标准不确定度(设I和U互不相关)。

参考文献

[1] 王立吉.计量学基础[M].北京：中国计量出版社，2006.

[2] 国家质量监督检验检疫总局.JJF 1001—2011 通用计量术语及定义[S].北京：中国质检出版社，2012，3.

[3] 国家质量监督检验检疫总局.JJF 1059.1—2012 测量不确定度评定与表示[S].北京：中国质检出版社，2013，10.

[4] 郑当儿.简明测量不确定度评定方法与实例[M].北京：中国计量出版社，2005.

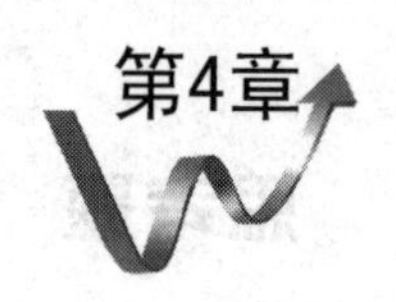

计 量 器 具

4.1 计量器具及分类

计量器具是指可单独或与辅助设备一起，能够直接或间接确定被测对象量值的器具。它是计量学研究中一个基本内容，也是计量工作的物质技术基础。

计量器具是计量仪器（亦称主动式计量器具）、量具（亦称被动式计量器具）以及标准物质的总称，是计量所必需的技术装备。

计量仪器是将被测量值转换成可直接观察的示值或等效信息的计量器具。计量仪器大体上可分为三种类型。

(1) 能直接指示出被测量值的直读式计量仪器，如安培计、压力表、温度计、电流表功率表、频率计等；

(2) 指示出被测量值等于同名量的已知值的比较式计量仪器，如天平、电位差计、广度计等；

(3) 能测量出被测量值与同名量的已知值之间的少量差异的差值式计量仪器，如比长仪的光学指示器、外差式频率计等。

量具是具有固定形态、能复现给定量的一个或多个已知量值的计量器具。量具可分为从属量具和独立量具两种。从属量具不能单独确定被测量值，而必须通过其他计量器具或辅助设备，如砝码只有通过天平才能进行质量的测量。独立量具则能单独进行测量，而无须通过其他器具，如尺子、量器等。

量具可复现量的单个值（称单值量具，如量块、标准电池、砝码等）、几个不同值（称多值量具，如测量尺寸的上、下限两个值的量规、砝码组等），或在一定范围内连续复现量的值（称刻度量具，如刻线尺、刻度滴管等）。刻度量具亦可视为多值量具。

量具一般没有指示器，也不含有测量过程中运动的元件。

标准物质，亦称标准样品，系指具有一种或多种给定的计量特性的物质或材料，用以校准计量器具、评价测量方法或给材料赋值等。

标准物质一般可分为化学成分标准物质(如金属、化学试剂等)、理化特性标准物质(如离子活度、黏度标样等)和工程技术标准物质(如橡胶、磁带标样等)。

计量器具的上述分类,基本上是按它们的形态和工作方式来划分的。

按技术特性及用途,计量器具可分为计量基准器具、计量标准器具和普通计量器具。

4.1.1　计量基准器具

1. 计量基准的基本条件

(1) 符合或最接近计量单位定义所依据的基本原理;

(2) 具有良好的复现性,并且所复现和保存的计量单位(或其倍数或分数)具有当代(或本国)的最高精确度;

(3) 性能稳定,计量特性长期不变;

(4) 能将所复现和保存的计量单位(或其倍数或分数)通过一定的方法或手段传递下去。

2. 计量基准的划分

计量基准通常可分为主基准、副基准和工作基准。

1) 主基准

主基准是具有最高计量特性的计量基准,是统一量值的最高依据。主基准一般不轻易使用,只用于对副基准、工作基准的定度或校准,不直接用于日常计量。

主基准通常简称为基准。

2) 副基准

副基准是直接或间接由主基准定度或校准的计量基准,一般可代替主基准使用。

副基准主要是为了维护主基准而设的,一般亦不用于日常计量。

3) 工作基准

工作基准是由主基准或副基准定度或校准,用于日常计量的计量基准。

另外,有时亦可设作证基准,其计量特性相当于主基准,主要是用以验证主基准的计量特性,必要时可代替主基准工作。

主基准、作证基准、副基准和工作基准的原理、方案与结构可以相同,亦可以不同,但计量特性应基本一致或非常接近。有时,可同时研制两套或更多基准,分别作为主基准、作证基准、副基准和工作基准。或者说,作证基准、副基准和工作基准可以是主基准的复制品。

对于给定量的计量,除主基准外,是否设作证基准、副基准和工作基准,可根据实际需要酌情而定。一般没必要各种基准皆设,而只设主基准和工作基准者较多。

国家计量基准代表国家参加计量基准的国际比对或接受国际计量基准的量值传递,以使其量值与国际量值保持一致。

4.1.2　计量标准器具

计量标准器具,简称计量标准,系指在特定计量领域内复现和保存计量单位(或其倍数或分数),并具有较高计量特性的计量器具。这里的"较高计量特性",是针对计量基准(即原始计量标准或最高计量标准)与普通计量器具而言,是个相对的比较概念。

概括地说,计量标准应包含最高计量标准或原始计量标准——计量基准。然而,前已提及,在我国多年来已习惯于将最高计量标准称为计量基准,以区别于其他计量标准;在外国,则大多不用“基准”一词。

根据实际需要,可将计量标准按所复现的量值的精确度分为若干等级。各等级计量标准的原理、方案和结构可以相同,也可以不同。高等级的计量标准可检定或校准低等级的计量标准;所有计量标准皆可检定或校准普通计量器具。当然,实际的日常检定工作,一般都是按计量检定系统表逐级进行的。

至于各等级计量标准之间的精度差别,并无严格的统一规定,通常视具体量值的种类、大小以及传递情况而定,可差10倍、3倍或若干倍,以满足量值传递的需要为原则。与此相似,计量标准的等级数,对于不同的量值亦不尽相同,皆系根据实际需要和具体条件而规定的。

计量标准一般不能自行定度,而必须直接或间接地接受计量基准的量值传递。

4.1.3 普通计量器具

普通计量器具亦称工作计量器具,是指一般日常工作中现场测量所用的计量器具。普通计量器具虽不是计量标准,但也具有一定水平的计量性能,这主要体现在可获得某给定量的测量结果,这也是计量器具和一般器具的根本区别。

4.1.4 计量器具的特征

计量器具的特征有静态特征和动态特征之分,本书只介绍静态特征,即输入信号不变时,计量器具的输出信号的特性。计量器具的静态特征主要有以下几方面。

1. 标称范围

计量器具所标定的测量范围称为标称范围,是指在给定的误差范围内可测量的最低与最高量值区间。标称范围有时也可称为示值范围。

通常,标称范围用被测量的单位表示,与标在标尺上的单位未必相同,一般用测量的上、下限来表示,如1A～10A。当下限为零时,亦可只用上限表示,如0A～10A,可表示为10A。

计量器具标称范围的上、下限之差的模,称为量程。例如,标称范围为－10～＋10V的计量器具的量程为20V。应注意,不要将标称范围与量程相混淆。

2. 测量精确度(准确度)

测量精确度系指测得值的精确程度,包括测得值之间的一致程度及与其真值的接近程度,一般以被测量的测得值与其实际值(或约定真值)之间的偏差范围来表示。所以,实际上精确度是以可疑程度(误差范围)来体现的。

近年来,已比较普遍地认为,表示测得值的可疑程度,用不确定度比用误差更为合适。

3. 灵敏度

灵敏度是指计量器具响应的变化与引起该变化的激励值(被测量值)变化之比。

通常，对于带刻度指示器的计量器具，可以把分度长度与其值之比作为灵敏度。

当激励和响应为同种量时，灵敏度也可称为放大比或放大倍数。

例如，当某变压器的输入信号的变化为 1mm 的位移量时，引起输出信号的变化为 2mV 的输出电压，此时该变压器的灵敏度为 2mV/mm。

4. 鉴别力

计量器具对激励值(被测量值)微小变化的响应能力称为鉴别力。

5. 鉴别力阈

鉴别力阈是指计量器具的响应产生可察觉的变化的激励值(被测量值)的最小变化值。

鉴别力阈亦可称为灵敏阈或灵敏限。例如，使天平指针产生可感知的位移的最小负荷变化为 90mg，此值即为天平的鉴别力阈。

不致引起计量仪器响应变化的激励双向变动的最大区间称为死区或不灵敏区。死区可能与变化的速率有关。为了减少激励微小变化而引起的不需要的响应变化，有时可增大固有的死区，如阻尼环节的设置等。

6. (指示器的)分辨力

指示器的分辨力是指能够肯定区分的指示器示值的最邻近值，即有效辨别的最小的示值差。如常用的电子数显卡尺的分辨力为 0.01mm 等。

7. 作用速度

作用速度系指稳定显示的时间或单位时间内测量的最大次数(具有规定的精确度或不确定度)。

8. 稳定度

稳定度是指在规定条件下计量器具保持其计量特性不变的能力。通常，稳定度是对时间而言；若对其他量来讲，则应注明。

计量器具计量特性的慢变化称为漂移。例如，线性计量仪器静态响应特性的漂移，表现为零点和斜率随时间的慢变化，前者称为仪器的零漂，后者称为仪器的灵敏度漂移。

4.2 计量器具的辅助设备

计量器具的辅助设备，是指为了实现对某量的测量，根据规定(或商定)的检测方案，为主要计量器具配备的其他器具。

有时，为了完成某项或多项测量，往往由某个或若干个计量器具与一个或多个辅助器具一起构成某种计量装置。对主要的计量器具来说，其余的器具皆可视为辅助设备。也就是说，辅助设备可以是其他器具，也可以是计量器具。

例如，用砝码测量质量，必须配以天平；用微量热仪测量功率，必须配以平衡指示器；用测热电阻座测量射频电压，必须配以射频信号源；用电桥测量电参量，往往要配以分压器、分流器、互感器等，以便于测量或相应地提高精度；等等。辅助设备往往是实现计量所必需的或难免的，至少是有利的，故可视为配套设备。

辅助设备的选配，应注意下列原则：

(1) 辅助设备应尽量少，可配可不配的，一律不配；

(2) 必须配备的辅助设备，应避免引入附加的测量误差（或不确定度）；

(3) 所用辅助设备的技术性能，凡与检测量的量值有关者，必须经计量检定合格，以确保其可靠性。

4.3 计量器具的制造、使用与维修

关于计量器具的制造、使用与维修，在我国 2014 年施行的《中华人民共和国计量法》中皆有相应的规定，现根据有关的基本要求并结合实际情况简述如下。

4.3.1 计量器具的制造与销售

(1) 各种计量基准器具，皆由国家计量行政部门组织研制、建立与审批，作为统一全国量值的最高依据。

(2) 县级以上各级地方人民政府计量行政部门，可根据本地区的实际需要建立相应的社会公用计量标准器具。

(3) 企业、事业单位根据需要，可建立本单位使用的计量标准器具。

(4) 计量器具的制造，必须经县级以上人民政府计量行政部门考核批准并取得许可证；而制造计量器具的企业、事业单位生产本单位未生产过的计量器具新产品，必须经省级以上人民政府计量行政部门对其样品的计量性能考核合格，方可投入生产和销售。

(5) 进口的计量器具，必须经省级以上人民政府计量行政部门检定合格并批准后，方可销售。

4.3.2 计量器具的使用

(1) 计量基准和各级计量标准器具，必须经有关各级人民政府计量行政部门主持考核合格并批准后，方能使用。

(2) 所有正式使用的强制管理的计量器具，都必须经过检定，并不得超过检定的有效期。这是计量器具的计量特性合格的依据。

(3) 必须严格按照技术条件中所规定的使用要求和操作规范使用。对于使用计量基准和标准器具的专业计量检测人员，必须按有关规定考核合格并取得相应的证件，方能上岗。

(4) 所有计量器具及其辅助设备，必须在正常使用条件下使用。

所谓正常使用条件，是根据计量器具（包括辅助设备）的原理、方案、结构和用途，以及被测量的类型、量值范围、要求精度和观测方法等所规定的必须满足的现场条件，以保证计量器具的计量性能和影响量的值不超出所允许的范围。

对环境条件的要求，在常规计量检测的技术文件（如计量检定规程、检测方法、操作规范等）中，都有明确的具体规定。至于非常规的计量测试，一般无现成的规章可循，必须根据实

际需要酌定。

规定环境条件的总原则是切实满足计量测试的需要，即将由环境条件所决定的影响量的值控制在允许的范围之内。通常，将这样的环境条件称为正常工作条件或额定工作条件或标准工作条件。

比较常见的影响量有环境温度、相对湿度、大气压强、外电磁场、电源电压及波形、空间放置位置（比如，有的计量器具要求水平放置或垂直放置或放置在某特定位置）等。

我国电子工业部门，在《电子测量仪器误差的一般规定》中，对通用电子测量仪器的主要影响量的值或范围的规定，可作为"正常工作条件"的参考（见表4-1）。

表4-1 主要影响量的一般规定值或范围

影 响 量	规定值或范围	公 差
环境温度	20℃	±2℃
相对湿度	45%～75%	
大气压强	86～106kPa	
交流供电电压	220V	±2%
交流供电频率	50Hz	±1%
交流供电波形	正弦波	失真因子 β[①]≤0.05
直流供电电压的纹波		$\frac{\Delta U^{②}}{U_0}\leqslant 0.1\%$
外电磁场干扰	应避免	
通风	良好	
阳光照射	避免直射	
工作位置	按制造厂规定	±1°

注：① 失真因子，即交流供电电压波形的失真应保持在$(1+\beta)A\sin\omega t$与$(1-\beta)A\sin\omega t$所形成的包络之内。
② ΔU为纹波电压的峰值，U_0为直流供电电压的额定值。

一般来说，计量基准、标准对工作条件的要求比较严格，而且精确度越高，对条件的要求也越高；普通计量器具，对环境条件也有一定的要求，尽管一般并不很高，但亦不可忽视。

4.3.3 计量器具的维修

（1）对计量器具，必须按有关技术文件的规定，经常维护，使其保持额定的计量性能。一旦发现技术故障或可疑之处，应马上查清原因并采取必要的措施，尽快排除。

（2）凡不影响计量特性的一般维修，可按技术条件所允许的范围自行处理，器具恢复正常即可使用。

（3）凡影响计量特性的维修，应慎重对待，一般不能自行处理；计量器具修复后，必须经过重新检定（不管原检定是否过期），方能投入使用。

（4）凡从事计量器具修理的企业、事业单位，必须具备相应的设施、人员以及对所修理的计量器具进行检定的仪器设备和能力，并经县级以上人民政府计量行政部门考核合格并取得许可证，方能营业。

思考题

4-1　试述计量器具的概念及其分类。

4-2　计量器具的主要特征有哪些？

4-3　选配计量器具的辅助设备应该遵循哪些原则？

4-4　关于计量器具的制造、使用与维修，《中华人民共和国计量法》是如何规定的？

参考文献

[1]　王立吉．计量学基础[M]．北京：中国计量出版社，2011.
[2]　李东升．计量学基础[M]．北京：机械工业出版社，2011.
[3]　顾龙芳．计量学基础[M]．北京：中国计量出版社，2006.
[4]　中华人民共和国计量法(2014 年最新版)[M]．北京：中国法制出版社，2014.

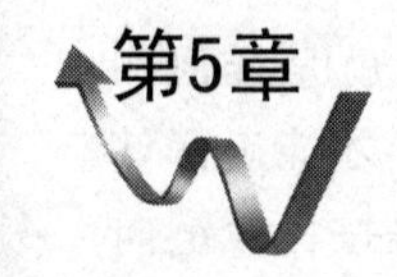

量值传递与溯源

5.1 概述

量值传递与溯源是计量工作的最主要任务之一，两者作为保证计量准确性和一致性的重要手段，是两个既关联又互逆的过程。在日常工作中应把握好计量器具的不同特性，加强量值传递和量值溯源的工作，建立科学完备的量值传递和量值溯源体系，为国民经济、社会发展及计量监督管理提供准确的检定、校准数据和结果，在市场经济条件下更好地为生产、贸易、科研及人民生活等各个领域服务。

5.1.1 量值传递与量值溯源的基本概念

1. 量值传递和量值溯源的概念

量值传递：通过对测量仪器的校准或检定，将国家测量标准所实现的单位量值通过各等级的测量标准传递到工作测量仪器的活动，以保证测量所得的量值准确一致。

量值传递在技术上需要严密的科学性和坚实的理论依据，并要有完整的国家计量基准体系、计量标准体系，一整套计量行政机构、计量技术机构及一大批从事计量业务工作的专门人员。

量值溯源：又可称为可溯源性和可追溯性。可溯源性是通过一条具有规定不确定度的不间断的比较链，使测量结果或计量标准的值能与规定的参考标准，通常是与国家计量标准或国际计量标准联系起来的特性。这条不间断的比较链称为溯源链。

量值溯源是从下而上的，有一种非强制的特点。溯源性往往是企业行为。由于比较链的存在，可以越级也可以逐级溯源，因此，企业可根据测量准确度的要求，自主地寻求具有较佳不确定度的参考标准进行测量设备的校准。

由于溯源性的定义强调把测量结果与有关标准联系起来，因此它强调数据的溯源，从而体现数据的管理特征。溯源性反映了测量结果或计量标准量值的一种特性，也就是任何测量结果和计量标准的量值，最终必须与国家的或国际的计量基准联系起来，这样才能确保计量单位统一，量值准确可靠，才具有可比性、可重复性和可复现性，而其途径就是按比较链向计量基准的追溯。

【例 5-1】 测量长度尺寸的线纹尺的量值传递过程为：国家计量基准——633nm 波长基准采用比较测量的方法检定激光干涉比长仪；激光干涉比长仪采用直接测量法检定一等标准金属线纹尺；一等标准金属线纹尺采用比较测量法检定二等标准金属线纹尺码；二等标准金属线纹尺采用直接测量法检定工作计量器具——钢直尺。使用钢直尺在生产中测量得到的长度值通过一条不间断的链与国家计量基准 633nm 波长基准联系起来，以确保测得的量值准确可靠，这一过程就是在实施量值传递。

而使钢直尺在生产中测量得到的长度值，通过上述一条不间断的链与国家 633nm 波长基准联系起来的特性，就称该量值具有溯源性。对于生产厂把使用的钢直尺送至具有三等标准金属线纹尺的计量检定机构检定，而该三等标准线纹尺是经过了二等、一等标准线纹尺直至国家 633nm 波长基准检定的，由此使钢直尺在生产中测量得到的长度值实现了量值的溯源性。

2. 量值传递与量值溯源的关系

量值传递和量值溯源作为保证计量准确性和一致性的重要手段，把每一种可测量的量从国际计量基准或国家计量基准复现的量值通过检定或校准，从准确度高到低地向下一级计量标准传递，直到工作计量器具。作为某一个量的定值依据的国际计量基准或国家计量基准就是这个量的源头，是准确度的最高点，从这点向下传递，量值的准确度逐渐降低，直到生产、生活和科学实验中获得的测量值，构成了这个量的一条不间断的量值传递链。而使用工作计量器具所得到的测量值，通过这样一条不间断的链与国家计量基准或国际计量基准联系起来，即实现量值溯源，此时这条不间断的链又称溯源链。要实现量值的准确可靠，在每个量的传递链或溯源链中都要规定每一级的测量不确定度，从而使量值在传递过程中准确度的损失尽可能小，使量值传递和量值溯源真正有效。

可以说量值传递和量值溯源是两个既关联又互逆的过程，它们各自的特点见表 5-1。总体来说，量值传递自上而下逐级传递，具有严格的等级性，其传递者的量值准确度等级一般高于被传递者，且是以国家强制检定为主体。而量值溯源从下往上进行，没有严格的等级要求，允许逐级或越级送往计量技术机构检定或校准；企业或实验室为保证在用计量器具的准确度，主动要求对计量器具进行溯源。

表 5-1 量值传递和量值溯源的比较

项 目	量 值 传 递	量 值 溯 源
执行力	法制性、强制性	自觉性、主动性
执行机构	各级计量行政部门授权的计量技术机构	各级计量行政部门授权的计量技术机构及经 CNAS① 认可的实验室
作用对象	各级计量行政部门及企事业单位的计量技术机构	可根据测量准确度的要求，自主地寻求具有较佳不确定度的参考标准进行测量设备的校准

续表

项　　目	量 值 传 递	量 值 溯 源
执行方式	按照国家检定系统表的规定自上而下逐级传递	可以越级也可以逐级溯源，自下而上主动地寻找计量标准，是自下而上的追溯
中间环节	严格的等级划分，包括国家、省、地、县级，层次多，中间环节多	不按严格的等级传递，中间环节少
内容和范围	检定周期、检定项目和测量范围都是按照国家、部门和地方的有关技术法规或规范的规定进行的。检定系统由文字和框图构成，其内容包括国家计量基准、各等级计量标准、工作计量器具	打破地区或等级的界限，实行自愿合理的原则。方式不限于实物校准，还允许采用信号传输、计量保证方案等多种量值溯源方法

注：①CNAS——中国合格评定国家认可委员会(China National Accreditation Service for Conformity Assessment，CNAS)是根据《中华人民共和国认证认可条例》的规定，由国家认证认可监督管理委员会批准设立并授权的国家认可机构，统一负责对认证机构、实验室和检查机构等相关机构的认可工作。

5.1.2　量值传递与量值溯源的必要性

《中华人民共和国计量法》(以下简称《计量法》)第一条规定了计量立法的宗旨，要保障国家计量单位制的统一和量值的准确可靠，为达到这一宗旨而进行的活动中最基础、最核心的过程就是量值传递和量值溯源。它既涉及科学技术问题，也涉及管理问题和法制问题。

任何计量器具，由于种种原因，都具有不同程度的误差。计量器具的误差只有在允许范围内才能应用，否则将带来错误的计量结果。欲使新制的、使用中的、修理后的、各种形式的、分布于不同地区的在不同环境下计量同一种量值的计量器具，都能在允许的误差范围内工作，如果没有国家计量基准、计量标准及进行量值传递是不可能的。

对于新制的或修理后的计量器具，必须用适当等级的计量标准来确定其计量特性是否合格。对于使用中的计量器具，由于磨损、使用不当、维护不良、环境影响或零部件内在质量的变化等而引起的计量器具的计量特性的变化，是否仍在允许范围之内，也必须用适当等级的计量标准对其进行周期检定。另外有些计量器具必须借助于适当等级的计量标准来确定其示值和其他计量性能，因此量值传递的必要性是显而易见的。

2005 年 12 月 31 日国家质量监督检验检疫总局发布了《实验室和检查机构资质认定管理办法》，其中第三十条规定："实验室和检查机构在使用对检测、校准的准确性产生影响的测量、检测设备之前，应按照国家相关技术规范或者标准进行检定、校准。"第三十一条规定："实验室和检查机构应确保其相关测量和校准结果能够溯源至国家基标准，以确保结果的准确性。"《检测和校准实验室能力认可准则》(ISO/ IEC 17025：2005)的 5.6.1 规定："用于检测和/或校准的对检测、校准和抽样结果的准确性或有效性有显著影响的所有设备(例如用于测量环境条件的设备)，在投入使用前应进行校准。"《计量认证/审查认可评审准则》的9.1 规定："凡对检验准确性和有效性有影响的测量和检验仪器设备，在投入使用前必须进行校准和/或检定(验证)。"

5.1.3 量值传递与量值溯源体系

我国依据计量法规，由各级计量行政管理机构对量值传递进行监督管理。为此，国家对国家测量标准到各等级的测量标准直到工作测量器具的检定与校准的主从关系作了技术规定，即国家计量检定系统表。《计量法》规定计量检定必须按照国家计量检定系统表进行。检定系统表由文字和框图构成，其内容包括：国家测量标准（即国家计量基准）、各等级测量标准，工作测量器具的名称、测量范围、不确定度或允许误差极限，以及检定方法等。

量值传递和量值溯源的具体工作除了依据相应专业的有关技术规范外，都必须遵循国家检定系统表中各专业的量值传递和量值溯源框图。

国家计量检定系统形式图呈三角形或树枝形，如图 5-1 所示，一般从上至下由三级组成，第一级是计量基准器具，第二级是从高到低的各级计量标准器具，第三级是工作计量器具。图 5-2 所示为国家计量检定系统框图。

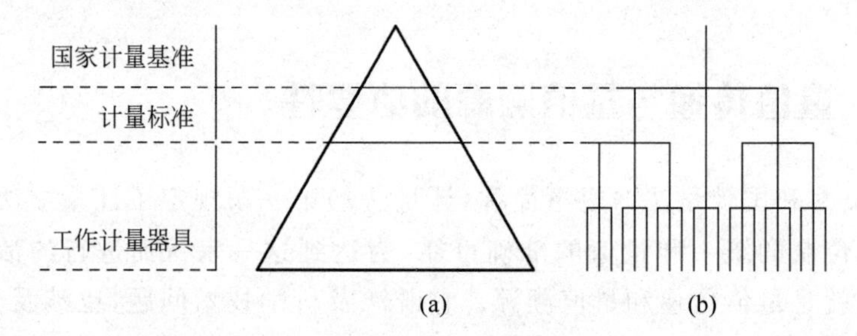

图 5-1 国家计量检定系统形式图

(a) 三角形；(b) 树形

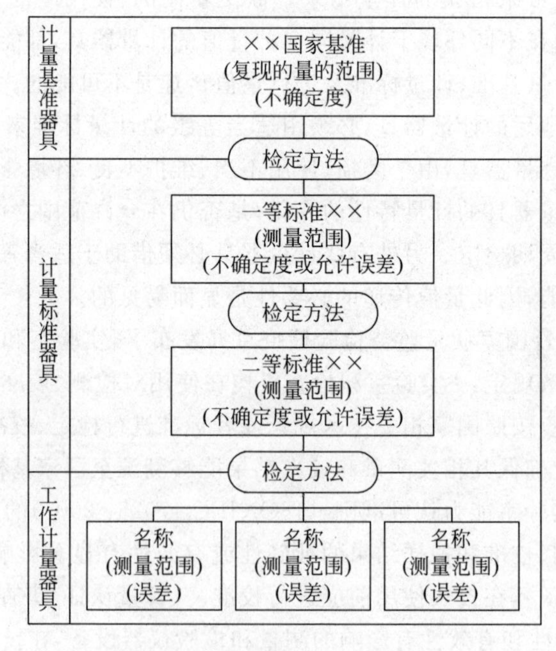

图 5-2 国家计量检定系统框图

国家计量检定系统是按“量”制定的。一个被检测量标准或器具可以有不同参量的多个测量标准完成量值传递。同样,一个测量标准也可以量值传递到多种测量器具。每一个量值传递或溯源体系只允许有一个国家计量基准。我国的大部分计量基准保存在中国计量科学研究院。较高准确度等级的计量标准设置在省级计量技术机构和少数大企业内。随着科技的发展和计量水平的提高,计量检定系统亦应不断地修订和完善。

【例 5-2】 图 5-3 所示为中国总光通量计量器具检定系统框图,图 5-4 所示为美国国家长度计量系统框图。

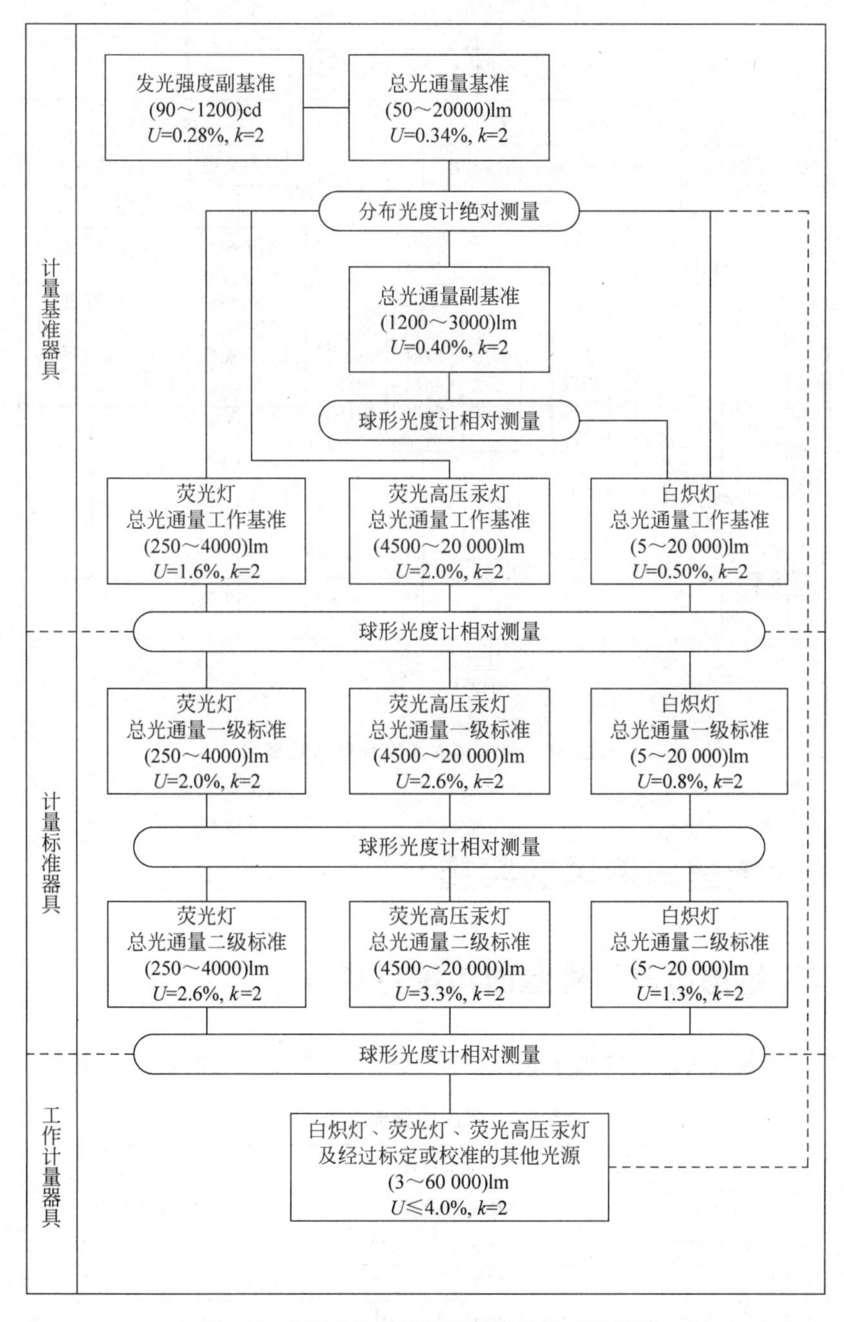

图 5-3　中国总光通量计量器具检定系统框图

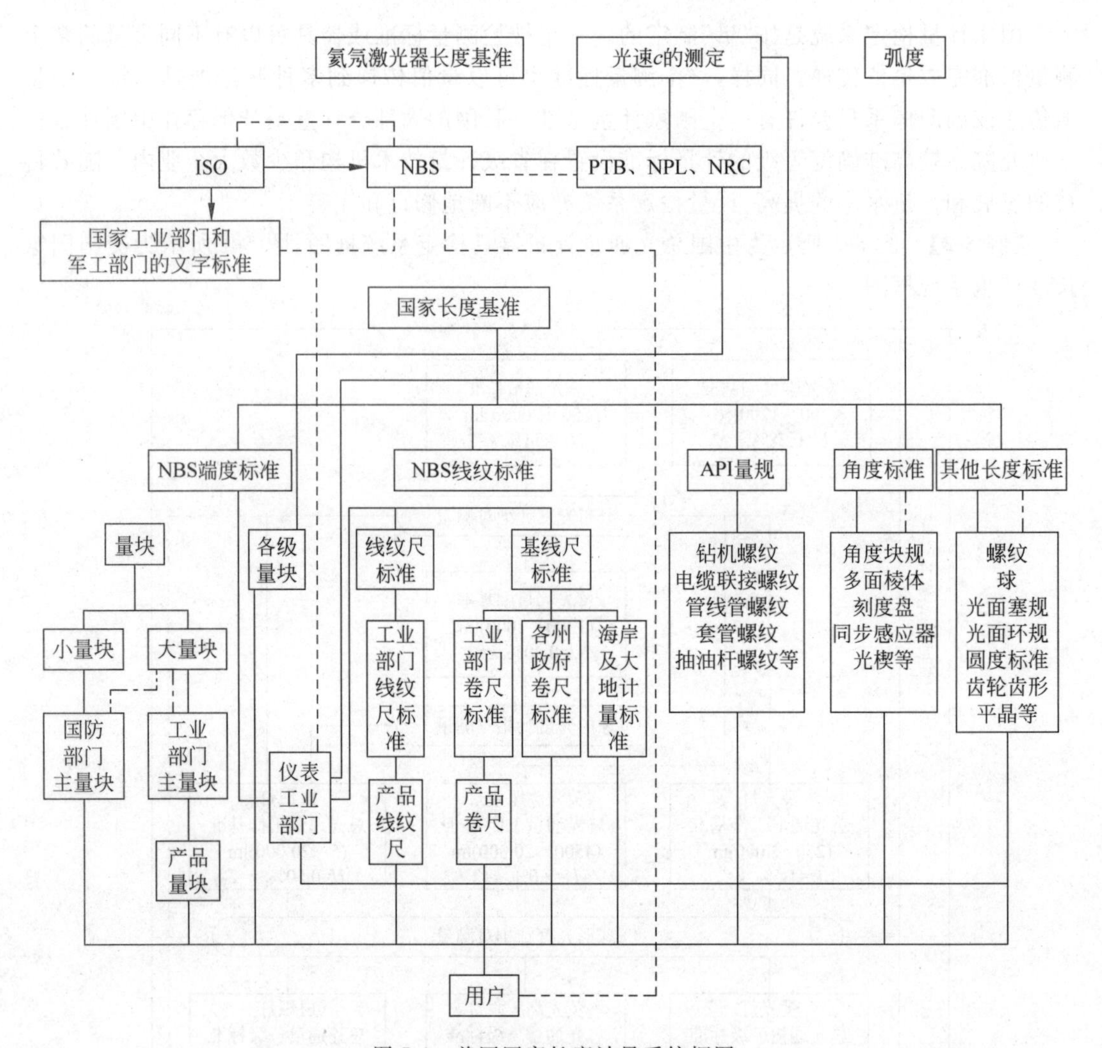

图 5-4 美国国家长度计量系统框图

5.2 量值传递与溯源的实施

5.2.1 量值传递与溯源的传统方式

我国常见的量值传递方式列于表 5-2 中，其中前三种是传统的量值传递方式。

表 5-2 我国的量值传递方式

传递方式	主要环节	适用领域
用实物标准逐级传递	基准、标准	普遍适用
发放标准物质(CRM)	有证标准物质	理化、电离辐射
发、播标准信号	标准信号	时间、频率、无线电
计量保证方案(MAP)	核查、校准、比对	新型方式、某些领域

1. 用实物标准进行逐级传递

1）逐级周期检定

逐级周期检定是量值传递和溯源的一种传统的、普遍采用的基本方式。用户（受检单位）按《国家计量检定系统》所规定的技术要求，将被检（或校准）的计量器具（计量标准或普通计量器具）送到规定或选定的有资格（国家授权）的检定单位（即通常所说的法定计量检定单位），由该单位的检定员按相应的检定规程进行检定（或校准），给出检测数据，进而作出被检（或校准）的计量器具是否合格等结论，并出具检定（或校准）证书。

该方式对于易于搬运的计量器具来说，简单易行；对于受理检定的单位而言，便于集中安排。但是长期的实践表明，该方式存在着以下一些弊端：

(1) 只对送检的计量器具进行检定，不能考核其在日常使用时的操作方法、操作人员的技术水平、辅助设备及环境条件。

(2) 费时、费钱，大型、精密的计量器具不便搬运，难以送检；有时检定好的计量器具经过运输后，受到振动、撞击、潮湿或温度的影响，丧失了原有的准确度。

(3) 逐级检定（或校准）层次较多（较低级别的计量标准或普通计量器具要经过若干级检定才能溯源到国家计量基准），精度损失较大（每级检定都不可避免地损失一定的精度）。

(4) 送检（或校准）期间，送检单位不得不暂停与送检计量器具有关的检测工作。

(5) 被检（或校准）计量器具（包括其辅助设备）在两次周期检定之间缺乏必要的技术考核，更谈不上控制，以致日常计量检测的品质没有充分的保证，甚至可能造成严重的后果。

2）巡回检定

巡回检定是由开展检定工作的单位将相应的计量基准、标准或传递标准送到被检计量器具所在的单位进行检定的一种量值传递（或溯源）方式。巡回检定又有两种形式，一种是检定车，一种是到现场检定。

检定车：将所用可搬运的计量基准、标准或传递标准连同相应的辅助设备一起运往申请计量器具检定的单位就地进行检定，通常是组装成检定车，车内应满足检测所需的环境条件。实际上，检定车就是一个流动的检定实验室，被检计量器具就在车上受检，检测者是随车而至的检定实验室的检定员。

现场检定：将所用的可搬运的计量基准、标准或传递标准（通常是传递标准）运至申请检定的单位，在被检计量器具的使用现场利用该单位的辅助设备和环境条件进行检定。一般在对传递标准的使用无特殊要求，即不需要专门训练的专业人员操作的情况下，负责检定的单位可不随员前往，而由受检单位的检测人员进行操作。

巡回检定可免去送检计量器具，特别是大型、笨重设备的包装运输之苦；节省了送检的时间；现场检定还可以对相关的辅助设备、环境条件、检测方法以及检测人员进行相应的考核。但被检计量器具，包括辅助设备，在两次周期检定之间的计量性能的考核与控制问题，仍未解决。

【例 5-3】 国家高电压计量站巡回检定。

长期以来，我国工频电流、电压标准的检定方式一直采用的是将各省计量系统、电力系统的最高标准装置送到国家高电压计量站进行检定。用这种量值传递方式，送检后的标准装置往往因返程途中的振动、撞击、高温、高湿的影响造成设备的损坏。另外，随着电压等级的不断提升，互感器计量标准装置的体积、重量不断增大，运输困难或不便于拆卸对送检用户又带来新的难题。2007年6月3—8日,国家高电压计量站巡回检定组奔赴安徽省电力科学研究院、安徽省计量测试技术研究所、江苏省电力试验研究院、江苏省计量科学研究院,使用新研制的工频高电压、大电流比例标准巡回检定装置对各单位的工频电流、电压比例标准进行了巡回检定装置验证试验并取得成功。此次现场巡回检定取得了大量现场检定数据,与在国家高电压计量站测得的数据相比较,两者的一致性很好,验证了在国家高电压计量站按通常使用的线路来进行误差测量所测得的数据,在现场实验室能得以复现,也证明国家高电压计量站对互感器检定方式的改革是成功的。该套方案的实施不仅对用户的标准设备进行了现场检定,同时也对用户的整套设施装置包括试验人员的综合检测能力进行了一次全面的考核,并可确定该实验室的测量不确定度水平。而且通过为每一个参加实验室建立一个用户数据库,使全国各省(市)标准的数据现状、人员状况等全部在监督控制之中,便于计量监督工作的开展。

2. 发放有证标准物质(CRM)进行传递

标准物质是一种或多种足够均匀并很好地确立了特性用以校准计量器具、评价计量方法或给材料赋值的物质或材料。标准物质必须是由国家计量部门或由它授权的单位进行制造的,并附有合格证书的才有效,这种有效的标准物质称为有证标准物质(certified reference material,CRM)。

标准物质一般分为一级标准物质和二级标准物质两种,一级标准物质主要用于标定二级标准物质或检定高精度计量器具,二级标准物质主要用来检定一般计量器具。企业或法定计量检定机构根据需要均可购买标准物质,用来检定计量器具或评价计量方法,检定合格的计量器具才能使用,这种方式主要用于理化计量领域。作用主要体现在以下几个方面:

(1) 作为“控制物质”与被测试样同时进行质量分析;

(2) 作为“标准物质”对新的测量方法和仪器的准确度和可靠性进行评价;

(3) 作为“已知物质”对新的测量方法和仪器的准确度和可靠性进行评价。

使用CRM进行传递,具有很多优点,例如可免去送检仪器、可以快速评定并可在现场使用等。

图5-5所示为用CRM进行传递的一般环节。第一环节为“基本单位”,它说明CRM均可溯源到国家计量基准。第二环节为“公认的定义测量法”,也称“权威性方法”,它是指有正确的理论基础,量值可直接由基本单位计算,方法的系统误差可以基本消除,因而可以得到约定真值的测量结果。第三环节为“一级CRM”,它是用来研究和评价标准方法,控制二级CRM的研制和生产,用于高精度计量器具的校准。第四环节为“标准方法”,它是指具有良好的测量重复性和再现性的方法。第五环节为“二级CRM”,它是用来研究和评价现场方法及用于一般计量器具的校准。第六环节为“现场方法”,即大量应用于工矿企业、实验室和监测单位的各种测量方法。

物理测量结果的溯源性通常用校准链建立,即通过与准确度较高的同类仪器相比较建立溯源性。分析测量结果的溯源性除了依靠物理计量标准外,主要是靠化学成分标准物质来建立的。当对某一未知物进行分析时,无论采用哪种分析方法都要选用化学组成和形态与未知样品相似的标准物质同时进行分析。当对标准物质的分析结果与其证书中给出的标准值在规定误差范围,则说明分析结果是可信赖的。我国目前开展的化学计量项目有标准物质、基准试剂、标准气体、环境监测、离子活度、黏度计量、水溶液导电标准、酸度计量、热学计量、湿度计量、高聚物分子量标样、分光计量、电导计量等。

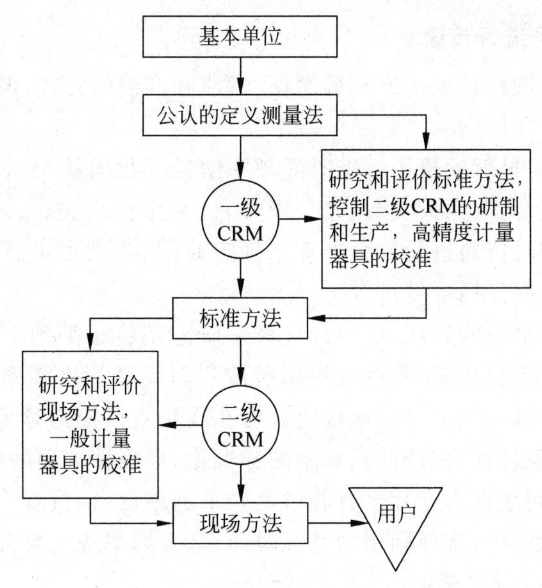

图 5-5　用 CRM 进行传递的一般环节

我国对标准物质的法制管理是标准物质量值溯源性的保证，也是建立国家化学成分量溯源体系的基础，从而才能保证全国的量值统一。

【例 5-4】　图 5-6 所示为 pH(酸度)计量器具检定系统框图。

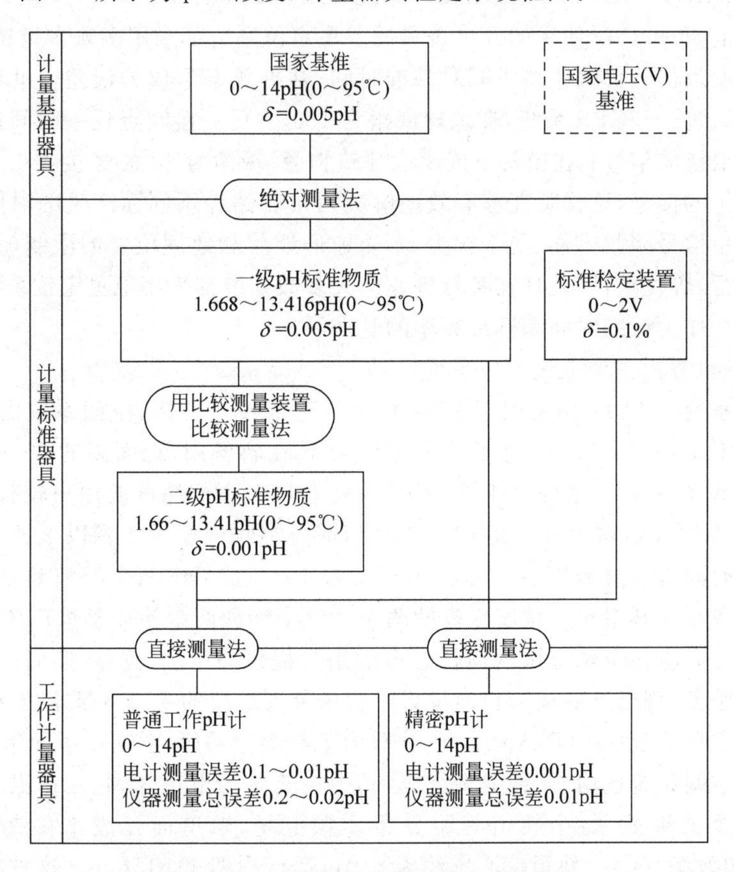

图 5-6　pH(酸度)计量器具检定系统框图

3. 用发播标准信号进行传递

通过发播标准信号进行量值传递是最简便、迅速和准确的方式，但目前只限于时间频率计量。

我国通过无线电台，早就发播了标准时间频率信号。我国从 1953 年开始试播，1959 年正式发播。由上海天文台、陕西天文台、北京天文台、紫金山天文台、云南天文台，还有武汉的武昌时辰站的天文测时资料进行综合处理来确定时间，分别由隶属陕西天文台和上海天文台的两个标准时间频率发播台发送。

随着国家通信广播事业的发展，中国计量科学研究院将小型铯束原子频标放在中央电视台发播中心，由中央电视台利用彩色电视副载波定时发播标准频率信号，并于 1985 年开始试播标准时间信号，这样，用户可直接接收并可在现场直接校正时间频率计量器具。

随着科技的进步，现代社会对时间、频率的标准化、准确性方面的要求越来越高，标准时间、标准频率的发布和利用在当今社会有着举足轻重的地位，衡量着一个国家的科技发展水平。目前在我国，广播系统可选择利用的基准时间、基准频率源主要有：

(1) BPL——长波授时系统；

(2) BPM——短波授时系统；

(3) 超短波——CCTV 电视信号场逆程播发的标准时间、标准频率；

(4) 卫星定位(授时)系统；

(5) 网络 IRIG——B 时码及电话授时系统(ACTS)。

当今世界上，正被广泛使用的几个著名的卫星定位系统都采用多轨多星技术，有效地解决了不同接收点因信号传输距离不同对基准时间、基准频率形成的误差。世界上最广泛使用的卫星定位系统——GPS 系统，在地球视角为 180°的任一接收点任一时间都可以接收到至少 8 颗以上卫星的信号；在山脚下或高大建筑物旁、视角为 90°恶劣接收点至少可以接收到 4 颗以上卫星的信号，这样就能够有效地解决因接收路径不同而产生的时间、频率误差。同时又由于卫星信号接收方便、受干扰少，不受地形地貌和地理位置的限制(只要接收面上空不受遮挡即行)等优点，因此现在各行各业绝大多数系统都采用卫星定位系统发射的授时信号和标频信号作为标准时间和标准频率的基准源。

【例 5-5】 世界上主要卫星定位系统。

全球定位系统(GPS)：由美国于 1994 年全部建成投入使用，空间系统由 24 颗卫星组成，其中 21 颗卫星均匀分布于 6 个轨道面工作、3 颗在轨备用，地面高度 20 000km，轨道倾角 55°，轨道偏心率约为 0，运行周期约 12h。这种布局对中低纬度的用户较有利(我国属此类地区)，它能确保在地球上任一地点任一时刻都能够收到至少 4 颗以上的卫星信号。定位、导航、星历时间等信息分别由 1575.75MHz 和 1227.6MHz 两个载波频率向地面播发，载波频率由装备在每颗卫星上精度很高的两个铷原子钟和两个铯原子钟产生，采用 CDMA 区分各星的信号；能在全球范围内向任意多的用户提供高精度、连续、实时的三维测速、三维定位及授时服务，现已发展成为目前世界上应用范围最广的主流卫星定位导航系统。

全球导航卫星系统(GLONASS)：由苏联为了与美国 GPS 系统竞争而组建的，1996 年整体建成。其空间系统也由 24 颗卫星组成，其中在轨备用卫星 3 颗、工作卫星 21 颗，它们均匀分布于 3 个轨道面，每个轨道等距分布 8 颗卫星，轨道面互成 120°夹角，轨道高度 19 100km，轨道倾角 64.8°，轨道偏心率约为 0.01，运行周期 11h15min。这种布局较适合高纬度的用户。其设计也要求保证在地球上任一地点任一时刻都至少收到4颗以上卫星信号,但实际因工作寿命到期的卫星更换等诸多原因已无法全部实现。和GPS所有卫星都采用同一载波频率不同,GLONASS播发两个载波频段：$F=1602+0.5625N$(MHz)和$F=1246+0.4375N$(MHz),N为每颗卫星编号,$N=1\sim24$。各星的载波频率各不一样,用FDMA区分各星的信号。

北斗一号卫星导航定位系统：我国自行建立、完善的卫星导航定位系统。于2000年发射第一颗卫星开始运行,迄今有3颗在轨卫星组成一套完整的导航定位系统,全天候、全天时地提供区域导航定位授时服务。卫星位于36 000km高的地球同步轨道,具有简短的数字报文通信功能。北斗一号服务范围只限于中国及周边地区,因而采用了一种用星少、经济独特的定位方式。GPS和GLONASS都是全球定位,都属三维单向系统,地面用户要求接收4个卫星的位置信息,自行解算出其三维坐标。北斗一号本身是二维系统,地面用户应同时向两颗卫星发出定位信号,两星都转发给地面控制中心,由地面控制中心据此解算出其坐标位置,再经卫星转发回用户,也就是说系统具备一定的双向通信功能。

伽利略全球导航卫星系统(GNSS)：由欧盟正在研发构建的、具有最高精度和技术水准的全球导航卫星系统。"伽利略计划"1999年提出,后因美国多方阻挠反对,直至2003年才正式启动,我国在2003年受邀签约加盟了"伽利略计划"。伽利略空间系统由30颗卫星组成,其中工作卫星27颗、冗余备份3颗,卫星定位于3个圆形轨道平面,高度15 000mile,轨道倾角56°。伽利略系统建成后,将比现行的GPS系统有更大的优越性,不仅全球的覆盖面更全面,并且定位精度要比GPS提高10倍以上。根据欧盟与美、俄有关方面的协议,伽利略系统要与GPS和GLONASS系统相兼容,届时GPS和GLONASS的设备可以平移过来接收伽利略系统信号,用户投资得以保护。伽利略系统还有一个优越之处是,它不像GPS和GLONASS系统那样由一国的国防部门掌控,而是由跨国民用组织控制管理,政治方面的使用风险小。

5.2.2 新型量值传递与溯源方式——计量保证方案

1. 计量保证方案

计量保证方案(measurement assurance program,MAP)是源于美国的一种新型量值传递方案。美国标准局(NBS,现为国家标准技术研究院NIST)在20世纪70年代初采用了现代工业生产中质量管理和质量保证的基本思想、控制论中的闭路反馈控制方法和数理统计知识,对测量过程中影响检测质量的环节和因素进行有效控制。它能定量地确定测量过程相对于国家基准或其他指定标准的总的测量不确定度,并验证总的不确定度是否足以满足规定的要求,使计量的质量得到保证,做到测量数据不仅准确而且可靠。简单地说,MAP可以用一个公式表示为

MAP＝测量过程统计控制＋闭环量值传递＋不确定度评定

实施计量保证方案,除传统量值传递的基本条件外,还必须具备相应的传递标准和核查标准以及熟悉数理统计基础知识的专业人员。其中,传递标准是指在计量标准相互比较中用作媒介的计量标准,具体说是指一个或一组计量性能稳定的、特制的、可携带(或运输)的计量标准。核查标准是指一种用于核查本实验室的计量标准或装置的专用计量标准,通常

要求其随机误差小、性能稳定和经久耐用。

2. MAP 的实施

图 5-7 所示为 MAP 实施框图。首先,参加的实验室用本室要求检定(或校准)的计量标准或装置反复检测自己的核查标准,从而建立起过程控制参数,并经统计检验表明本检测标准或装置处于稳定的受控状态。核查标准是实施 MAP 的关键,一般由参加实验室对核查标准进行多次重复测量(包括短期的(每日)多次重复测量和长期的(隔日、隔月、隔年)重复测量),通过统计计算可以建立过程参数。由于 MAP 是用核查标准的总偏差来表征被测对象的不确定度,所以建立的过程参数就作为以后的一个控制极限。

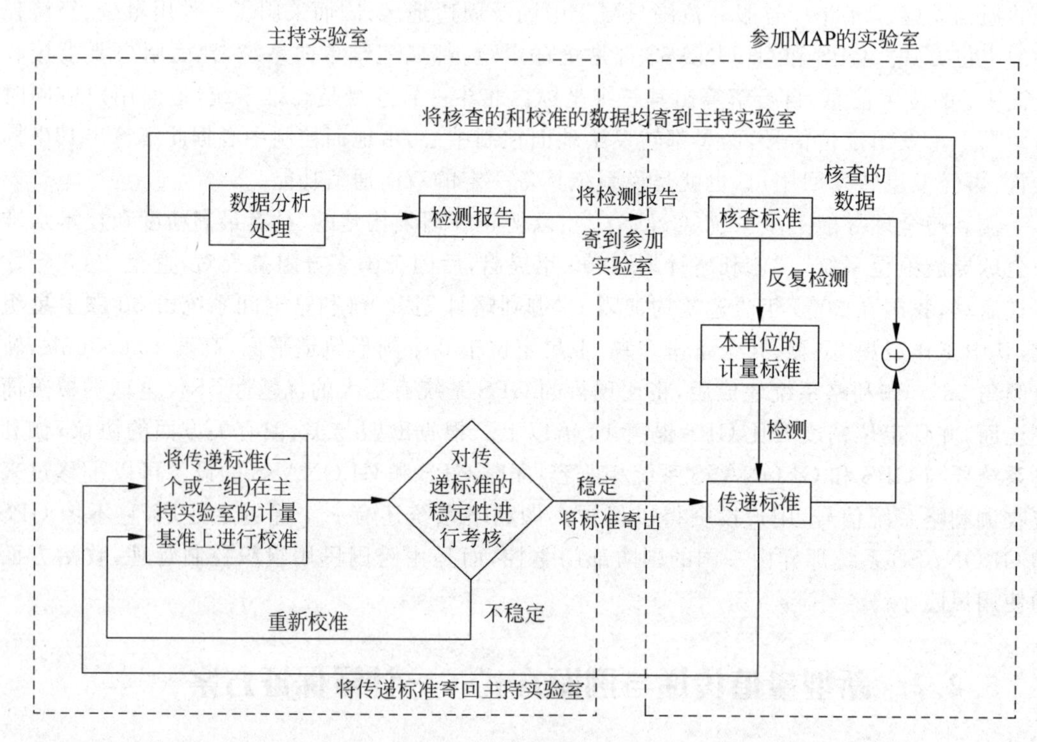

图 5-7 MAP 实施框图

其次,主持实验室将传递标准在计量基准上进行校准,并考察传递标准的长期稳定性,当确认传递标准稳定可靠时才能使用。主持单位将选定的合格传递标准送往参加实验室,并附上有关检测方法和条件等具体要求,但不给出原检测的数据。

接下来,参加实验室将传递标准作为未知样品按规定的要求用本室申请检定(或校准)的工作标准去检测,并将所测数据以及检测自己的核查标准的数据随同传递标准送往主持单位。

然后,主持实验室收到传递标准后,由于传递标准在运送到参加实验室的往返途中可能发生计量特性的变化,为此,主持单位再次对传递标准进行检测,考核其计量特性是否与送出时相符,即进行所谓的闭合检测。若传递标准没有超常变化,则量值传递有效,即参加实验室的检测结果可用,否则必须找出原因再次进行量值传递。

最后,由主持单位对所有数据进行统计分析,并给出检测报告,表明参加实验室的被检计量标准或装置相对于主持单位(实验室)的计量基准或特定标准的差值以及测量过程的不确定度。最后，将检测报告寄到参加实验室，该实验室根据报告，决定本单位的计量标准是否需要修正，主持实验室负责技术指导和咨询。随后参加实验室要继续利用工作标准定期对核查标准进行测量，只要核查结果在控制极限范围内，可以认为其使用工作标准进行的检定工作是有效的。在此期间，参加实验室必须全部、及时地将溯源测量和定期核查测量的结果反馈到主持实验室的数据库。

该方案的重要内容和突出特点是，参加实验室在接受主持单位的量值传递（通过对传递标准的检测）前后，以及两次传递之间的较长时间间隔内，必须经常反复地对本实验室的核查标准进行检测（数据应随时报送主持单位）并建立起过程控制参数，而且要进行必要的统计检验，以使所有的测量过程均处于连续的统计控制之中。

综上所述，由向上溯源、闭环测量、过程参数的统计控制和不确定度评定，就构成了计量保证方案。

3. 实施 MAP 应具备的条件及要求

MAP 的核心就是实现测量过程的统计控制。其基本原理就是测量过程对核查标准的响应类似于对被检对象的响应。通过在相当长的周期内和变化中的环境下对核查标准进行重复测量，根据对测量数据进行的数理统计处理，来确认该标准装置的运行是否处于控制之中。

用核查标准按照拟定的核查方案进行多次核查测量，通过对积累的大量数据进行统计检验，以检查实验室日常测量过程中的测量结果的分散性是否在规定允许的范围之内。只要检验的结果证明测量过程一直处于统计控制范围之内，则实验室给出的测量数据就是可靠的、有效的，因此对实验室新建立的标准装置采用该方案时要求如下：

(1) 实验室人员要了解 MAP 思想，有一定数理统计理论和较强的数据处理能力。

(2) 对核查标准建立一个数据库，以检查测量过程是否处于统计控制之中，并确定其随机误差。作为核查标准的计量器具应与被测对象计量性能相似、变化规律相同，准确度与工作标准同级。

(3) 核查测量应重视随机性。核查方案设计时应尽量使影响测量过程的各种因素都有机会表现出来，使测量尽可能包括这些变动性。

(4) 测量结果应有较好的复现性，且符合正态分布或其他已知分布。

4. MAP 与传统的量值传递方式的比较

如图 5-8 所示，与传统的量值传递方式相比，MAP 不仅限于检定标准本身，而且全面考核了下级机构的测量全过程，包括检定环境、方法、仪器和操作者。MAP 是闭环的，可以反馈信息，能了解实验室的测量情况，使标准的量值能真正传递到现场；而传统的量值传递方式是开环的，无反馈作用。

与传统的量值传递方式相比较，实施计量保证方案有以下优点：

(1) 参加实验室的计量检测连续地处于统计控制之中，其检测结果，甚至单次测得值（可视为在受控的长周期内多次重复测量的一个随机值）的不确定度，皆在所给定的容许范围之内，即检测结果是有保证的，具有明显的溯源性；

(2) 减少了量值传递的层次，从而减少了传递过程的精度损失；

(3) 解除了计量器具，特别是大型、笨重设备的包装运输之苦，避免了运输过程中的可

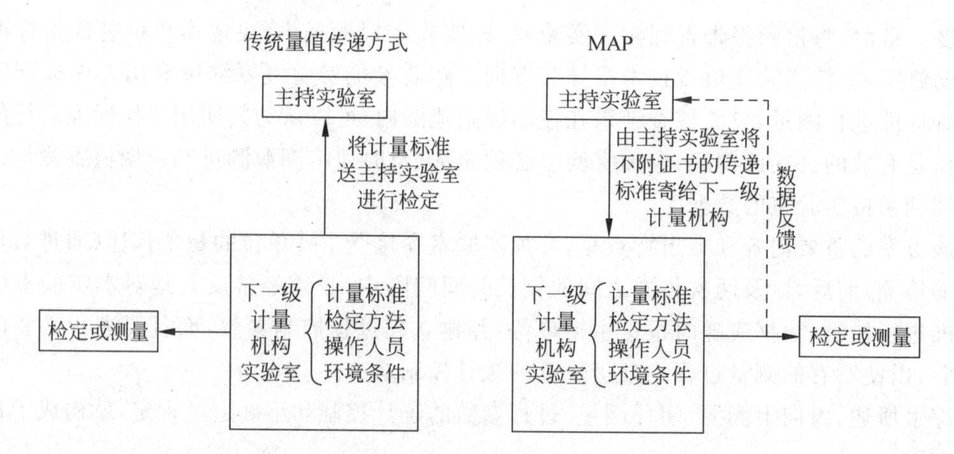

图 5-8 MAP 与传统的量值传递方式的比较

能损伤；

(4) 综合考核了参加实验室的检测方案、辅助设备、环境条件以及检测人员的技能；

(5) 节省了计量器具的送检时间，基本上不影响参加实验室的日常检测工作；

(6) 保持经常的信息反馈，使得上级计量部门(主持实验室)能全面掌握参加实验室的检测情况，便于及时发现和解决存在的问题。

MAP 的主要目的是确保量值传递中的高准确度和保证检定过程的测量质量，做到量值真正的统一和充分满足用户要求。但是，为顺利达到这一主要目的需要有资金、人员、硬件设施等的支持，而且开发新的计量保证方案的花费大，另外，主持实验室和参加实验室的工作量必然要显著增加，尤其是最高准确度等级的 MAP 实施就更昂贵。因此，MAP 方式仍未得到广泛的运用，传统的量值传递方式仍然占据主要地位。但我们可以利用 MAP 的基本原则——过程统计控制，在质量控制中简化应用计量保证方案，实现即提高测量质量又降低费用的目标。

5.2.3 测量过程统计控制

1. 测量过程统计控制的概念

测量过程统计控制是指用数理统计分析的方法与手段，使测量过程受到控制，以保证测量的准确可靠。换句话说，通过统计控制，使测量系统的工作随时处于受控状态，即每个测量值都是受控的长周期内进行多次测量的一个随机值，其不确定度保持在给定的范围之内，从而使测量得到保证。

2. 实现统计控制的基本要求

(1) 必须是可多次重复的测量；

(2) 测量结果有较好的复现性；

(3) 能够随机取样；

(4) 测量数据的分布符合正态分布或其他已知分布。

满足上述基本要求，就会使测量结果具有一定的统计预测性，即可按统计规律予以处理。或者说，只要测量过程受控，测量数据便在一定的时期内具有稳定的分布状态，并可随时复现；只要给定概率，便可求出随机误差限或不确定度。当然，受控要有足够的测量数据，只要测量过程受控，便可由测量过程的历史数据来预测未来数据的计量特性。

3. 统计控制的实现

1）利用核查标准建立过程控制参数

为了保证测量过程处于连续的质量控制中，实验室必须用被考核的工作标准对核查标准进行经常的多次测量，这样所积累的大量数据是表征测量过程特性的重要资料，也是判断测量过程是否受控的主要依据。

（1）核查标准值：指对核查标准的测量所得出的值，可以是单一核查标准的测得值，也可以是两个核查标准的测得值之差、之和或其他形式的组合值。核查标准值可表示为 x。

（2）初始值：亦称均值、认可值或起始合格值，一般取对核查标准进行多次重复测量所得各值的算术平均值，即

$$\bar{x} = \frac{1}{n}\sum_{i=1}^{n} x_i \tag{5-1}$$

（3）核查标准值的标准差

① 组内标准差 S_w：所反映的是一次测量的短时期内测量过程的变动性（随机误差）。

$$S_w = \sqrt{\frac{\sum_{i=1}^{n}(x_i - \bar{x})^2}{n-1}} \tag{5-2}$$

② 组间标准差 S_b：在实际工作中，测量系统经长期考核，必然有许多组测量数据。它们不一定完全一致，甚至可能有较大的差异。所以，必须考虑所谓组间标准差的影响，以反映测量系统的长期变动性（随机误差）。

$$S_b = \sqrt{\frac{\sum_{\substack{j=1 \\ j\neq i}}^{k} S_{wj}^2}{k-1}} \tag{5-3}$$

式中，k 为测量的组数，即组内标准差的数目；$j \neq i$ 系考虑了第 j 组与第 i 组标准差的不相关性，以便用方和根法进行标准差的合成。

③ 合成标准差为

$$S_c = (S_w^2 + S_b^2 + 2\rho S_w S_b)^{1/2} \tag{5-4}$$

若 S_w 与 S_b 不相关，则合成标准差为两者的平方和的正平方根；若 S_w 与 S_b 完全相关，则合成标准差为两者的线性和。

④ 合并标准差 S_p：当测量过程受控一段时期之后，若受控状态良好，则可利用不断增加的数据进一步算出更可靠的合并标准差。

$$S_p = \left(\frac{\nu_1 S_1^2 + \cdots + \nu_k S_k^2}{\nu_1 + \cdots + \nu_k}\right)^{1/2} \tag{5-5}$$

式中，k 为单元数；S_k 为第 k 单元的标准差，ν_k 为其自由度。

（4）统计控制限

根据误差理论，对于正态分布，取 $3S_c$ 为统计上合理的误差限。此时，相应的置信概率 $P=0.9973$，显著水平 $\alpha=0.0027$。

在实际工作中，统计控制限可根据具体需要酌定，一般多取 $(2\sim3)S_c$。当然，取 $3S_c$ 是

相当稳妥的。

(5) 测量过程的统计控制参数

测量过程的统计控制参数,由初始值和统计控制限组成,即

$$\bar{x} \pm 3S_c \tag{5-6}$$

2) 过程控制的检验

为保证测量过程始终处于连续的统计控制之中,每隔一定的时间便要对核查标准测量结果用统计的方法进行检验。过程控制的模型是多种多样的,必须根据实际情况作出最佳设计。下面介绍几种基本的检验方法。

(1) t 检验与 F 检验法

t 检验是根据随机变量的 t 分布得出的一种检验方法。是正态分布的小子样分布特例。t 检验式为

$$t = \frac{|x_i - \bar{x}|}{S_c} < t_{\alpha/2}(\nu) \tag{5-7}$$

这里的统计量由核查标准值、初始值和合成标准差得出。当检验统计量的值等于或大于 t 分布的临界值时,就表明测量过程失控。

t 分布的临界值 $t_{\alpha/2}(\nu)$ 取决于显著水平 α 和合成标准差的自由度 ν(可查阅 t 分布表)。α 的选择要适当,如太小,则必须进行较多的重复测量,否则将会超差,α 一般取 0.01～0.05。t 分布的临界值一般取 2～3。对于要求较高的场合,若 $t<3$,则测量过程受控;$t\geqslant 3$,则测量过程失控。

t 检验,在给定合成标准差的情况下,主要是检验核查标准值或初始值是否超出所允许的误差范围。

F 检验是根据随机变量的 F 分布得出的一种检验方法。F 分布亦是与正态分布密切相关的一种重要分布。检验式为

$$F = \left(\frac{S_i}{S_p}\right)^2 < F_\alpha(\nu_1, \nu_2) \tag{5-8}$$

式中,S_i 为组内标准差;S_p 为组间或合并标准差;$F_\alpha(\nu_1,\nu_2)$ 为 F 分布的临界值。

F 分布的临界值 $F_\alpha(\nu_1,\nu_2)$ 取决于显著水平 α、组内标准差的自由度 ν_1 和组间或合并自由度 ν_2(可查阅 F 分布表)。α 的选择原则与 t 检验一样,α 一般取 0.01～0.05。

当检验统计量的值等于或大于 F 分布的临界值时,就表明测量过程失控。F 检验主要是检验测量过程的标准差是否超出给定的范围。

国际和国内的标准都规定了 t 检验和 F 检验作为测量过程的控制技术,而且要求受控的测量过程必须同时满足 t 检验和 F 检验,缺一不可。

对于某些准确度要求低或分散性相对稳定的测量过程,可以采用简单控制模式,即只有 t 检验,没有 F 检验,并且省略不确定度评定的控制模式,主要是检验核查标准值或初始值是否超出所允许的误差范围。

检验的时间间隔由测量系统的稳定性和所要求的测量精度决定。一般一级实验室,除定期检验外,在每次接受量值传递或进行重要测量时都应进行检验。

(2) 控制图法

控制图是过程质量的一种记录图形,它能判断连续的过程中是否有异常,提供异常因素

存在的信息，以便于查明异常原因并采取措施，使过程实现统计控制。测量过程统计控制的控制图与生产过程统计控制的控制图的原理是相同的。其不同点是：生产过程的控制图是建立在测量过程本身是可靠的基础上的；而测量过程的控制图是要查证测量过程本身是否可靠，因此要通过对稳定的核查标准的测量来获得。使用控制图，应特别注意测得值的非随机性变化，比如向一个方向移动、有周期性变化等。

控制图的作法，一般是采用直角坐标图，纵坐标是测得值，横坐标是时间（样本序，日、月、年等），其中标有明显的中心控制线（CL）和两侧的上控制线（UCL）与下控制线（LCL）。

在测量过程的统计控制中，有几种常用的控制图。

① 初始值（均值）控制图

初始值（均值）控制图（见图 5-9）主要描述测得值所处的位置，如皆在上、下控制线内，则表明不存在超常值。也就是说，初始值控制图主要是检验初始值是否超出所允许的误差范围。

② 极差控制图

极差（R）是最大测得值与最小测得值之差，即所谓的极限误差。

极差控制图（见图 5-10）的控制线为

$$\begin{cases}\mathrm{CL}=\bar{R}\\ \mathrm{UCL}=D_4\bar{R}\\ \mathrm{LCL}=D_3\bar{R}\end{cases}\tag{5-9}$$

式中，$\bar{R}$ 为平均极差，$\bar{R}=\dfrac{\sum_{i=1}^{n}R_i}{n}$；$D_3$、$D_4$ 为与样本大小有关的系数，可由表 5-3 查出。

极差控制图主要描述测得值的离散性。特别是当样本较小时，极差控制图对变动性（离散性）的描述比较有效。

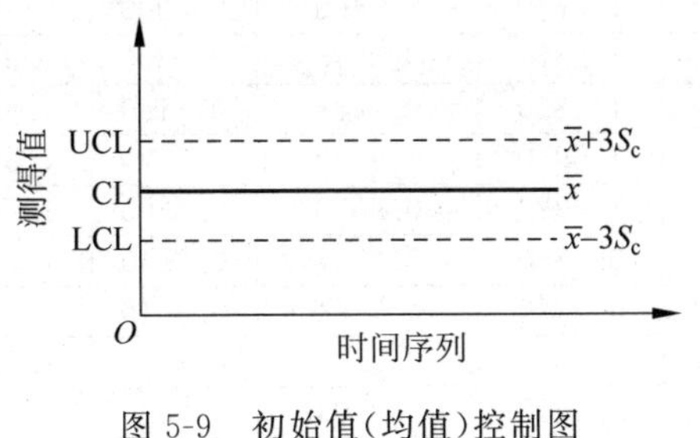

图 5-9　初始值（均值）控制图

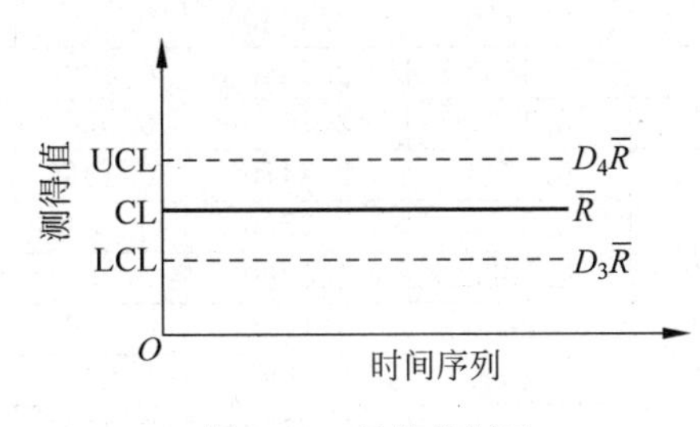

图 5-10　极差控制图

③ 标准差控制图

标准差控制图（见图 5-11）的控制线为

$$\begin{cases}\mathrm{CL}=\bar{S}\\ \mathrm{UCL}=B_4\bar{S}\\ \mathrm{LCL}=B_3\bar{S}\end{cases}\tag{5-10}$$

式中，$\bar{S}$ 为平均标准差，$\bar{S}=\dfrac{\sum_{i=1}^{n}S_i}{n}$；$B_3$、$B_4$ 为与样

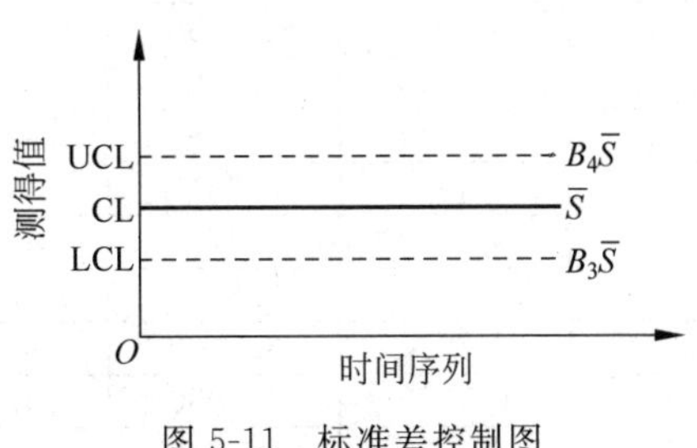

图 5-11　标准差控制图

本大小有关的系数,可由控制图系数表查出。

标准差控制图主要描述测得值的离散性,特别是当样本较大,比如测量次数超过 12 次时,标准差控制图比极差控制图能更有效地描述测得值的离散性。

必须注意,与 t 检验和 F 检验相似,初始值控制图和极差控制图(或标准差控制图)应同时使用,其中如有一个超出控制线则测量过程便为失控。

使用均值-极差控制图时,均值控制图的控制线可由下式计算而得:

$$\begin{cases} \mathrm{CL} = \bar{x} \\ \mathrm{UCL} = \bar{x} + A_2\bar{R} \\ \mathrm{LCL} = \bar{x} - A_2\bar{R} \end{cases} \tag{5-11}$$

使用均值-标准差控制图时,均值控制图的控制线可由下式计算而得:

$$\begin{cases} \mathrm{CL} = \bar{x} \\ \mathrm{UCL} = \bar{x} + A_3\bar{S} \\ \mathrm{LCL} = \bar{x} - A_3\bar{S} \end{cases} \tag{5-12}$$

式中,A_2、A_3 可由表 5-3 查出。

表 5-3 常用计量值控制图系数

均值图		极差图			均值图	标准差图		
子组容量	控制限计算系数	标准差估计的除数	控制限计算系数		控制限计算系数	标准差估计的除数	控制限计算系数	
n	A_2	d_2	D_3	D_4	A_3	C_4	B_3	B_4
2	1.8800	1.1280	0.0000	3.2670	2.6590	0.7979	0.0000	3.2670
3	1.0230	1.6930	0.0000	2.5740	1.9540	0.8862	0.0000	2.5680
4	0.7290	2.0590	0.0000	2.2820	1.6280	0.9213	0.0000	2.2660
5	0.5770	2.3260	0.0000	2.1140	1.4270	0.9400	0.0000	2.0890
6	0.4830	2.5340	0.0000	2.0040	1.2870	0.9515	0.0300	1.9700
7	0.1490	2.7040	0.0760	1.9240	1.1820	0.9594	0.1180	1.8820
8	0.3730	2.8470	0.1360	1.8640	1.0990	0.9650	0.1850	1.8150
9	0.3370	2.9700	0.1840	1.8160	1.0320	0.9693	0.2390	1.7610
10	0.3080	3.0780	0.2230	1.7770	0.9750	0.9727	0.2840	1.7160
11	0.2850	3.1730	0.2560	1.7440	0.9270	0.9754	0.3210	1.6790
12	0.2660	3.2580	0.2830	1.7170	0.8860	0.9776	0.3540	1.6460
13	0.2490	3.3360	0.3070	1.6930	0.8500	0.9794	0.3820	1.6180
14	0.2350	3.4070	0.3280	1.6720	0.8170	0.9810	0.4060	1.5940
15	0.2230	3.4720	0.3470	1.6530	0.7890	0.9823	0.4280	1.5720
16	0.2120	3.5320	0.3630	1.6370	0.7630	0.9830	0.4400	1.5520
17	0.2030	3.5880	0.7380	1.6220	0.7390	0.9845	0.4660	1.5340
18	0.1940	3.6400	0.3910	1.6080	0.7180	0.9854	0.4820	1.5180
19	0.1870	3.6890	0.4030	1.5970	0.6980	0.9862	0.4970	1.5030
20	0.1800	3.7350	0.4150	1.5850	0.6800	0.9869	0.5100	1.4900
21	0.1730	3.7780	0.4250	1.5750	0.6630	0.9876	0.5230	1.4770
22	0.1670	3.8190	0.4340	1.5660	0.6470	0.9882	0.5340	1.4660
23	0.1620	3.8580	0.4430	1.5570	0.6330	0.9887	0.5450	1.4550
24	0.1570	3.8950	0.4510	1.5480	0.6190	0.9892	0.5550	1.4450
25	0.1530	3.9310	0.4590	1.5410	0.6060	0.9896	0.5650	1.4350

（3）控制图的制作

控制图的制作可参考有关的统计技术书籍和 ISO 有关标准。控制图的制作步骤如下：

a）收集数据，一般收集数百个即可；

b）数据分组填入表格；

c）计算各组的平均值和极差或标准差；

d）计算总的平均值和平均极差或平均标准差；

e）计算中心线和控制线，作图时用实线表示平均线，虚线表示控制线；

f）在坐标图上描点，描点时两个图的横坐标要对齐，超差点用不同符号标注出来；

g）注明图的名称、样本大小、取样时间、图的制作者等信息。

如何根据图形的情况判断测量过程是否正常，在有关的文献和书籍上都有明确的说明。所需要考虑的是如何确定核查标准测量的时间间隔，这主要取决于控制的严格程度和过程的稳定性。在经过一段较长时间的运行，并积累了足够多的数据后，可再次计算过程参数，并将两组数据进行比较。如果两组数据一致，则可用全部数据计算，从而得出更可靠的过程参数。如果过程发生明显的变化，则必须查找原因，并重新计算。

【例 5-6】 依据《涡街流量计检定规程》（JJG 1029－2007）规定的测量条件，对选定的核查标准气体涡街流量计每周进行 1 组，每组进行 10 次独立测量，连续测量半年，共获得子组数 $k=25$ 组数据。测量结果见表 5-4。

表 5-4 音速喷嘴法气体流量标准装置测量数据

子组＼次数	1	2	3	4	5	6	7	8	9	10	均值	极差
1	0.21	0.23	0.22	0.23	0.32	0.31	0.23	0.22	0.22	0.31	0.250	0.11
2	0.22	0.23	0.21	0.23	0.23	0.22	0.31	0.32	0.22	0.23	0.242	0.11
3	0.31	0.22	0.23	0.31	0.32	0.21	0.23	0.21	0.21	0.22	0.247	0.11
4	0.23	0.22	0.24	0.21	0.31	0.32	0.31	0.24	0.22	0.23	0.253	0.11
5	0.21	0.22	0.21	0.23	0.22	0.21	0.23	0.21	0.31	0.32	0.237	0.1
6	0.22	0.21	0.22	0.22	0.21	0.23	0.23	0.22	0.31	0.23	0.230	0.1
7	0.31	0.21	0.21	0.25	0.23	0.31	0.32	0.21	0.23	0.31	0.259	0.11
8	0.23	0.22	0.23	0.23	0.24	0.21	0.31	0.32	0.31	0.21	0.251	0.11
9	0.21	0.23	0.21	0.22	0.21	0.23	0.22	0.28	0.23	0.23	0.227	0.07
10	0.22	0.23	0.32	0.23	0.22	0.22	0.22	0.21	0.23	0.24	0.234	0.11
11	0.22	0.24	0.32	0.22	0.21	0.21	0.25	0.23	0.31	0.22	0.243	0.11
12	0.32	0.22	0.23	0.32	0.22	0.23	0.23	0.24	0.21	0.23	0.245	0.11
13	0.23	0.24	0.21	0.31	0.23	0.21	0.22	0.21	0.23	0.25	0.234	0.1
14	0.21	0.24	0.21	0.22	0.22	0.24	0.21	0.31	0.32	0.31	0.249	0.11
15	0.23	0.22	0.22	0.22	0.28	0.24	0.23	0.22	0.21	0.23	0.230	0.07
16	0.22	0.23	0.31	0.22	0.22	0.22	0.22	0.21	0.23	0.23	0.231	0.1
17	0.32	0.25	0.24	0.23	0.21	0.21	0.25	0.23	0.31	0.32	0.257	0.11
18	0.24	0.25	0.23	0.25	0.22	0.23	0.23	0.24	0.21	0.31	0.241	0.1
19	0.25	0.23	0.31	0.24	0.23	0.21	0.22	0.21	0.23	0.22	0.235	0.1
20	0.32	0.21	0.21	0.23	0.21	0.22	0.21	0.23	0.22	0.23	0.229	0.11
21	0.22	0.31	0.22	0.24	0.32	0.23	0.22	0.22	0.22	0.22	0.242	0.1

续表

子组＼次数	1	2	3	4	5	6	7	8	9	10	均值	极差
22	0.21	0.22	0.22	0.22	0.32	0.22	0.21	0.21	0.25	0.32	0.240	0.11
23	0.23	0.22	0.21	0.22	0.23	0.32	0.22	0.23	0.23	0.31	0.242	0.11
24	0.32	0.23	0.22	0.23	0.21	0.31	0.23	0.21	0.22	0.22	0.240	0.11
25	0.21	0.22	0.23	0.27	0.22	0.23	0.24	0.22	0.31	0.22	0.237	0.1
											总平均值 0.241	平均极差 0.1

(1) 计算统计控制量。

平均值-标准偏差控制图($\bar{x}$-R 图)应计算的统计控制量为：总的平均值$\bar{x}=0.241$，平均极差$\bar{R}=0.1$。

(2) 计算控制线。

对于平均值控制图，查表 5-3，$n=25$ 时，$A_2=0.153$，则有

$$\mathrm{CL}=\bar{x}=0.241$$
$$\mathrm{UCL}=\bar{x}+A_2\bar{R}=0.2779$$
$$\mathrm{LCL}=\bar{x}-A_2\bar{R}=0.2041$$

对于极差控制图，查表 5-3，$n=25$ 时，$D_3=0.459$，$D_4=1.541$，则有

$$\mathrm{CL}=\bar{R}=0.1$$
$$\mathrm{UCL}=D_4\bar{R}=0.1541$$
$$\mathrm{LCL}=D_3\bar{R}=0.0459$$

(3) 建立分析用控制图，并在图上标出测量点。

控制图的纵坐标为所采用的统计控制量，横坐标为时间。在图上画出 CL、UCL、LCL 这 3 条控制线。在图上标出测量点后将相邻的测量点连成折线，即完成分析用控制图(见图 5-12、图 5-13)。

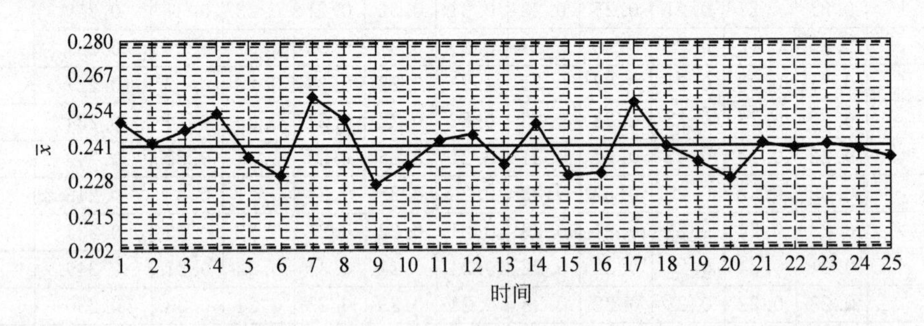

图 5-12　平均值控制图

由图 5-12、图 5-13 可知，本计量标准测量过程未出现不受控的系统效应的影响，未出现不受控的随机效应的影响，因此计量标准测量过程处于统计控制状态。如果发现测量点的分布异常，则应立即寻找原因并加以消除，使测量点的分布回到正常的随机状态。

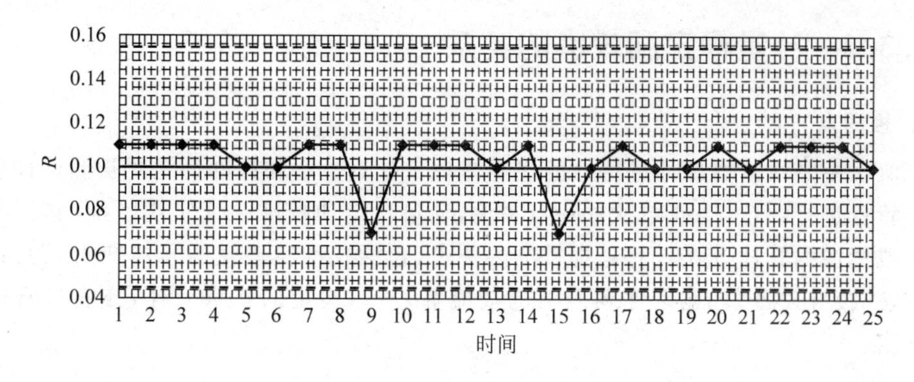

图 5-13　极差控制图

5.3　计量检定

5.3.1　计量检定和校准的基本概念

1. 计量检定

在《通用计量术语及定义》(JJF 1001—2011)中对计量检定的定义是:"测量仪器的检定和计量器具的检定简称计量检定或检定,是查明和确认测量仪器符合法定要求的活动,它包括检查、加标记/或出具检定证书。"计量检定是进行量值传递的重要形式,是保证量值准确一致的重要措施。

计量器具在检定之后,有资质的检定机构(单位)要做出是否合格的书面结论。检定合格的由检定机构(单位)发给检定证书,证书上面注明检定有效期并加盖检定机构(单位)印章。使用单位在接到检定证书后则根据检定合格结论,在被检定的计量器具上贴上"合格"标识。检定不合格的由检定机构(单位)发给检定结果通知书,使用单位不准使用。

检定具有法制性,其对象是《中华人民共和国依法管理的计量器具目录》中的计量器具,包括计量标准器具、工作计量器具,可以是实物量具、测量仪器和测量系统。

检定必须执行计量检定规程,按照《计量法》对依法管理的计量器具有技术和管理要求,这些要求反映在国家计量检定规程内。

2. 校准

在规定条件下的一组操作,其第一步是确定由测量标准提供的量值与相应示值之间的关系,第二步则是用此信息确定由示值获得测量结果的关系,这里测量标准提供的量值与相应示值都具有测量不确定度。

对"校准"一词,有些企事业单位称为"校验"。校准/校验主要是确定计量器具的示值误差,因此可以判定其是否合格。

5.3.2 计量检定和校准的关系

1. 相同点

示值误差是计量器具计量特性的主要体现。计量检定和校准都是对被测试计量器具的计量特性进行评定,因此单从这一点来说,计量检定和校准并无实质区别,它们都是量值传递或溯源的具体方式。对正规校准的要求(包括校准实验室的总体能力以及具体的校准方法、校准设备、环境条件和人员的技能等)与对检定的要求一样,亦应严格遵照相应的规定。

2. 区别

计量检定适用于我国法制管理的计量器具(包括计量标准器具和强制检定的工作计量器具),计量检定结果具有法制权威性。检定工作由有资质的计量检定机构负责,并且计量检定是按照国家计量检定规程或国务院有关部门和省、自治区、直辖市计量行政部门制定的部门和地方计量检定规程进行的。

校准适用于非强制检定的计量器具。校准工作必须送具有开展计量校准资质的实验室进行,校准工作应对照能溯源到计量检定规程的规定条件下进行。若国内尚没有检定系统和检定规程的条件时,评定计量器具的计量特性则由合格人员按照企事业内部编制和批准的校准方法进行。

表 5-5 总结了计量检定和校准的区别。

表 5-5 计量检定和校准的区别

序号	项目	检 定	校 准
1	目的	检定是对计量器具的计量特性进行强制性全面评定,确定其是否合格所进行的全面工作	校准主要用以确定计量器具的示值误差
2	对象	检定的对象是我国计量法明确规定的强制检定的计量器具	校准的对象是属于强制性检定之外且没有计量检定规程或现行检定规程不适应以及无手段检定的计量器具
3	依据	检定的依据是按法定程序审批公布的现行有效的计量检定规程。计量检定规程可分为国家计量检定规程、部门计量检定规程和地方计量检定规程。这些规程是由国家授权的计量部门统一制定的,任何企业和其他实体是无权制定检定规程的	校准的依据是校准规范或校准方法,可采用国家统一规定的标准规范,也可自行制定。在校准规范中,可规定校准程序、方法、校准周期、校准记录及标识等方面的要求
4	性质	检定具有强制性,按照国家计量系统表进行,按计量检定规程步骤进行全项检测,具有法律效力	校准不具备法制性,是单位自愿溯源的行为
5	主体	检定的主体是从事检定的工作人员,必须是经考核合格,并持有有关计量行政部门颁发的检定员证	校准的主体是具有校准资格的人员

续表

序号	项目	检　定	校　准
6	方式	检定必须到有资格的计量行政部门或法定授权的单位进行	校准的方式可以采用自校、外校，或两者结合的方式进行
7	周期	检定要依据检定规程给出检定周期。检定周期必须按计量检定规程的规定进行，不能自行确定	校准一般不给出校准周期(也可给出建议的校准周期)，校准周期根据计量器具使用的频次或风险程度自行确定，可以进行周期校准，也可以不定期校准，还可在使用前校准
8	内容	检定的内容是对计量器具的全面评定。	校准的内容只是评定计量器具的示值误差，以确保量值准确
9	结论	检定必须依据检定规程规定的量值误差范围，给出计量器具合格或不合格的判定。检定结果合格的发给检定证书，不合格的发给检定结果通知书	校准的结论不要求给出合格或不合格的判定。只给出范围、误差或测量不确定度。校准结果可记录在校准证书或校准报告中，也可用校准因数或校准曲线等形式表示
10	法律效力/承担风险	检定的结论具有法律效力，检定证书可作为计量器具或装置的法定依据，属于具有法律效力的文件。检定的风险由检定部门承担	校准的结论不具有法律效力，校准证书只标明示值误差，属于一种技术文件。校准的风险由计量器具使用单位承担

5.3.3　计量检定的基本要求

1. 检测方案

检测方案是保证量值传递或溯源以及测试数据有效的重要前提，应尽可能选择精度损失小、可靠性高而又简单易行的检测方案。凡是常规检定或校准，皆应按照相应的规程进行。

2. 检测标准

检测标准系指用于检测的计量标准器具，是检定的基础。对检测标准的主要要求如下。

(1) 精度优于被检测器具。这是指定度后的精度，而不是标准器具所能达到的精度。因为，除国家计量基准外，各级计量标准皆不能自行定度；同样的计量器具，由于定度的精度不同，其使用的精度也就不同。当然，如果所用的是计量基准，则应处于良好的工作状态；而计量标准则应被检定合格并在有效期内。

(2) 接入被检测的器具时，对被检测器具的示值无可察觉的影响，或虽有可见影响，但其值可以确定。

若标准和被检器具不能直接检测，则必须通过过渡标准。对过渡标准的主要要求是随机误差小、性能稳定、重复性好，以及对标准和被检测器具的响应相同。

3. 辅助设备

根据确定的检测方案，选配必要的辅助设备，应尽量避免可能引入的附加误差，以确保方案的实施。凡与检测数据有关的辅助设备，必须经检定合格并在有效期内。

4. 环境条件

环境条件是计量检定的必要保证，以免影响计量器具及辅助设备的工作特性。

5. 数据处理

数据处理是计量检定的重要环节，其基本原则是切实反映检测的精度。也就是说，数据处理应合理，不致因而提高或降低实际检测的精度。

6. 检定人员

检测人员是检定测试的关键因素，必须经考核合格并取得相应的证件，具备所需的专业知识和操作技能。对检定人员的要求如下：

(1) 热爱计量事业，有良好的职业道德，有强烈的责任感；

(2) 精通业务，通晓计量法规，操作技术熟练，熟悉所使用的计量标准和受检计量器具的原理、结构及性能；

(3) 具有细致、踏实的工作作风，有良好的井井有条的习惯，记录认真、字迹清晰端正；

(4) 善于保养维护所使用的计量标准，能够及时判断它们是否处于正常状态；

(5) 善于分析问题，对检定中出现的异常现象能及时发现并做出正确的判断。

7. 检定的步骤

(1) 外观检查

外观检查的重点是观察是否有影响计量器具的计量特性和寿命的缺陷，例如锈蚀、裂缝、变形、划痕、撞伤等。还需要检查是否有油垢，有则必须清洗干净。

在装有水准器的计量器具中，要检查水准器安装的正确性和牢固性，并检查水准器是否灵敏。

(2) 正常性检查

对于量具不需要进行这项检查，但对于有运动部件的计量器具，这项检查是非常必要的，目的是检查被检计量器具能否正常动作。

只有在上述两项检查合格后，才可接着进行下面的步骤。

(3) 计量特性的检定

按有关检定规程的检定方法进行。

(4) 对检定结果的数据进行处理和分析

例如算出平均值，求出不确定度等，必要时可给出修正值。这时最重要的是对检定结果要仔细分析，看它是否有规律性。为此，最好画出误差曲线图，以利于直观分析。

【例 5-7】 某油田的 $\phi50$ 垂直螺翼式水表流量-误差曲线如图 5-14 所示。

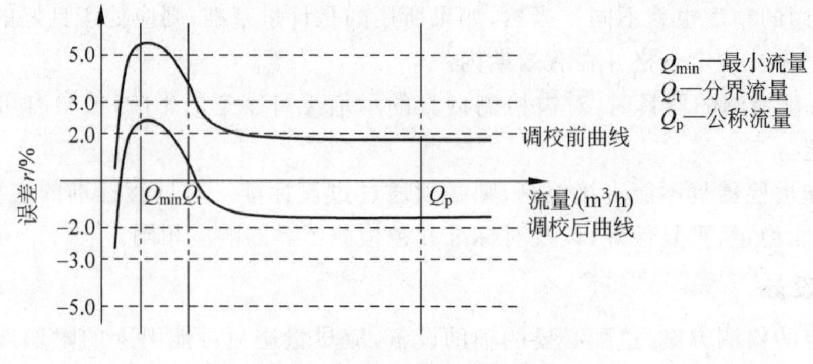

图 5-14 水表流量-误差曲线

（5）检定结果的处理

检定结果合格的给出《检定证书》。必要时对检定合格的计量器具打上钢印或铅封。检定结果不合格的给出《检定结果通知书》。

8. 检定记录

在检定过程中都应进行记录，内容包括：

（1）受检计量器具的名称、制造厂、型号、出厂编号以及额定特性和参数，如计量范围或最大计量值；

（2）检定条件，包括检定室或介质的温度，必要时记下空气压力、相对湿度以及其他特定的条件；

（3）检定时所用的标准计量器具的名称、型号及编号，必要时还需记下主要辅助设备的名称；

（4）检定时间（年、月、日）；

（5）检定过程中所进行的每一次独立计量的结果；

（6）在检定结束后对记录进行分析，并作出受检计量器具是否合格的结论；

（7）给出有效期；

（8）检定员及核验员签字。

检定记录是具有法定意义的重要文件，因此应该加以重视并保管好。特别要注意不能在单张的纸片上进行记录，而后重抄。因为这样的记录已经失去了原始资料的意义，在重抄时可能抄错，或者将一些表面上看起来可疑的结果舍弃。

【例 5-8】 通用卡尺检定记录见表 5-6。

表 5-6　通用卡尺检定记录

<table>
<tr><td colspan="9">证书 NO：</td></tr>
<tr><td colspan="2">送检部门</td><td colspan="2"></td><td>量具名称</td><td></td><td colspan="2">分度值</td><td>0.02mm</td></tr>
<tr><td colspan="2">制造厂</td><td colspan="2"></td><td>出厂编号</td><td></td><td colspan="2">本厂编号</td><td></td></tr>
<tr><td colspan="2">测量范围</td><td colspan="2">(mm)</td><td>湿度</td><td>%</td><td colspan="2">温度</td><td>℃</td></tr>
<tr><td colspan="3">检定前样品有效性检查</td><td colspan="2"></td><td colspan="3">检定后样品有效性检查</td><td></td></tr>
<tr><td colspan="3">检定用仪器使用前状态</td><td colspan="2"></td><td colspan="3">检定用仪器使用后状态</td><td></td></tr>
<tr><td colspan="3">本次依据技术文件</td><td colspan="6">JJG 30—2012</td></tr>
<tr><td>序号</td><td colspan="4">受检项目</td><td colspan="4">检定结果</td></tr>
<tr><td>1</td><td colspan="4">外观</td><td colspan="4"></td></tr>
<tr><td>2</td><td colspan="4">各部分相互作用</td><td colspan="4"></td></tr>
<tr><td>3</td><td colspan="4">各部分相对位置</td><td colspan="4"></td></tr>
<tr><td>4</td><td colspan="4">标尺标记的宽度和宽度差</td><td colspan="4">(mm)</td></tr>
<tr><td>5</td><td colspan="4">测量面的表面粗糙度</td><td colspan="4">Ra　(μm)</td></tr>
<tr><td>6</td><td colspan="4">测量面的平面度</td><td colspan="4">(mm)</td></tr>
<tr><td>7</td><td colspan="4">圆弧内量爪的基本尺寸和平行度</td><td colspan="2">内量爪尺寸：(mm)</td><td colspan="2">平行度：(mm)</td></tr>
<tr><td>8</td><td colspan="4">测高量爪两测量面间的尺寸变动性</td><td colspan="2">工作尺寸：10(mm)</td><td colspan="2">变动性：(mm)</td></tr>
<tr><td>9</td><td colspan="4">零位正确性</td><td colspan="4">(mm)</td></tr>
</table>

续表

10	示值变动性								(mm)
11	数字显示器的示值稳定度								(mm)
12	示值误差	受检点尺寸(mm)		外端偏差(mm)	里端偏差(mm)	受检点尺寸(mm)		外端偏差(mm)	里端偏差(mm)
		125卡尺	41.2			300卡尺	101.2		
			81.5				201.5		
			121.8				291.8		
		20深度示值			(mm)		20深度示值		(mm)
		150卡尺	41.2			500卡尺	80.123		
			81.5				121.8		
			121.8				201.5		
		20深度示值			(mm)		291.8		
		200卡尺	51.2				393		
			121.5				493.3		
			191.8				20深度示值		(mm)
		20深度示值			(mm)	主要设备名称		量块	
结论						主要设备编号			

检定员： 核验员： 检定日期： 年 月 日

5.3.4 计量检定的分类

1. 按管理环节分类

按照管理环节，计量检定可分为首次检定、后续检定（周期检定、修理后检定、周期检定有效期内的检定）、进口检定及仲裁检定。

1）首次检定

首次检定是指对未检定过的测量仪器进行的一种检定。仅限于新生产或新购置的没有使用过的、从未检定过的计量器具。

检定目的：确认新的计量器具是否符合法定要求，符合法定要求的才能投入使用。所有依法管理的计量器具在投入使用前都要进行首次检定。

2）后续检定

后续检定是指测量仪器在首次检定后的一种检定，包括强制性周期检定和修理后检定。

检定对象：已经过首次检定，使用一段时间后，已达到规定的检定有效期的计量器具；由于故障经修理后的计量器具；虽然在检定有效期内，但用户认为有必要重新检定的计量器具；原封印由于某种原因失效的计量器具。

检定目的：检查和验证计量器具是否仍然符合法定要求，符合要求才允许继续使用。

经过首次检定后的计量器具不一定需要进行后续检定。如竹木直尺、玻璃温度计只作首次检定，失准者直接报废。

对直接与供气、供水、供电部门进行结算用的家庭生活用煤气表、水表、电能表只做首次检定，不做后续检定。

（1）强制周期检定

强制周期检定是指根据规程规定的周期和程序，对测量仪器定期进行的一种后续检定。

经过一段时间使用，由于计量器具本身性能的不稳定，使用中的磨损等原因可能会偏离法定要求，从而造成测量的不准确。周期检定是为了防止这种现象的出现，规定按照计量器具使用过程中能保持所规定的计量性能的时间间隔进行再次检定。

周期检定的时间间隔在计量检定规程中规定。

（2）修理后检定

修理后检定是指使用中经检定不合格的计量器具，经修理人员修理后，交付使用前所进行的一种检定。

3）进口检定

进口以销售为目的的列入《中华人民共和国依法管理的计量器具目录(型式批准部分)》的计量器具，在海关验放后所进行的检定称为进口检定。

检定对象：从国外进口到国内销售的计量器具，以保证在我国销售的进口计量器具能满足我国的法定要求。

进口以销售为目的的计量器具的订货单位必须向省级计量行政部门申请检定，计量行政部门将指定有能力的计量检定机构实施检定。如果检定不合格，需要索赔，则订货单位应及时向商检机构申请复验出证。

4）仲裁检定

仲裁检定是指用计量基准或社会公用计量标准所进行的以裁决为目的的计量检定活动。

《计量法》规定“处理因计量器具准确度引起的纠纷，以国家计量基准器具或社会公用计量标准器具检定的数据为准”。

检定对象：对其是否准确有怀疑而引起纠纷的计量器具。

检定结果的法律效力十分明确。

2. 按管理性质分类

按照管理性质，计量检定又分为强制检定和非强制检定。

1）强制检定

强制检定是指对于列入强制管理范围的计量器具由政府计量行政部门指定的法定计量检定机构或授权的计量技术机构实施的定点定期的检定。

它是政府强制实施的，而非自愿的。属于强制检定范围的计量器具，未按规定申请检定或检定不合格继续使用的，属违法行为，将追究法律责任。

强制检定的对象：

（1）计量标准器具、社会公用计量标准器具、部门和企事业单位使用的最高计量标准器具。

（2）工作计量器具，即列入《中华人民共和国强制检定的工作计量器具目录》，并且必须是在贸易结算、安全防护、医疗卫生、环境监测中实际使用的工作计量器具。

2）非强制检定

非强制检定是指强制检定的计量器具之外的其他计量器具的检定。非强制检定由使用者依法自己组织实施。

5.3.5 检定方法

检定方法分为整体检定和单元检定两种。

1. 整体检定

整体检定又称为综合检定，是主要的检定方法。这种方法是直接用计量基准、计量标准来检定计量器具的计量特性。整体检定分为以下几种情况：

（1）用标准量具检定计量器具，例如用标准量块检定游标卡尺、用标准砝码检定秤、用标准电阻箱检定欧姆表等；

（2）用计量基准或标准仪器检定计量器具，例如用工作基准测力机检定高精度力传感器、用标准负荷式压力装置检定压力表、用标准硬度计定度标准硬度块等；

（3）用标准物质检定计量器具，例如用标准黏度油检定黏度计、用标准苯甲酸检定量热计等；

（4）用标准时间频率信号检定时间频率计量器具。

整体检定法的优点是：简便、可靠，并能求得修正值。

如果受检计量器具需要且可以取修正值时，则应增加测量次数，例如由一般的 3 次增加到 5～10 次，以降低随机误差。

整体检定法的缺点是：当受检计量器具不合格时，难以确定误差是由计量器具的哪一部分或哪几部分所引起的。

【例 5-9】 携带型直流电桥的整体检定。

携带型直流电桥集测量线路与辅助设备于一体，广泛应用于工作现场测量电阻。此类电桥由于数量多，检定工作量大，电桥基本误差测定一般采用整体检定法。该方法具有与实际使用状态相符并便于检定的优点，适用于检定 0.05 级以下的直流电桥。检定时用被检电桥直接测量标准电阻器的实际值，从而确定被检电桥的基本误差。直流电桥的整体检定如图 5-15 所示。

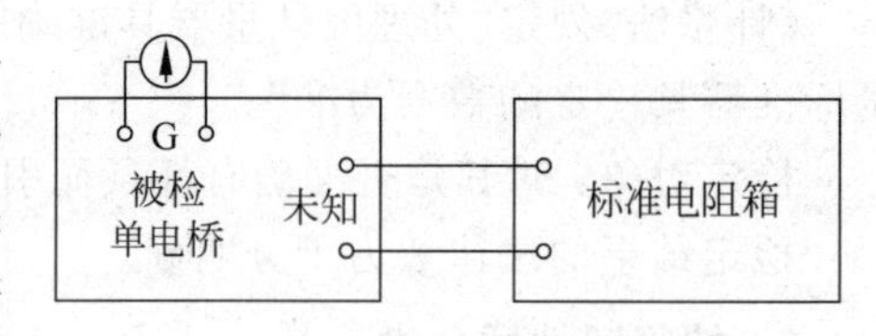

图 5-15 直流电桥的整体检定

2. 单元检定

单元检定法又称为部件检定法或分项检定法。它分别计量影响受检计量器具准确度的各项因素所产生的误差，然后通过计算，求出总误差(或总不确定度)，以确定受检计量器具是否合格。应用这种方法必须事先知道或者可以准确地求出各单元(或各分项)的误差对总误差影响的规律。有时按单元检定法检定后，尚须用其他办法旁证其结果是否正确，以检验是否有遗漏了的系统误差。

单元检定法适用范围如下：

（1）对于按定义法建立的计量标准，当没有高一等级的计量标准来检定时，则必须用此法。

（2）只用整体检定法还不能完全满足的计量器具。例如负荷式标准活塞压力计，除了与比它高一等级的负荷式标准活塞压力计的示值相比较外，还需要逐个检定压力计的砝码的质量。

(3) 一般比较仪的检定。比较仪是一种确定被计量的量值与标准量具量值之间所存在的比例或差值的计量仪器,所以首先应当检定这个比例(有时称为"臂"比)或差值的准确性;"臂"比的准确性,可以通过实验比较两个量值为已知的量具的办法来确定,或者通过分别计量构成比较仪"臂"的各个部件的办法来确定。

(4) 对于误差因素比较简单的计量器具,当按单元法检定比较经济时,可以采用此法。

(5) 对于某些整体误差检定不合格的计量器具,可再按单元法检测,以确定哪一个或哪几个部件超差。

单元检定法的步骤如下:

(1) 分析影响被检计量器具准确度的各项因素,并列出函数关系式。

(2) 分别计量各项因素造成的误差。对其中能列出函数式的通过计算求出该分项的最大误差,对其中难以列出函数式的影响因素,可通过分项实验的办法求出它们对受检计量器具准确度实际产生的误差值。

(3) 列出各分项误差对总误差的关系式。

(4) 综合各项因素造成的总误差,以判断是否合格。也有误差来源比较少的计量器具,只要各单元误差在各自的允许范围内,即可认为合格,而不必求出总误差。

单元检定法的优点:可以弥补整体检定法的不足。

单元检定法的缺点:测量及计算都很繁琐,需要较长时间;有时还因遗漏而不能保证准确度,需要进行旁证试验。

5.3.6 计量检定中器具合格的判断

被检器具是否合格,是计量检定必须作出的一个结论。然而,在实际工作中,有时却难以得出确切的、恰当的论断。所以,应当熟悉、掌握进行判断的基本原则,并结合具体情况加以运用。

1. 判断的前提

(1) 认真熟悉所用标准和被检器具的技术性能与操作方法,必要时应对可能导致危害人身安全或器具损坏等注意事项作出明显的标记,以防万一;

(2) 切实检查所有的配套或辅助设备以及环境条件,皆应符合有关的规定;

(3) 必须严格按照检定规程(或检测方法)所规定的步骤和要求进行检测,不得随意而行。

以上三条,是获得可靠数据的基本要求,是进行判断的前提,否则任何结论都是没有意义的。

2. 标准器具的误差可忽略的条件

(1) 标准器具的精度足够高,与被检测器具的精度相比,其测量误差可以忽略不计;

(2) 标准器具的精度不够高,其测量误差在测量结果中必须加以考虑。

第(1)种情况下的判断比较简单,但必须明确标准器具的误差可忽略的条件;第(2)种情况下的判断则要复杂得多,有时甚至难以作出确切的结论,以致不得不借助于其他的标准器具或测试方法。

一般来说，测量误差 Δx_t 至少包含标准器具的误差 Δx_s 和被检测器具的误差 Δx，即

$$\Delta x_t = \Delta x_s + \Delta x \tag{5-13}$$

下面分别讨论几种典型情况。

(1) Δx_s 和 Δx 都只含有系统误差

$$\Delta x_t = \Delta x\left(1 + \frac{\Delta x_s}{\Delta x}\right) \tag{5-14}$$

根据微小误差准则，当误差取一位有效数字时，若

$$\frac{\Delta x_s}{\Delta x} < \frac{1}{10} \tag{5-15}$$

则可将 Δx_s 忽略，于是有

$$\Delta x_t \approx \Delta x \tag{5-16}$$

即在标准器具和被检测器具都只含有系统误差的情况下，当标准器具的误差比被检测器具的误差小一个数量级时，标准器具的误差便可忽略不计。

(2) Δx_s 和 Δx 都只含有随机误差

根据独立误差的一般合成法，总标准差为

$$S_t = \sqrt{S_s^2 + S_x^2} = S_x\sqrt{1 + \left(\frac{S_s}{S_x}\right)^2} \tag{5-17}$$

式中，S_s 和 S_x 分别为标准器具和被检测器具的标准差。根据微小误差准则，当误差取一位有效数字时，若

$$\frac{S_s}{S_x} < \frac{1}{3} \tag{5-18}$$

则可将 S_s 忽略，于是有

$$S_t \approx S_x \tag{5-19}$$

即在标准器具和被检测器具都只含有随机误差(或系统误差已修正)的情况下，当标准器具的误差小于被检测器具的误差的 1/3 时，标准器具的误差便可忽略不计。这就是计量中所谓的 1∶3 原则。

(3) Δx_s 和 Δx 同时含有系统误差和随机误差

根据上面分析的两种极端情况，不难得出标准器具的误差可忽略的条件为

$$\frac{\Delta x_s}{\Delta x} < \left(\frac{1}{3} \sim \frac{1}{10}\right) \tag{5-20}$$

通常情况下，如果标准器具的容许误差限为 $\pm n$，被检测器具的容许误差限为 $\pm e$，则标准器具的误差可忽略的条件可写为

$$\frac{n}{e} < \left(\frac{1}{3} \sim \frac{1}{10}\right) \tag{5-21}$$

所以一般情况下可按 1/3～1/10 范围的比例选择计量标准，也可认为计量标准的扩展不确定或最大允许误差为被检计量器具最大允许误差为被检计量器具最大允许误差的 1/3 以下时，计量标准的不确定度对测量结果不确定度的影响可忽略不计。

3. 根据被检器具的允许误差极限进行器具合格的判断

假设标准器具引起的误差或不确定度可以忽略不计，如果被检测器具的容许误差限为

$\pm e$,则当器具的极限误差 $\Delta x_{max} \leqslant e$ 时便合格,当 $\Delta x_{max} > e$ 时便不合格。

4. 根据标准和被检测器具的容许误差限判断

当标准器具的误差不能忽略时,对被检测器具的判断要复杂得多。设标准和被检测器具的容许误差限分别为 n 和 e。

(1) 标准和被检测器具都只含有系统误差

当总误差的绝对值 $|\Delta x_t| \leqslant e-n$ 时,则肯定合格;

当 $|\Delta x_t| > e+n$ 时,则肯定不合格;

当 $e-n < |\Delta x_t| \leqslant e+n$ 时,则可能合格,也可能不合格,需要进一步验证才能作出判断,故范围 $(e-n, e+n)$ 称为待定区间。

当检测结果落于待定区间时,便不能再用原检测标准和方法进行检测,而必须用其他标准或方法才可能得出确切的结论。当然,送上级单位,用更高一级的标准去检测是最稳妥的办法。

(2) 标准和被检测器具都只含有随机误差

若随机误差遵从正态分布,则当 $|\Delta x_{max}| \leqslant \sqrt{e^2+n^2}$ 时,便合格;

当 $|\Delta x_{max}| > \sqrt{e^2+n^2}$ 时,便不合格。

(3) 标准和被检测器具同时含有系统误差和随机误差

这种情况难以用简单的表达式来判断,而需要根据系统误差和随机误差的具体情形加以判断,才能得出被检测器具合格与否的结论。

5.4　计量比对

5.4.1　计量比对的概念和作用

1. 计量比对的概念

计量比对是在规定条件下,对相同准确度等级或指定不确定度范围的同种测量仪器复现的量值之间比较的过程。

具体说来就是两个或两个以上的实验室,在一定时间范围内,按照预先规定的条件,测量同一个性能稳定的传递标准器,通过分析测量结果的量值,确定量值的一致程度,确定该实验室的测量结果是否在规定的范围内,从而判断该实验室量值传递的准确性的活动。

2. 计量比对的作用

计量比对往往是在缺少更高准确度计量标准的情况下,使计量结果趋向一致的一种手段。通过比对能够:

(1) 考核各实验室测量量值的一致程度;

(2) 考察实验室计量标准的可靠程度;

(3) 检查各计量检定机构的检定准确度是否在规定的范围内;

(4) 考察各实验室计量检定人员的技术水平和数据处理的能力,发现问题,积累经验。

各个国家的计量院参加国际计量局和亚太区域计量组织组织实施的比对且测量结果在

等效线以内,其比对结果可以作为各国计量院互相承认校准及测量能力的技术基础;其测量能力得到国际计量局认可;其校准和测试证书在米制公约成员国得到承认。国家实验室按照政府协议参加双边或多边比对且结果满意,可以按协议条款在一定条件下互认证书。

我国由国家质检总局批准的国内计量基准、计量标准的比对是对计量基准、计量标准监督管理、考核计量技术机构的校准测量能力的一种方式,以提高我国计量基准、标准的水平,确保量值准确、一致、可靠。

5.4.2 比对的类型

比对的类型可分为国际比对和国内比对,国际比对有国际计量局组织的比对、亚太区域计量规划组织(APMP)组织的区域比对、双边或多边比对,国内比对有国家计量比对、地方计量比对、其他形式比对等。

1. 国际比对

国际比对系指国际之间的量值比对,一般都是为了验证各参加国的有关计量科技成果、提高计量测试水平、进而统一国际量值而开展的学术性活动。

国际比对通常都是国家基准或相当国家基准的标准之间的比对。比对的规模可大可小,可以许多国家或组织参加,也可以只在两个国家或组织之间进行。比较大规模的国际比对基本上都是由有关的国际组织来进行组织的。

1)国际计量局组织的比对

关键比对:根据互认协议,由国际计量委员会的各咨询委员会或国际计量局实施而取得关键比对参考值的比对。

辅助比对:由国际计量委员会的各咨询委员会或国际计量局实施,旨在满足关键比对未涵盖的特定需求的比对。

双边比对:如某一研究院参加了相关的关键比对,则此研究院可以作为主导实验室,采用同关键比对相同或近似的技术方案,与另一研究院开展双边比对。

2)亚太区域计量规划组织(APMP)组织的区域比对

关键比对:亚太区域计量规划组织实施的比对。

辅助比对:亚太区域计量规划组织实施,旨在满足关键比对未涵盖的特定需求的比对。

这类比对一般由区域计量组织成员和其他研究院参加,其结果进入关键比对数据库。

3)双边或多边比对

政府协定中安排的比对:两个或多个政府或国家计量院可以根据签订的协议组织双边或多边比对,其结果按照协议规定使用,一般可以用于检测证书的互认以及相关研究工作。

2. 国内比对

1)国家计量比对

经国家质检总局考核合格,并取得计量基准证书或计量标准考核证书的计量基准或计量标准量值的比对。

2)地区计量比对

经县级以上政府地方技术监督部门考核合格,并取得计量标准考核证书的计量标准量值的比对。

3）其他形式比对

各计量实验室可以根据自己的需要开展非官方的实验室间比对。

5.4.3 比对的组织和实施

比对通常由相关国际组织或上一级计量行政部门组织，为了具体安排和协调比对工作，一般都由组织者指定或参加者推选出一个实验室或研究机构，作为主导实验室，确定参加比对的实验室又称参加实验室。主导实验室针对传递标准进行前期实验，起草比对实施方案，并征求参加实验室意见，意见统一后执行。主导实验室和参加实验室按规定运送传递标准（或样品），开展比对实验，报送比对数据及资料。主导实验室按比对细则要求完成数据处理，撰写比对报告，向比对组织者报送比对报告。比对组织者召开比对总结会，并在一定范围内公布比对结果。

主导实验室：在比对中起主导作用的实验室，又可称作主持单位。主导实验室的条件和职责为：

（1）具有法定的资格和公正的地位；

（2）提供传递标准或样品，确定传递方式；

（3）进行前期实验，包括传递标准的稳定性实验和运输特性实验；

（4）起草比对实施方案，经与参加实验室协商后确定；

（5）在比对涉及的领域内有稳定可靠的标准装置，其测量不确定度符合比对的要求，能够在整个比对期间持续提供准确的测量数据；

（6）控制比对过程，确保比对按比对实施方案要求进行；

（7）处理比对数据和编写比对报告；

（8）具有相应技术能力的人员，遵守保密规定。

参加实验室：参加比对的实验室，又称为参比实验室或参加单位。参加实验室的条件和职责为：

（1）当实验室收到对比组织者发布的比对计划时，各实验室应书面答复，如参加比对，应填写比对申请表并寄回；

（2）参与比对实施方案的讨论并对确定的比对实施方案有正确的理解；

（3）按比对实施方案的要求正确、按时地完成比对实验，并向主导实验室上报测量结果及其不确定度，如出现意外情况应及时上报主导实验室；

（4）按比对实施方案要求接受和发运传递标准或样品，确保其完整和安全；

（5）对比对报告有发表意见的权利；

（6）遵守保密规定。

比对标准：由于国家标准一般都不宜搬动，所以国际比对通常都是通过一定的比对标准来进行。对比对标准的主要要求是性能稳定、灵敏度高、随机误差小和便于运输等。比对标准须经各参加国（实验室）商定，可以由主导实验室提供，也可以由参加实验室或另外的途径提供。

比对的实施条件总结起来包括：

(1) 有发起者,一般是国际上的权威组织(如国际计量局),也可以是某一国家的权威计量机构;

(2) 确定参加单位,每次比对的参加单位不宜过多;

(3) 从参加单位中确定一个主持单位,负责比对事宜,主持单位一般是在该领域中技术水平比较领先的单位;

(4) 具有计量特性优良的传递标准,特别要具有优良的计量复现性和长期稳定度,传递标准的不确定度应比被比对的计量器具高一些,至少为同一数量级;

(5) 由主持单位制定比对计划,确定比对方式、传递标准运行的路线、日期,确定详细的、周到的比对技术方案,确定数据处理方法等,并写成书面文件寄发给参加单位。

5.4.4 比对方式

比对方式大致可归纳成五种。

1. 一字式(见图 5-16)

由主持单位"O"先将传递标准在本单位参加比对的计量仪器上进行校准,然后及时地将传递标准、校准数据和校准方式一并送到参加单位"A"。当传递标准操作需要很仔细或较复杂时,"O"单位一般派员到"A"单位并与"A"单位操作人员一起工作,严格按照"O"单位的操作方法进行,得出校准数据。然后,"O"单位把传递标准运回,再次在本单位仪器上校准,以考察传递标准经过运输后示值是否发生变化。若变化在允许范围内,则比对有效。

"O"单位可取前后两次的平均值作为"O"单位值,就可算出"O""A"两单位仪器的差异。若差异在传递标准不确定度范围内,则表明两单位仪器的示值一致。当差异较大时,两单位可各自检查自己的仪器是否存在系统误差,若找到了,并采取了措施,又可进行第二轮比对。第二轮比对的顺序一般与第一轮相反,由"A"单位派员并携带传递标准去"O"单位,其余相同。

一字式比对是最基本的比对方式,国际上经常采用。

2. 环式(见图 5-17)

环式比对往往适用于为数不多的单位参加比对,而且传递标准结构比较简单、便于搬运。一般主持单位不必派人去,只要把传递标准及校准的数据、方法寄到"A"单位。"A"单位将传递标准校准后,把校准数据寄给"O"单位而将传递标准及"O"单位校准的数据及方法寄到"B"单位,以下依次类推。

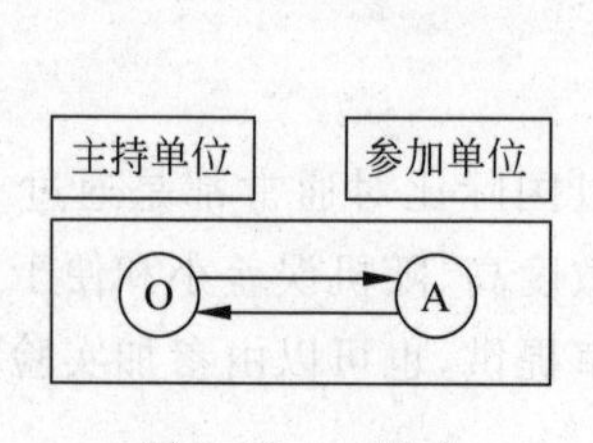

图 5-16 一字式

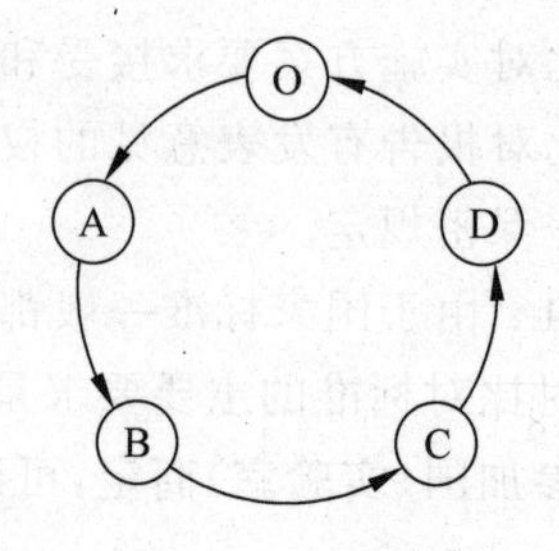

图 5-17 环式

最后传递标准返回到"O"单位时,"O"单位必须复检,以验证传递标准示值变化是否正常。采用这种比对方式时,因为经过一圈循环,时间较长,比对结果中往往会引入由于传递标准的不稳定而引起的误差,而且传递标准经过多次装卸运输,损坏概率较高,往往会导致比对的失败。

比对结果由主持单位整理,并寄发各参加单位。各参加单位不仅可知道与主持单位间的差值,也可知道与其他参加单位之间的间接差值。

3. 连环式(见图5-18)

当参加比对单位较多时,可采用连环式比对,这时必须有两套传递标准,其余同环式。

4. 花瓣式(见图5-19)

花瓣式比对由多个小的环式所组成,需多套传递标准。花瓣式比对的优点是比对周期短。

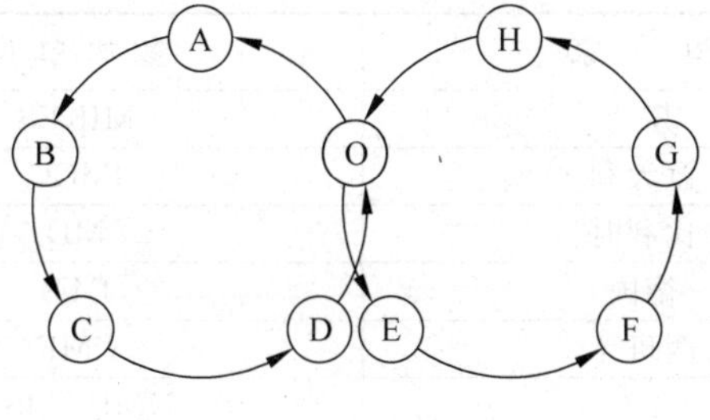

图5-18　连环式

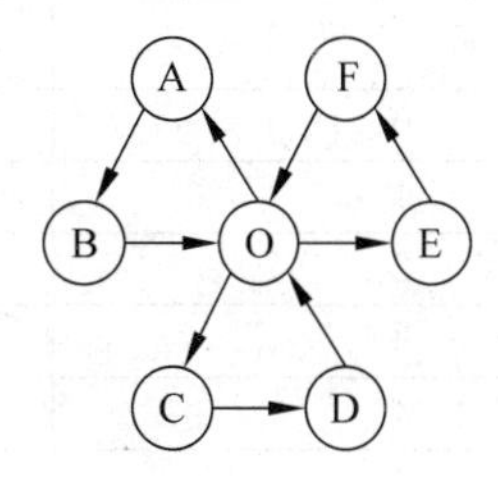

图5-19　花瓣式

5. 星式(见图5-20)

星式比对相当于由多个一字式组成。主持单位可同时发出多套传递标准。星式的优点是比对周期短,即使某一个传递标准损坏,也只影响一个单位的比对结果。缺点是所需传递标准多,主持单位的工作量大。

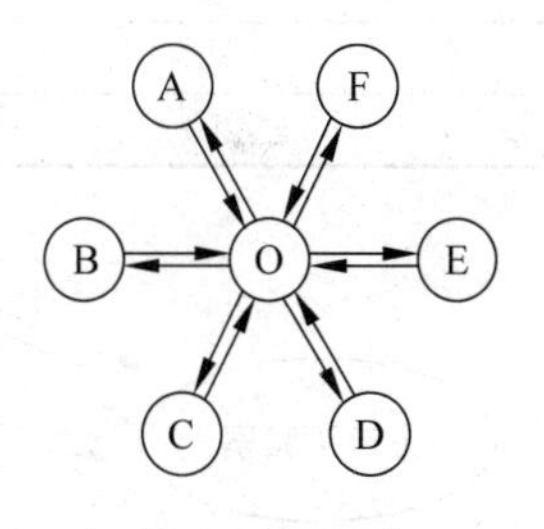

图5-20　星式

各种比对方式,都存在一定的优缺点,可视具体情况而采用。

为了客观地进行比对,除了主持单位外,其余所有参加单位只按照商定的比对程序的要求,对比对标准进行测试,而并不知道其他单位的测试结果。在比对过程中,所有的测试结果,只能报告给主持单位,而不允许通过任何形式向外透露。

由于参加国较多,国际比对的持续时间都较长。对于已经建立了国际基准的量,如质量等,则一般无须进行横向的国际比对,可直接与国际基准比对,或接受国际基准的量值传递。正式的国际检定,应按照国际法制计量组织所制定与公布的计量器具检定规程进行。

【例5-10】 0-5kN-10kN力值国际关键比对(见表5-7)。

力是重要的物理量,其准确测量和控制在现代制造业、国防建设和贸易结算中有着广泛的应用。为保证世界各国间力值的准确一致,为世界各国国家计量院签署有关国家计量标准互认协议提供可靠的技术基础,国际计量局(BIPM)质量及相关量咨询委员会(CCM)测力工作组在1998年澳大利亚悉尼举行的测力工作组会议上决定,从1999年开始进行4个量程的力值国际关键比对。这4个比对分别为0-5kN-10kN(CCM. F-K1)、0-50kN-100kN

(CCM. F-K2)、0-500kN-1000kN(CCM. F-K3)、0-2MN-4MN(CCM. F-K4),主导实验室分别为芬兰的 MIKES(芬兰计量和认可中心)、英国的 NPL(英国国家物理实验室)、德国的 PTB(德国物理技术研究院)、美国的 NIST(美国标准技术研究院)。参加力值关键比对的实验室均是能代表该地区最高力值测量能力的各国国家计量院,中国计量科学研究院作为中国国家实验室参加了全部 4 项力值国际关键比对。

2000 年,芬兰 MIKES 作为主导实验室首先组织进行了 0-5kN-10kN(CCM. F-K1)力值关键比对。比对分为 0-5kN-10kN(CCM. F-K1. a)和 0-5kN(CCM. F-K1. b)两个力值范围。中国计量科学研究院等 11 个实验室(包括主导实验室)参加了 0-5kN-10kN(CCM. F-K1. a)力值比对,9 个实验室(包括主导实验室)参加了 0-5kN(CCM. F-K1. b)力值比对。表 5-9 列出了参加 0-5kN-10kN(CCM. F-K1. a)力值比对的国家和实验室名称及编号,其中 NIM 为中国计量科学研究院。

表 5-7 参加 0-5kN-10kN(CCM. F-K1. a)力值比对的国家和实验室名称及编号

编　号	国　家	参加单位
0	芬兰	MIKES
1	意大利	IMGC
2	比利时	MD
3	德国	PTB
4	西班牙	CME
5	日本	NMIJ/AIST
6	墨西哥	CENAM
7	土耳其	UME
8	英国	NPL
9	美国	NIST
10	中国	NIM

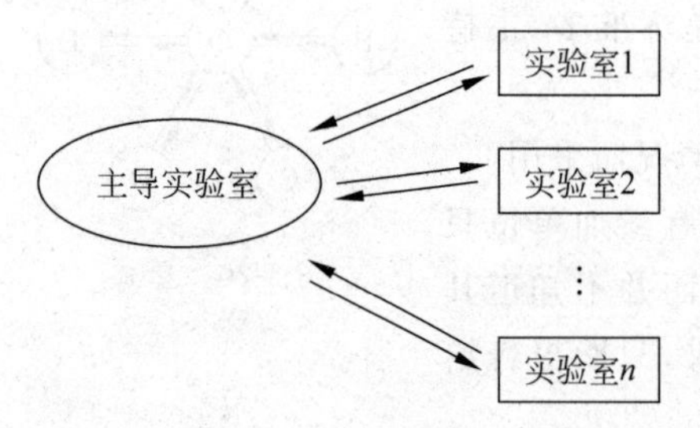

图 5-21 0-5kN-10kN 力值星式比对方式

根据力值国际关键比对程序要求,比对采用星式比对方式。如图 5-21 所示,一个完整的测量循环包括:首先在主导实验室进行比对试验(A 测量);然后将力值传递标准运至参加比对实验室,在参加比对实验室进行比对试验(B 测量);再将力值传递标准运回主导实验室进行比对试验测量。

力值传递标准由高准确度力传感器和精密测量放大器组成。根据力值国际关键比对程序要求,每个量程力值比对需要两只力传感器,这两只力传感器由主导实验室提供,测量力传感器输出信号的 DMP40 高精度测量放大器由各参加实验室提供。主导实验室提供高精度桥路校准仪 BN100、BN100 和力传感器并一起发往各参加实验室,用于在比对中校准 DMP40 测量放大器。0-5kN-10kN(CCM. F-K1. a)力值比对中,主导实验室提供的两只高准确度力传感器为 Tr1-10kN 和 Tr2-10kN,分别由德国的 GTM 公司和芬兰的 RP 公司生产。在力值比对中,力传感器和精密测量放大器的性能是影响力值比对结果的最主要因素之一。比对中主导实验室提供的桥路校准仪 BN100 对各参加实验室的测量放大器 DMP40 进行校准,并根据校准结果对测量结果进行修正，BN100 的稳定性优于 4×10^{-6}。为确定力传感器的有关性能，在比对前和比对中，主导实验室对比对用力传感器进行了大量的性能试验，确定了力传感器的蠕变性能、温度性能和稳定性等技术指标。

图 5-22(a)、(b)、(c)、(d)分别表示用力传感器 Tr1-10kN 和 Tr2-10kN 进行比对试验时在 5kN、10kN 力值点的比对结果及参加实验室的不确定度($k=2$)。

0-5kN-10kN(CCM. F-K1. a)力值国际关键比对中，由于采用了严格的比对程序，主导实验室及参加实验室进行了严谨认真的比对工作，比对取得了较满意的结果。

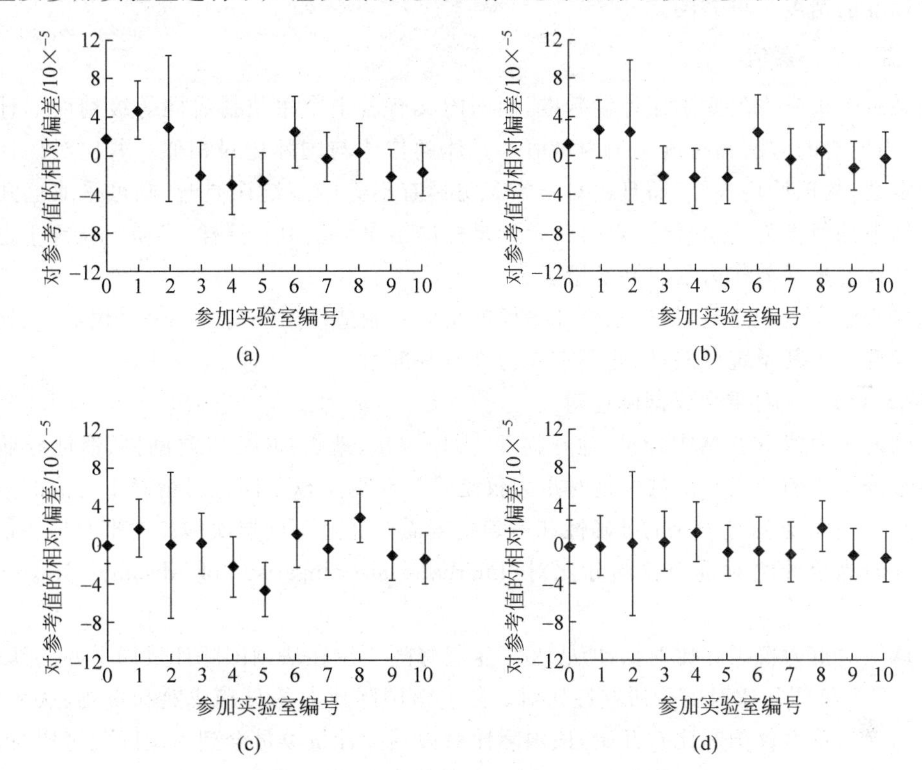

图 5-22 0-5kN-10kN 力值国际关键比对结果

(a) 力传感器 Tr1-10kN 在 5kN 力值点的比对结果及参加实验室的不确定度；
(b) 力传感器 Tr1-10kN 在 10kN 力值点的比对结果及参加实验室的不确定度；
(c) 力传感器 Tr2-10kN 在 5kN 力值点的比对结果及参加实验室的不确定度；
(d) 力传感器 Tr2-10kN 在 10kN 力值点的比对结果及参加实验室的不确定度

5.4.5 比对的应用

1. 国际比对

很多导出单位的物理量，国际上没有建立公认的国际计量基准。各国计量基准的原理和结构往往不完全相同，在分析误差时，可能未将某些系统误差考虑进去，或者结构上出现缺陷而未被发觉，因此造成各国间计量结果的不统一。为了谋求国际上计量结果的统一，经常组织国际比对是有效的途径。

这种国际比对，国际计量组织可以发起，各国的国家计量研究机构也可以发起；可以进行全球性比对，也可以进行区域性比对，或者进行两国之间的比对。

2. 精度旁证

当研制一台计量基准或计量标准时，仅靠误差分析来确定其准确度是不够的，因为这还不足以证明其误差分析是否周全、结构是否完好。当缺乏精度更高的计量器具检定时，则必须借助于几种工作原理或结构不同的、精度相同或稍低一些的计量器具进行比对以资旁证。如果获得的一系列的旁证数据符合偏移足够小的高斯分布规律，则证明所研制的计量基准或计量标准的精度是可靠的。

3. 临时统一量值

当某一个量尚未建立国家计量基准，而国内又有若干个单位持有同等级精度的计量标准时，可用比对的方法临时统一国内量值。具体的作法与国际比对相似。若比对的计量标准的稳定性、复现性均很好，而且比对结果表明具有不大的系统误差时，则可采取这几台计量标准的平均值作为约定真值，以对每台计量标准给出修正值。这样，实质上就等于把参加比对的几台计量标准作为临时基准组了。

这里应注意的一点是，如这几台计量标准是同一制造厂生产的同一型号仪器，则比对结果往往发现不了其系统误差，因此不宜作为临时基准组。

【例 5-11】 绝对重力仪国际比对。

精确的重力值 g 在精密计量、地球物理、大地测量、地震预报、资源勘探、惯性导航等领域具有十分重要的意义。高精度绝对重力仪是直接获得全球不同位置精确重力值的重要工具。目前，高精度绝对重力仪的准确性和不确定度需要通过不同层次的比对来验证。最高层次的比对即为全球绝对重力仪国际比对（International Comparison of Absolute Gravimeters，ICAG）。

全球绝对重力仪国际比对活动从 1981 年起每隔 4 年在法国国际计量局举办。其中，前 7 届绝对重力仪国际比对属于研究性比对。随着该国际比对的日趋成熟和重要，从 2009 年的第 8 届绝对重力仪国际比对开始，该国际比对被国际计量委员会列为国际关键比对。

绝对重力仪国际比对在作为国际关键比对的同时，也欢迎非国家计量院授权的实验室参加研究性比对。以 2009 年的第 8 届绝对重力仪国际比对为例：共有来自 16 个国家和地区的 26 台仪器参加了国际比对，其中参加关键比对的有 14 台，参加研究性比对的有 12 台。

目前参加绝对重力仪国际比对的仪器主要来自美国 Micro-g 公司设计制造的一系列绝对重力仪：JILA 型、FGL 型、A10 型、FG5 型、FG5X 型。其他开展绝对重力仪研制的国家有中国、俄罗斯、意大利、法国。为了避免因单一仪器参加国际比对而带来的比对数据可能的整体偏差，国际计量委员会鼓励不同原理、不同类型、不同生产厂家生产的绝对重力仪参加国际比对。中国计量科学研究院自主研制的国产 NIM-Ⅱ型绝对重力仪参加了多次绝对重力仪国际比对。

当前，区域性绝对重力仪国际比对（Regional International Comparison of Absolute Gravimeters，RICAG）日益兴起。其中，以欧洲区域绝对重力仪国际比对最为活跃。从 2003 年开始，欧洲区域绝对重力仪国际比对每隔 4 年在卢森堡举行。此外，北美洲区域第一次绝对重力仪国际比对于 2010 年在美国科罗拉多州举行，共 3 个国家的 9 台仪器参加了该区域性国际比对。以上的区域性绝对重力仪国际比对与全球绝对重力仪国际比对在比对结果上建立了链接。中国计量科学研究院已被国际计量委员会指定为亚太区域绝对重力仪国际比对点。

开展绝对重力仪国际比对活动,将极大地促进建立我国绝对重力仪溯源链及基标准体系,以确保国内绝对重力测量值和相对重力测量值的准确、统一和与国际测量数据的一致性,能促进我国加入WTO后更好地遵循认证认可国际互认制度和减少技术性贸易壁垒,更积极地服务于国民经济及国防建设。同时,从国家战略需求出发,绝对重力仪等地球物理仪器需要推进其国产化的研发进程。举办绝对重力仪国际比对,能给国内相关研究单位提供很好的学习借鉴国外先进技术的机会,为国产相关地球物理仪器的研发做出贡献。另外,开展绝对重力仪国际比对活动,将增强我国举办大型国际比对的能力,提高我国在全球计量科学领域的影响力和话语权。

【例5-12】 低温绝对辐射计国内比对实验研究。

低温绝对辐射计在光学遥感定标和光学计量领域发挥着基础性关键作用,它能达到光辐射计量最高准确度和最宽光谱范围,它是复现发光强度国际单位坎德拉的基础,低温绝对辐射计还可以实现对玻尔兹曼常数的精确测量以及光电探测器光谱响应度的绝对定标。光谱响应度是衡量空间遥感器性能指标的一个重要参数,实验室通过建立低温绝对辐射计高精度绝对标准,可以将各种类型的空间传感器溯源到统一的高精度绝对标准。由于低温绝对辐射计本身是目前光学遥感定标和光学计量领域最高精度功率标准,其测量精度无法通过更高精度的标准予以校验,其精度的可信度是通过不同类型的低温绝对辐射计相互比对进行评价的。

低温绝对辐射计国际比对主要是通过直接比对和间接比对两种方式来实现的。直接比对是将参与比对的低温绝对辐射计共同接收同一激光光束,比对其测量激光功率大小;间接比对是将陷阱探测器作为标准传递探测器,通过比对测量同一物理量达到比对的目的。在国内,中国科学院安徽光学精密机械研究所、中国计量科学研究院、华东电子测量仪器研究所和兵器205所四家单位引入了低温绝对辐射计,但还没有真正意义地参与过实验室间的相互比对,这对于国内空间遥感器高精度定标技术发展是非常不利的。目前国外发达国家都建立了以低温绝对辐射计为源头的辐射定标系统。

中国科学院安徽光学精密机械研究所和华东电子测量仪器研究所在国内首次开展了低温绝对辐射计比对定标实验,分别利用两台不同致冷方式的低温绝对辐射计作为初级标准,其中中国科学院安徽光学精密机械研究所的是液氮液氦致冷方式的低温绝对辐射计系统,华东电子测量仪器研究所的是机械致冷方式的低温绝对辐射计系统。低温绝对辐射计国内比对实验于2008年4月和2009年9月分别在中国科学院安徽光学精密机械研究所和华东电子测量仪器研究所进行,利用中国科学院安徽光学精密机械研究所自主研制的陷阱探测器B作为双方初级标准间接比对的传递探测器,通过比较两家低温绝对辐射计在同一波长、同一功率测量同一陷阱探测器的绝对光谱响应度的值来评价两家低温绝对辐射计初级标准定标的一致性和可靠性。

在632.8nm和1064nm两个波长对硅陷阱探测器B的绝对光谱响应度进行了绝对定标,测量的功率点分别为200μW和150μW。测量的绝对光谱响应度的相对差异分别为6.06×10^{-5}和8.49×10^{-4},定标总合成不确定度分别为0.093 786%和0.105 166%。说明目前国内不同致冷方式的低温绝对辐射计系统已具备相当好的定标一致性,同时也验证了参与比对的两家低温绝对辐射计定标初级标准的稳定性和可靠性，均可以为空间遥感器定标提供高精度的溯源性。

习题

5-1　简述量值传递与溯源的基本概念及两者的关系，其方式有哪些？

5-2　什么是计量保证方案？如何实施？

5-3　简述计量检定和校准的概念及两者的关系。

5-4　简述计量检定的基本要求。

5-5　什么是首次检定和后续检定？其对象和目的是什么？

5-6　什么是进口检定？其对象和目的是什么？

5-7　什么是仲裁检定和强制检定？其对象和目的是什么？

5-8　简述计量检定中器具合格的判断依据。

5-9　主导实验室和参加实验室在比对中应承担哪些职责？

5-10　简述比对的实施条件、方式及应用。

参考文献

[1]　国家质量监督检验检疫总局. JJF 1001—2011 通用计量术语及定义[S]. 北京：中国质检出版社，2012.

[2]　王立吉. 计量学基础[M]. 北京：中国计量出版社，2006.

[3]　李东升. 计量学基础[M]. 北京：机械工业出版社，2006.

[4]　吴凯华，张相山，王国龙，等. 浅谈量值传递和量值溯源的实施[J]. 计量与测试技术，2013，40(1)：52-53.

[5]　车璐璐，段修全. 运用控制图做好测量过程控制[J]. 现代测量与实验室管理，2012(3)：51-53.

[6]　于颖. 试论如何提高计量检定工作的质量[J]. 计量与测试技术，2013，40(7)：97-98.

[7]　李霖，王蔚. 计量检定机构职能问题与对策分析[J]. 中国计量，2014(7)：41-42.

[8]　张智敏. 0-5kN-10kN 力值国际关键比对的评述[J]. 计量学报，2007，28(3)：288-292.

[9]　吴书清，李春剑，粟多武，等. 绝对重力仪国际比对新动态[J]. 计量学报，2013，34(6)：545-547.

[10]　李健军，史学舜，郑小兵，等. 低温绝对辐射计国内比对实验研究[J]. 中国科学：物理学力学天文学，2011，41(6)：749-755.

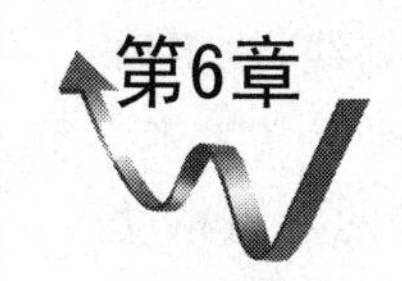

几何量、光学及电离辐射计量

6.1 几何量计量

几何量计量通常称为长度计量，是最先形成和发展的一个计量科技领域。概括地说，几何量计量的内容是物体的几何尺寸、形状和位置，即所谓几何量的三大要素。几何量计量的基本参量是长度和角度(平面角和立体角)，以及由它们导出的平直度、粗糙度、圆度、锥度、渐开线、螺旋线等。可以说，凡是与几何尺寸、形状和位置相关的地方，都离不开几何计量。对于现代工业，若没有几何量计量的保证，那简直是不可想象的。比如机械产品的质量，基本上取决于零件的加工精度和装配精度，而精度的保证只有通过几何量计量才能实现。另外，现代工业要求所有的零部件都具有高度的互换性(包括功能的一致性)，也只有几何量计量才能予以保证。再如，在新兴的现代微电子工业中，大规模集成电路及磁盘存储器的生产，都需要极其精密的几何量计量。其生产设备的定位精度约为±0.25μm、线宽小于0.7μm、磁膜厚约0.5μm等，显然，测试设备应具有更高的精度，比如有的分辨率已优于0.01μm、1nm甚至0.1nm。

6.1.1 长度单位米

1. 米原器

米原器，亦称国际米，是1889年第一届国际计量大会批准的横截面为X形的铂铱合金米尺(见图6-1)。

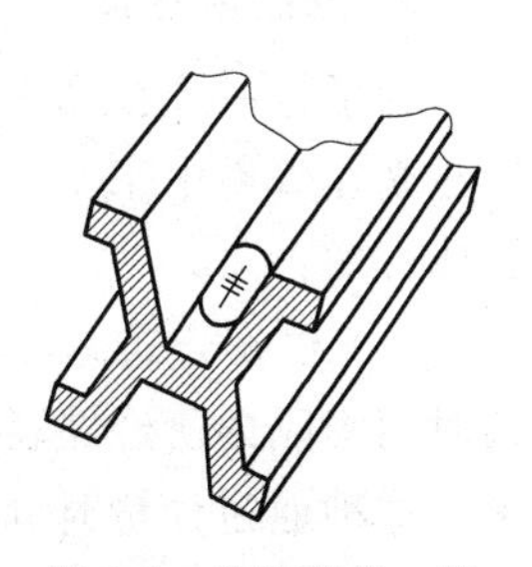

图6-1 米原器的一端

制造米原器的铂铱合金(90%铂、10%铱)具有良好的稳定性、弹性和防腐性，以及相当高的硬度。该米原器的外端长为1020mm，X截面的外接边长皆为200mm，质量约为3.3kg。在尺的中间平面上刻有彼此相距0.2mm的两条平行线，其间所夹的想象中线即为米的计量轴线，在同一平面的两端的抛光部分各刻有垂直于轴线的三条平行分划线，线粗约为 8μm。当米原器处于冰点温度时，该两组平行线中的中间一条之间的距离便定义为米。米原器比档案局米的精度提高了 2 个数量级。但由于刻线较粗，米原器复现米的最高精度约为 10^{-7}。另外，米原器的铂铱合金虽好，但仍难免随着岁月的推移而发生微小的变化，以致引起长度的改变。

2. 氪-86 光波长度基准

为了探求精度更高的新的米基准，各国科技工作者进行了大量的研究工作，早在 19 世纪初，法国物理学家巴比尼(Babinet)便提出了以光波波长作为长度单位，从而建立米的自然基准的设想。但由于当时科技水平的限制，对原子光谱的性能以及对波长的精密计量技术都还没有足够的了解和掌握，该愿望未能实现。后来，在 1895 年召开的第二届国际计量大会上，就已进一步明确提出，单色光的光波波长可作为米量值的旁证。继之，在对一些元素的谱线进行了仔细的研究之后发现，氪-86 同位素的橙光谱线，能够以相当高的精度复现长度单位，以致 1960 年第十一届国际计量大会正式决议：米的长度等于氪-86 原子的 $2p^{10}$ 和 $5d^5$ 能级之间跃迁所对应的辐射在真空中的波长的 1 650 763.73 倍；同时，废除 1889 年确定的以米原器为依据的米定义。

显然，以原子辐射的单色波长为依据的新的米定义比实物原器米定义要优越得多。因为，原子辐射的波长是物质本身的一种属性，是自然现象，能保证量值的高度稳定，同时，具有很高的复现精度和量值传递精度；另外，自然界中的氪原子是取之不尽、用之不竭的，任何地方都可实现米定义，不必像实物基准那样担心损坏或破灭。

根据量子理论，原子辐射谱线的频率 f 可表示为

$$f = \frac{E_2 - E_1}{h} \tag{6-1}$$

式中，E_1、E_2 分别为原子在激发前后所处能态的能量；h 为普朗克常数。可见，原子在两固定能态间辐射的光频率是一常数。

当辐射在真空中以光速 c 传播时，单色光的波长为

$$\lambda = \frac{ch}{E_2 - E_1} \tag{6-2}$$

用光波波长复现米，是采取充有氪-86 同位素的灯管，以干涉法在专用装置上实现的。为了获得辐射谱线，首先将氪-86 充入毛细管，并用液氮将其冷却至 58～60K，然后再将一定的电流通过氪灯，以激励氪原子。

利用氪灯复现米的精度可优于 10^{-8}，比米原器提高了一个多数量级。

3. 米的新定义

为了进一步提高米的复现精度，1985 年第十七届国际计量大会又通过了米的新定义：米是光在真空中于 1/299 792 458s 时间间隔内所经路径的长度。同时，规定了三种复现的具体方法：

(1) 根据公式 $l=ct$，通过给定的光速 c(299 792 458m/s)，用平面电磁波在真空中于 t 秒的时间间隔内所经路径的长度 l 来复现。只要测出电磁波传播的时间 t，便可复现长度单位米。这种通过计量时间间隔来获得距离的方法，在天文和大地测量中早已得到了广泛的应用。

(2) 根据公式$\lambda=c/f$,通过给定的光速c,用频率为f的平面电磁波在真空中传播的波长来复现。只要计量出电磁波的频率f,便可复现长度单位米。

(3) 直接用典型的辐射来复现。稳定的辐射谱线,具有一定的频率和波长,只要获得相应频率的典型谱线,便可复现长度单位米。

米的新定义的突出特点是:

(1) 定义本身和复现的方法分开。这样就使米的新定义在相当长的时期内保持稳定;而复现的方法则不受定义本身的限制,可以随着科学技术的发展不断改进,继续提高复现精度。所以,米的新定义是一个开放性的定义。

(2) 新定义理论依据和复现方法都是建立在真空中的光速的基础之上,即把真空中的光速定为常数,其值固定不变。

米的新定义表明,长度可以通过时间或频率的计量导出,从而使长度单位和时间(或频率)单位联系起来。这是使基本单位逐渐趋向统一的重要开端,是计量学史上的一个重大突破,将对计量科学技术的发展产生深远的影响。

可见,光频计量和稳频激光是复现米的新定义的两个关键环节。

如上所述,米的新定义是开放性的,可以利用各种激光和光谱灯来复现。由于激光具有方向性强、单色性好以及高功率密度等特点,近年来已获得了迅速的发展。当前,比较广泛采用的是通过计量激光频率值、用固定光速值来导出激光波长的方法,即$\lambda=c/f$。如果将c值固定,则λ便可达到与f同样的精度。

为了将激光充分应用于现代计量,许多科技工作者对提高激光频率稳定性和重复性,使其谱线更窄、易于锁定等,进行了大量的研究工作,从而形成和发展了偏频锁定技术和饱和吸收理论。1972年美国国际标准管理局利用甲烷饱和吸收和碘饱和吸收的氦-氖激光,获得了10^{-18}的稳定性和10^{-11}的复现性。进而,用频率综合法建立了速调管和激光频率链,将铯原子钟的微波频率逐步向激光频率过渡,于1979年实现了88THz(1THz$=10^{12}$ Hz)的绝对计量。另外,通过与氪-86辐射波长的比较,测得了甲烷饱和吸收的氦-氖激光波长。于是便可以根据$c=\lambda f$得到新的光速值:299 792 458m/s,其精度为$\pm4\times10^{-9}$,比以前提高了2个数量级。显然,新的光速值的确定,为米的新定义的复现提供了重要的条件。

6.1.2 几何量计量器具

几何量计量器具是指实现几何量计量过程所必需的实物装备,包括量具和仪器。量具是复现单位量值的具有固定形态的实体,如量块、角度块、线纹尺等。计量仪器则是实现被计量量与标准量比较过程的器具,如干涉仪、测长机、光学测角仪等。

几何量计量器具大体上可分为三类。

(1) 机械式量仪。机械式量仪是几何量计量中最简单而又常用的器具,如量块、角度块、线纹尺、塞尺、直角尺、千分尺、游标卡尺、百分表、千分表、水平仪、气动量仪以及测微仪等。

(2) 光学计量仪器。光学计量仪器在几何量计量中占有极其重要的地位,其中有的可单独使用,有的则需与机械式量仪配合使用,如各种测长机、测量显微镜、光电显微镜、自准直光管、各种干涉仪、显微镜、光学测角仪以及投影仪等。

(3) 电动量仪。电动量仪是指将几何量(位移)转换成电量的计量仪器,如电感式、电容式或变压器式测微计,表面轮廓仪以及圆度仪等。

当然,上述分类是相对的,并不十分严格。在现代计量中,往往是将光、机、电有机地结合在一起,构成综合式的精密计量器具,如激光量块干涉仪、光栅测角仪等。

6.1.3 阿贝原则

阿贝原则是长度计量中的一个基本原则,它是由德国科学家阿贝提出的,故称阿贝原则。该原则是:在长度计量中,被计量线应与计量线相重合或在其延长线上。

可以证明,凡是遵从阿贝原则的长度计量所引起的计量误差皆为二次微小误差,而不符合阿贝原则的长度计量所引起的计量误差则为一次线性误差,通常将其称为阿贝误差。

6.1.4 端度计量

端度系指物体两端之间的长度(或距离)。端度计量的标准器主要是量块,亦称块规。量块是几何量计量中应用广、精度高的一种实物标准。它是单值量具,以其两端面之间的距离复现长度量值。

1. 量块的主要性能

1) 稳定性

稳定性是指量块的实际长度随时间的变化程度。量块制造的技术要求中,对各级量块的稳定性都有具体规定。比如,0 级 1m 量块的长度年变化量不得超过±0.5μm;1 级 1m 量块的长度年变化量不得超过±1μm 等。

2) 耐磨性

量块在使用中经常与其他物体接触或量块之间相互研合等,因而要求其计量面具有足够的耐磨性。耐磨性主要取决于原材料和热处理工艺,常用的原材料为铬锰钢、铬钢和轴承钢等。

石英的稳定性、耐磨性和抗腐蚀性都很好,但价格较贵,而且加工困难,加之热膨胀系数较小(与通常的计量对象——钢相比),不宜制作工作量块。

3) 研合性

量块与量块或量块与平晶经相互推合或贴合,而形成一体的性能,称为研合性。由于具有良好的研合性,可以用多个量块组成所需的尺寸,从而将单值量具变为多值量具,扩大了量块的计量范围。

2. 量块的形状和尺寸

量块的形状简单,通常为矩形长方块,亦有的国家采用圆柱形长棒。我国制造的量块皆为矩形长方块。量块横截面的尺寸分为两种,名义尺寸小于 10mm 者为 30mm×9mm,名义尺寸大于 10mm 者为 35mm×9mm。尺寸较大(比如大于 50mm)的量块,在其非工作面上有一个或两个直径为 12mm 的圆孔,以用于通过附件联结组成组合量块。

3. 量块的等和级

我国的量块分为1、2、3、4、5五等和0、1、2、3四级。等和级都是根据量块中心长度的极限误差、平面平行度极限偏差以及研合性等技术指标来确定的。等是针对使用而言的，即按等所规定的计量误差使用；级是针对制造而言的，即按级所规定的偏差制造。但这并不是说量块只能按等使用，按级使用亦可。一般按等使用时，用其中心长度的实际尺寸；按级使用时，用其公称(标称)尺寸。按等使用，须引入修正值，适于量值传递或精密测试；按级使用，则无须引入修正值，比较方便，适于车间等现场的一般计量。

4. 端度类量具接触法测量的要点

(1) 被测对象两工作面都是平面(见图6-2)。测量时，如量块和量棒左右两边都用球面测头，用螺丝刀拧动尾管右侧两互相垂直的螺钉，直到目镜里显示最大转折点。这样保证了两测帽的球面顶点共同位于测量轴线上。在比较测量量块时，是以相同名义值的高一等量块为标准，做点(两支撑点分别离测量面距离为2/9处)固定在测长机上进行。测量时需要调节工作台的上下、前后、左右摆动及水平旋转方向，并在目镜里分别找到最小读数，即为被测量块和标准量块的尺寸差，通过计算可得出被测量块的中心长度偏差。同样，读数方法可直接测量量棒的尺寸偏差。测量小于400mm的量棒时，用中点支撑并固定，也是寻找以上四个方向的最小转折点。对尺寸大于400mm的量棒进行测量时，则用艾里点进行固定，只在右端寻找上下、前后的最小转折点即可在目镜中读出量棒的偏差。

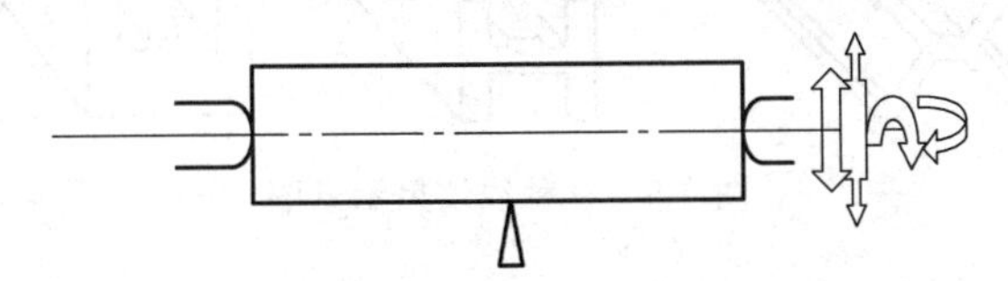

图6-2　被测对象两工作面均为平面

(2) 被测对象两工作面都是球面(见图6-3)。例如，内径千分尺和套管尺在测长机上测量时，左边固定测头用平面测头，右边用球面测头。对于尺寸小于400mm的被测对象，需调节工作台的上下、前后、左右摆动及水平旋转方向，并在目镜里分别找到最大读数，即为偏差值。同样，对尺寸大于400mm的被测量，用艾里点进行固定，只在右端寻找上下、前后最大转折点即可读出偏差值。

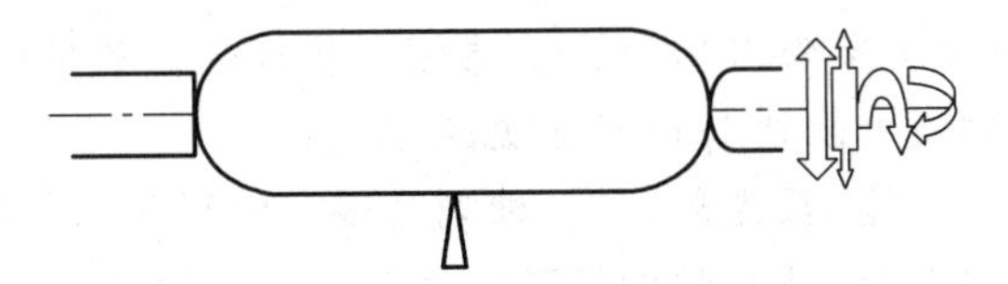

图6-3　被测对象两工作面均为球面

(3) 被测对象两工作面一面是平面，另一面是球面(见图6-4)。例如，部分量棒和一些非标准件在测长机上测量时，左右两边都用球面测头，同样调整两测帽的球面至两顶点共同位于测量轴线上，为测量做准备。将量棒平面端置于左边，球面工作面和右边球面测头接触。当量棒尺寸小于400mm时，调节活动工作台的上下、前后、左右摆动及水平旋转方向，并在目镜里分别找到最大读数，即为偏差值。当量棒尺寸大于400mm时，用艾里点进行固定，只在右端寻找上下、前后的最大转折点即可读出偏差值。

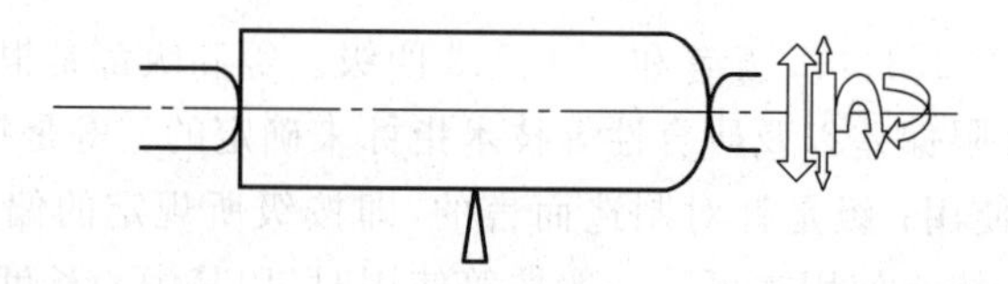

图 6-4 被测对象两工作面一面为平面，另一面为球面

6.1.5 线纹计量

线纹计量系指利用线纹尺所进行的计量，亦称为线值计量。

线纹尺是几何量计量的一种主要的实物标准，米原器便是线纹尺的一种。但是，一般的线纹尺都是多值量具。它以两条刻线间（严格地说应是两刻线轴之间）的距离来复现长度量值。

线纹尺的结构设计应考虑：刚性好、自重轻及易于安装调整等。常用的金属线纹米尺有X形、H形和U形三种，这都是针对尺的横截面而言的（见图 6-5）。

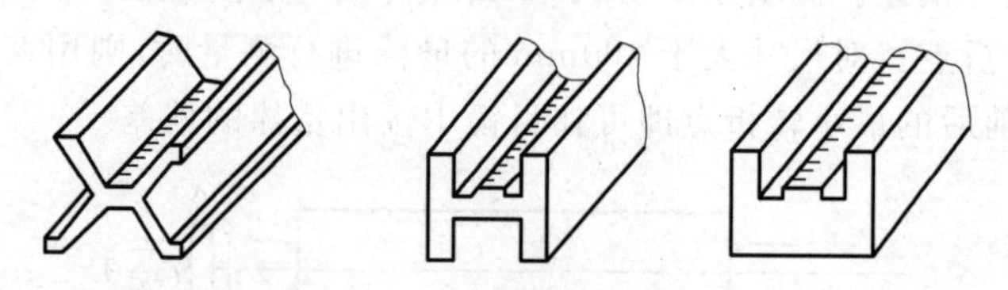

图 6-5 三种线纹尺示意图

线纹尺的刻线平面应磨成镜面并抛光，且与尺底面平行。刻线应均匀、笔直、光滑。刻线的宽度应相等，一般为 5～8μm。线纹尺的检定精度在很大程度上取决于刻线的质量。

光学仪器中，常采用玻璃线纹尺，其横截面多为矩形或梯形。玻璃线纹尺的刻线更细，通常皆用光刻腐蚀而成。

制作线纹尺时，应选择稳定性好、热膨胀系数尽量与被测物体的热膨胀系数接近的材料。当前，常用标准线纹尺的材料多为铁镍合金，其热膨胀系数与钢的相近，稳定性也好（每年每米的变化量不超过 0.3μm）。

一般线纹尺的直读分辨率约为 0.5mm。为进一步提高读数精度，须使用读数显微镜。在显微镜下，线纹尺的精度可读到 1μm 甚至更高。

光栅尺（亦称线位移光栅、长光栅）是一种刻线很密的线纹尺，其刻线密度可达每毫米 100 条。利用光栅覆盖法读数，光栅尺的精度可达 1μm 甚至 0.1μm。

另外，应用于线纹计量的还有利用电磁或光电效应的感应同步器、电栅（亦称容栅）、磁尺和码尺（亦称直线编码器）等。

1. 线纹计量基准

我国目前的长度计量基准是 0.633μm 波长基准。组成国家计量基准的全套计量器具为碘稳频氦-氖激光器。其相对不确定度 $U=4\times10^{-11}$（$k=3$）。

线纹计量基准器具是双频激光干涉仪和激光干涉比长仪。双频激光干涉仪的测量范围为1～24m,接长后可测至100m,相对不确定度 $U=5\times10^{-8}(k=3)$。激光干涉比长仪工作基准是由氦-氖激光器(相对不确定度 $U=5\times10^{-8}$,$k=3$)与仪器主体组成的激光干涉比长仪、殷钢基准米尺、200mm 石英基准尺组成,测量范围为0～1000mm。不确定度 $U=\pm(0.1+0.1L)\mu m(k=3)$(式中 L 为测量长度,单位为m,下同)。

2. 常用的线纹计量器具

线纹计量器具包括各种规格的钢卷尺、钢直尺、水准尺、木直尺、纤维尺、测距仪以及感应同步器等。

1) 钢卷尺

钢卷尺是使用极广的量具。钢卷尺按用途可分为以下三类:

(1) 普通钢卷尺,用于测量物体长度;

(2) 测深钢卷尺,用于测量液体深度;

(3) 钢围尺,主要用于测量物体的直径和周长。

钢卷尺的主要结构为具有一定弹性的整条钢带,卷于金属(或塑料)材料制成的尺盒或框架内。普通钢卷尺和钢围尺的尺端装有拉环或尺钩,制动式卷尺附有控制尺带收卷的按钮装置。测深钢卷尺的尺端带有铜制的尺砣,它与尺带的连接可以是固定的,也可以是挂钩式的,尺砣按质量分为0.7kg 和1.6kg 两种。钢卷尺的标称长度对10m 以下的钢卷尺取0.5的整数倍,对于10m 以上的钢卷尺取5的整数倍。钢卷尺分Ⅰ级和Ⅱ级两个等级,Ⅰ级最大允许误差为 $\Delta=\pm(0.1+0.1L)$mm,Ⅱ级最大允许误差为 $\Delta=\pm(0.3+0.2L)$mm,式中 L 以m为单位。

检定或校准钢卷尺示值误差时,在钢卷尺检定台上以标准钢卷尺为标准,采用比较法进行测量。钢卷尺检定台的长度一般不小于5m。在检定时,标准钢卷尺和被检钢卷尺的一端分别固定,另一端加上张力。对于普通钢卷尺和钢围尺,张力为49N;对于测深钢卷尺,轻砣尺为9.8N,重砣尺15.7N。通常被检尺的长度大于标准尺的长度,因此在检定或校准时采用分段测量,其全长误差为各段误差的代数和。

2) 钢直尺

钢直尺包括普通钢直尺和棉纤维钢尺,由不锈钢片制成。钢直尺的刻线面上下两侧刻有线纹。普通钢直尺的标称长度有150,300,500,600,1000,1500,2000mm 七种。棉纤维钢尺的标称长度为50mm。尺的方形一端为工作端,另一端为圆弧并带悬挂孔。钢直尺示值误差的检定或校准是以三等金属线纹尺为标准与被检尺进行比较测量。

3) 感应同步器

感应同步器是另一种形式的线纹尺,它是把粘在基体上的覆铜片蚀刻成矩形回形线圈而形成的,靠回形线圈绕组相应边之间的距离来复现长度。感应同步器工作时需要另一较短的感应同步器配合,固定在仪器或机床底座上的称为定尺,读出信号用的称为滑尺。测量时要在定尺或滑尺的绕组中通入交变的激励电流,这时各绕组的侧边产生强度和方向都周期性改变的磁场,使另一尺的绕组产生感应电动势。感应电动势的相位和幅度随两绕组的相对位置而变,输出正弦波信号,波长与绕组节距相同,一般为2mm,经电子线路细分可分辨到 $1\mu m$。

线位移感应同步器通常做成一段一段的,可以多段连接起来使用。标准型的感应同步器,其每一段的长度制造偏差不大于 $2.5\mu m$。制造感应同步器的基本材料为铁或铸铁,覆铜片一般为紫铜,与基体之间由绝缘层隔离。

6.1.6 角度计量

角度是一个重要的几何量,是各种机械零件和切削工具的重要参数。角度计量在机械工业中的应用相当广泛,如机床水平和垂直位置的调整,导轨直线度和水平度的检验,齿轮、蜗轮、度盘等各种零部件以及切削刀具的角度参数的计量等。在科研和国防工业中,角度计量亦相当重要,如精密光学仪器的研制,武器的瞄准、定位,导弹的发射、制导及跟踪等都与角度计量有着密切的联系。

1. 角度单位

国际单位制中平面角的单位是弧度,符号 rad。弧度是圆内两条半径之间的平面角,这两条半径在圆周上所截取的弧长与半径相等,故角度可用下式表示:

$$\Phi = S/R \quad (\text{rad}) \tag{6-3}$$

式中,Φ 为以弧度表示的角度;S 为圆心角所对应的弧长;R 为圆的半径。

除弧度外,我国还选定了 60 进制的角度,有时可简称为度。其定义是:将圆周分为均匀的 360 等分,每一等分弧所对应的圆心角为 1 度,符号(°),每一度又分为 60 分,符号(′),每一分又分为 60 秒,符号(″)。

秒是 60 进制中最小的角度单位,小于 1 秒的角度则用 10 进制分数表示,如十分之一秒、百分之二秒等。

弧度(rad)与度(°)之间的换算关系是

$$1(°) = \frac{\pi}{180} \quad (\text{rad}) \tag{6-4}$$

或

$$1(\text{rad}) = \frac{180}{\pi} \quad (°) \tag{6-5}$$

2. 角度计量器具

常用的角度计量器主要有以下几种。

(1) 正弦尺:正弦体、正弦角尺等;

(2) 水平仪:框式水平仪、钳工水平仪、电子水平仪等;

(3) 直角尺:平形角尺、矩形角尺　圆柱角尺等;

(4) 角度规:游标角度规、光学角度规等;

(5) 角度块:94 块组角度块、36 块组角度块、7 块组专用角度块等;

(6) 角度量规:锥度塞规、环规、角度样板等;

(7) 准直仪:自准直仪、测微平行光管、平面度检查仪等;

(8) 棱体:多面棱体、棱镜等;

(9) 测角仪:经纬仪,光学分度头、分度台、测角目镜等;

(10) 度盘:角度盘、度盘检查仪等;

(11) 光电分度仪:电磁分度仪、光栅分度仪、激光小角度检查仪、角编码器、圆分度感应同步器等。

一个圆周角为 360°，这可以说就是角度的自然基准。在实际计量工作中，多用精密圆分度盘、多面棱体以及圆光栅等作为角度的基准、标准。

3. 计量基准

1）测角基准装置（面角度）

目前我国面角度计量器具的计量基准为测角基准装置，它由多齿分度台、专用比对正多面棱体以及自准直仪组成。其中正多面棱体包括整分度正多面棱体（工作面数能整除 360°的正多面棱体）和非整分度正多面棱体（工作面数不能整除 360°的正多面棱体）。该计量基准的主要计量性能如下：量限为 $\alpha=360°$，最佳测量能力为 $U=0.05''$，最大分度误差为 $\Delta=0.1''$（符号含义下同）。测角基准装置传递量值的形式有以下三种：

（1）检定一等正多面棱体标准装置时，用自准直仪读数，采用排列互比法检定；

（2）检定一等测角标准装置时，用专用比对的正多面棱体作为陪测器具，用自准直仪照准定位或读数，采用排列互比法检定；

（3）检定一等小角度标准装置时，由多齿分度台给出比对角，采用多位置平均法检定。

2）小角度基准装置

小角度计量基准器具由激光小角度测量仪、专用比对光学角规以及回转台组成。该计量基准的主要计量性能为：$\alpha=\pm1°$，$U=0.03''$，$\Delta=0.03''$。其传递量值的形式有以下两种：

（1）检定一等光学角规时，用自准直仪与平面反射镜作为定位装置，测量方法为直接测量，$U=0.06''$。

（2）检定一等测角标准装置及一等、二等圆分度标准装置的细分误差，以及检定一等小角度标准装置时，需将基准装置的反射镜组固定在被检仪器的工作台上，测量方法为直接测量，$U=0.06''$。

3）圆分度基准装置（线角度）

圆分度基准装置是采用刻线或类似刻线的方式对圆周进行分度的计量器具，由圆光栅测量仪和专用测光栅盘组成。该计量基准的主要计量性能为：$\alpha=360°$，$U=0.03''$，$\Delta=0.03''$。传递量值时需要专用测光栅盘，测量方法采用排列互比法。最佳测量能力 $U=0.05''$。

4. 测角仪

测角仪主要用于测量由反射平面构成的水平方向角度，如测量角度块、多面棱体、棱镜的角度，楔形镜（光楔）的楔角等。此外，如配有单色光源，还可以测量玻璃材料的折射率和其他光学参数。

1）测角仪的基本结构

测角仪的种类较多，其结构各有特点，但基本结构相同。测角仪由圆分度标准器、轴系、读数系统、照准系统和工作台等部分组成，如图 6-6 所示。

（1）圆分度标准器

圆分度标准器是测角仪的核心。常用测角仪采用光学度盘作为圆分度标准器，现也有采用光栅盘作为圆分度标准器的测角仪。光学度盘是指在圆盘的整周刻上相对于刻线圆中心向四周呈辐射状排列的等分刻线。因此，任意两刻线都可以与圆心组成圆心角。两相邻刻线间的圆心角为度盘的最小刻线间隔。测角仪的准确度和读数方式取决于度盘最小刻线间隔的大小。

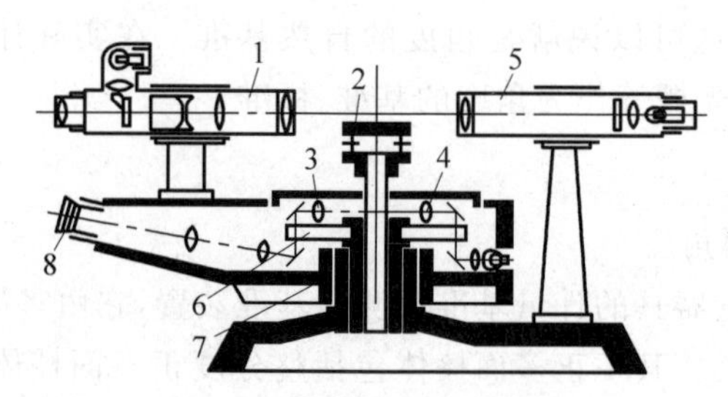

图 6-6 测角仪的结构

1—自准直望远镜；2—工作台；3,4—符合物镜；5—平行光管；
6—度盘；7—轴系；8—读数目镜

（2）轴系

轴系的作用是支承仪器的全部可旋转部分，使其围绕同一中心旋转。测角仪通常采用圆柱轴系或圆锥轴系。轴系的圆跳动在很大程度上反映了测角仪的测角重复性。

（3）读数系统

测角仪的读数系统主要由光学符合成像结构和显微镜测微系统组成。由于光学度盘安装中心和工作台旋转中心不可能绝对重合。测角仪一般均采用光学符合成像的方法，把度盘对径的刻线符合在一起，并成像在读数显微镜的视场里或投影屏上，其读数就是对径读数的平均值，从而消除了由于度盘安装偏心带来的误差。光学度盘的最小刻线间隔受到度盘直径、加工工艺的限制，不可能很小。因此，显微镜测微系统采用测微目镜或光学测微器方式来测量度盘上不足一个整刻线间隔的微小角度。

（4）照准系统

照准系统由平行光管和望远镜组成。在使用时，平行光管和望远镜夹成一定的角度，使平行光管和望远镜夹角的分角线垂直于被测件的一个工作面。此时可从望远镜管中看到平行光管十字分划线像，并使十字分划线像与望远镜管指标线相重合，即为照准。大部分测角仪也可采用自准直望远镜直接照准被测面。为了提高照准精度，有的精密测角仪采用光电自准直望远镜。

（5）工作台

工作台用于安放并调整被测件至工作状态。工作台有调平螺丝及高低升降调整机构，它能单独旋转或随度盘同步旋转。

2）工作原理

测角仪采用直接法测量角度，即被测的角度与仪器内的度盘直接进行比较。以带有自准直望远镜的测角仪检定角度块角值为例，将被检角度块放置在测角仪工作台上，工作台与度盘同轴旋转。角度块的两个工作面构成 α 角。测量时，首先用自准直望远镜照准角度块的一个工作面，利用工作台微调机构使反射像与自准直望远镜中的双十字线分划板重合，此时即为照准位置，读取度盘指标线处的读数 a_1。

$$a_1 = N_1 + n_1$$

式中：N_1——度盘的 0°刻线至邻近读数指标线处的度盘刻线读数；

n_1——N_1 至指标线间不足一个整刻线间隔的角度，由测微器读出。

然后，转动工作台（连同度盘），与上述相同方式，使自准直望远镜照准角度块的另一个

工作面，由于指标线固定不动，此时转过的角度为 $180°-\alpha=\beta$，其读数为

$$a_2 = N_2 + n_2$$

式中：N_2——度盘转过 β 角后，邻近读数指标线处的度盘刻线读数；

n_2——N_2 至指标线间不足一个整刻线间隔的角度，由测微器读出。

a_1 与 a_2 两次读数之差，即为角度块的补角 β。

$$\beta = a_2 - a_1$$

$$\alpha = 180° - \beta = 180° - (a_2 - a_1)$$

$$= 180° - [(N_2 + n_2) - (N_1 + n_1)]$$

6.1.7　平直度计量

平直度计量在工业生产中占有相当重要的地位。比如，机器装配时，要求有良好的基准面，以保证安装的零件的轴、孔或平面之间相互平行、垂直或两孔同轴等。基准面的平面度和直线度直接影响机器的性能。许多仪器，如测长机、万能工具显微镜、光学分度头、渐开线检查仪等，对导轨的平直度都有很高的要求。另外，某些仪器，如立式光学计、接触式干涉仪等的工作台都是经过精密研磨的，其中平面测帽的平面度都要求在 0.3μm～1.0μm。另外，一些光学仪器的零件，如天文望远镜的反光镜、干涉仪的反光镜及参考镜、显微镜的棱镜等对平直度的要求也很高。

就长度计量本身而论，平直度也是相当重要的。因为任何长度计量都要求有计量基准面（或点、线）。计量的都是由基准面（或点、线）到另一个面（或点、线）之间的距离，所以，基准面的平直度直接影响计量的精度。

常用的平直度计量器具有以下几种。

1. 平面度量具

1）平尺

平尺按其结构通常有矩形、Ⅰ形和桥形三种，按其精度可分为 0、1、2 三级。平尺多用钢或铸铁制成。

2）平板

平板按其平面度允许偏差分为 0、1、2、3 四级。0、1、2 级平板为检验用，3 级平板为划线用。平板多用钢、铸铁或花岗岩制成，尺寸由 100mm×200mm～3000mm×5000mm 不等。

3）平面平晶

平面平晶简称平晶，用于以光波干涉法检定量具和量仪的测量面的平面度以及量块的研合性等。

平晶有单工作面和双工作面两种，其精度分为 1、2 两级。平晶用光学玻璃或石英制成。

4）平行平晶

平行平晶用于光波干涉法检定千分尺、杠杆卡规和百分式卡规等计量面的平面度和平行度。

5）直线度量具

直线度量具有双斜面样板直尺(亦称刀口尺)、三棱及四棱样板直尺等，主要用于以光隙法检定精密平面的平面度和直线度。

6）平直度仪

平直度仪是用来计量零件的平直度和同心度的光学仪器，如自准直仪、光电自准直仪、准直仪望远镜、平直度检查仪、激光平面干涉仪等。

2. 超长导轨的平直度测量

平直仪由仪器主体和反射镜两部分组成，先把仪器主体固定在被测导轨的一端，再选择合适的桥板跨距并调整好，然后将反射镜牢固地安装在桥板上，桥板直接和被测导轨表面接触。

测量前先把被测直线的两端点连线大致调到与平直仪光轴平行的位置。其方法是把反射镜沿导轨整个被测长度(这里是4m)来回移动，同时调整平直仪的位置，使准直光管中十字线的反射像均在视场内即可。

测量时，将固定有反射镜的桥板放在被测导轨的起始端，即靠近平直仪处。调整平直仪的位置，使十字线影像大致处于视场中央，从平直仪上进行对线并读数得 a_1，然后将桥板依次从起始端移至另一端(这里是导轨 4m 处)，分别对线并读数得 $a_2, a_3, \cdots, a_i$。每次移动桥板必须首尾衔接，移动轨迹应成直线并与被测直线方向平行。

当反射镜移到4m处，平直仪视场内的十字线影像开始模糊时，记下平直仪此时位置的读数。这时反射镜位置固定不动，将平直仪移至反射镜前，调整平直仪使新位置即第二段的起始点的读数与前一段最末位置的读数相同。然后再继续第二个 4m 长度的测量，依次类推完成第三个和第四个 4m 长度的测量。分段检测 16m 导轨的直线度的方法见图 6-7。

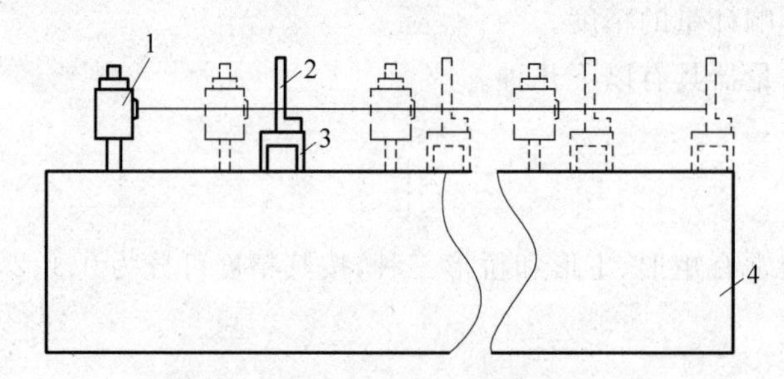

图 6-7 分段检测 16m 导轨的直线度

1—平直仪；2—反射镜；3—桥板；4—导轨

6.1.8 粗糙度计量

粗糙度是指加工表面上具有的较小间距和峰谷所组成的微观几何形状特性，一般由所采用的加工方法和其他因素形成。比如，机械零件在加工过程中，由于刀具对零件的相对运动、刀具和零件表面的摩擦、切削的撕裂以及机床和刀具的振动等原因，使零件表面上留下微小的各种形状的加工痕迹，以致表面粗糙、不光洁。过去为描述表面的粗糙程度，曾经用术语“光洁度”。显然，“粗糙度”与“光洁度”是从正反两个侧面来描述表面的微观几何形状的，即粗糙度越低则相应的光洁度越高。

粗糙度只有几何学上的含义，而与反映表面反射能力、光泽度等光学上的概念不同。

粗糙度的计量具有相当重要的意义。它不仅对减少机械零件的磨损、降低零件的疲劳强度、延长机器的使用寿命，而且对提高器具的工作精度、抗腐蚀能力以及降低能源消耗等都有明显的作用。

1. 粗糙度的主要参数

粗糙度的一般评定，主要用下列参数。

1）轮廓算术平均偏差 Ra

Ra 是在取样长度 l 内轮廓偏距绝对值的算术平均值（见图 6-8），或在取样长度内被测轮廓上零点至轮廓中线的距离的绝对值之总和的平均值，即

$$Ra=\frac{1}{l}\int_{0}^{1}|y(x)|\,\mathrm{d}x \tag{6-6}$$

或近似为

$$Ra=\frac{1}{n}\sum_{i=1}^{n}|y_i| \tag{6-7}$$

所谓“取样长度”是指用于判别具有粗糙度特征的一段基准长度。规定和选用这段长度是为了限制和减弱表面波纹度对粗糙度计量结果的影响。取样长度一般取 0.08mm～25mm。取样长度应选择得合适，否则将引入波纹度等宏观形状偏差的影响。若取样长度选得过大，则由于波纹度的影响，计量的粗糙度值会偏小；若取样长度选得过小，则难以充分反映粗糙度的实际情况。因此，在国家标准中，对于不同的粗糙度，规定了不同的取样长度。

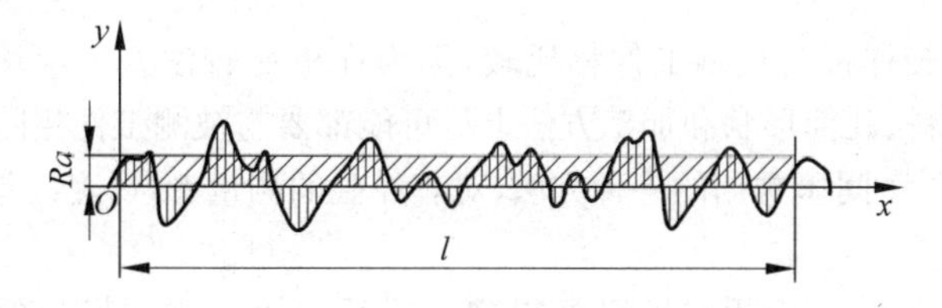

图 6-8　轮廓算数平均偏差 Ra

2）微观不平度十点高度 Rz

Rz 是指在取样长度内五个最大的轮廓峰高的平均值与五个最大的轮廓谷深的平均值之和（见图 6-9），即

$$Rz=\frac{\sum_{i=1}^{5}y_{\mathrm{p}i}+\sum_{i=1}^{5}y_{\mathrm{v}i}}{5} \tag{6-8}$$

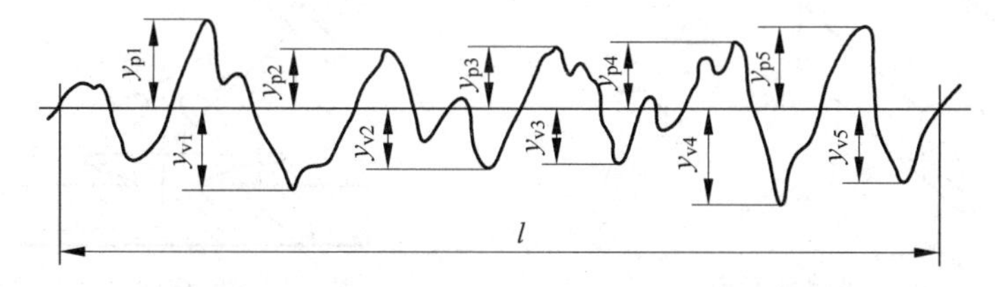

图 6-9　微观不平度十点高度 Rz

3）轮廓最大高度 Ry

Ry 是指在取样长度内轮廓峰顶线和轮廓谷底线之间的距离（见图 6-10），或在取样长度内轮廓最大峰高 R_p 与轮廓最大谷深 R_m 的绝对值之和。

一般根据 Ra、Rz、Ry 的值（单位为 μm），便可评定粗糙度。Ra 值的范围是 0.008μm～100μm，Rz 与 Ry 值的范围皆是 0.025μm～1600μm。显然，数值越大，相应的表面越粗糙，即越不光洁。

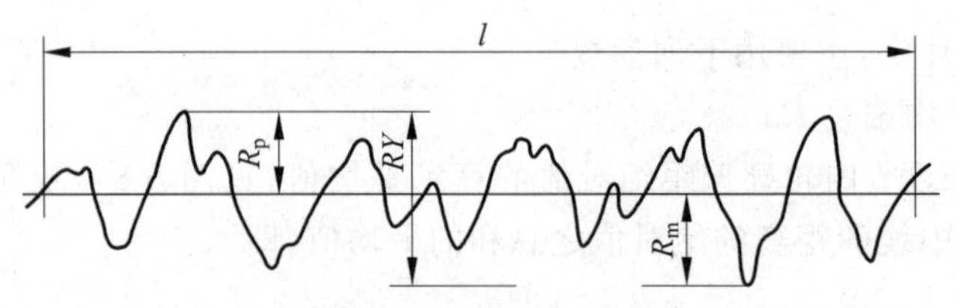

图 6-10 轮廓最大高度 Ry

2. 粗糙度的计量

表面粗糙度的计量主要是通过对 Ra、Rz、Ry 的测定来实现。

计量粗糙度的仪器，通常有干涉显微镜（按 Rz 参数评定，计量范围为 1.00μm～0.025μm，相当于∇10～∇4 级）、双管显微镜（按 Rz 参数评定，计量范围为 100μm～1.25μm，相当于∇3～∇9 级）、轮廓仪（按 Ra 参数评定，测量范围为 6.3μm～0.032μm，相当于∇5～∇12 级）和比较显微镜（按样板比较，Rz 的评定范围为 1600μm～0.160μm，相当于∇1～∇12 级）等。

3. 粗糙度的测量方法

粗糙度的测量方法常用的有样板比较法、光切法、干涉法和感触测量法。

1）样板比较法

用表面光洁度比较样板与被测工件相比较，称为样板比较法。一般用目力观察。所用的光洁度比较样板在材料、几何形状和加工方法上尽可能都要与被测工件相同，这样才能得到比较正确的结果。这是工厂车间里常用的一种方法，对有经验的测量者，评定误差一般不超过一级。

2）光切法

利用光切法测量工件表面粗糙度已经得到了广泛应用。光源发出的光经光学系统形成平行光后，以一定角度投射到被测表面上，光带与工件表面轮廓相交并发生反射，在光束反射方向上用显微镜可观测到一条曲线，该曲线能反映工件表面的二维微观形貌。光切法测量原理如图 6-11 所示，光切法的光学系统原理如图 6-12 所示。

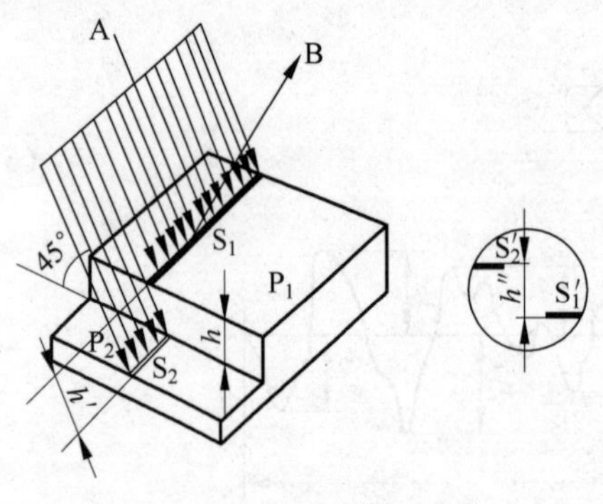

图 6-11 光切法测量原理

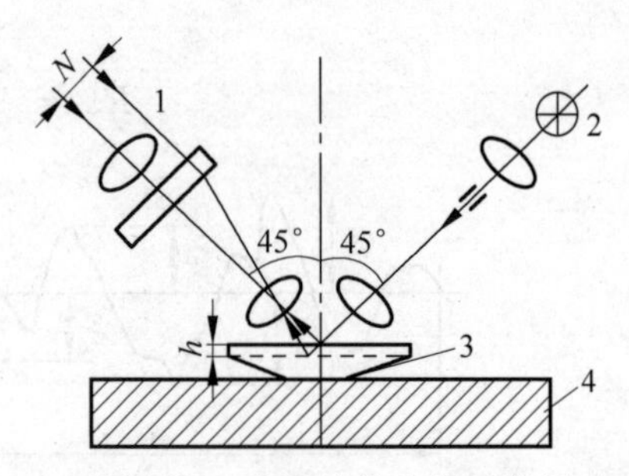

图 6-12 光切法的光学系统原理

1—分划板；2—光源；3—被测工件；4—工作台

倾斜光束 A 投射到被测阶梯表面 P_1、P_2 上，其交线分别为 S_1、S_2，其间距为 h'，假设倾斜角取 45°，则两阶梯表面的高度差 h 与 h' 的关系为

$$h' = \frac{h}{\cos 45^\circ} = \sqrt{2}h \tag{6-9}$$

当观察用的显微镜倍率为 β 时，两像 S_1'、S_2' 之间的距离 h'' 为

$$h'' = \beta h' \tag{6-10}$$

根据式(6-9)和式(6-10)，可得被测表面阶梯高度 h 为

$$h = \frac{h''}{\beta}\cos 45^\circ = \frac{h''}{\sqrt{2}\beta} \tag{6-11}$$

3）干涉法

利用光波干涉原理测量表面粗糙度，是以光波波长作为比较的标准，因此这是准确度高而可测级别也最高的测量方法。

干涉显微镜的光路系统如图 6-13 所示，光源 S 被聚光镜 O_6 投射到孔径光阑 P 的平面上，它照明了位于物镜 O_4 焦平面上的视场光阑 K。平行光经物镜 O_4 投射到分光镜 T，被分成两束光。一束反射到物镜 O_2 会聚到焦面处的被测表面 S_2，经 S_2 反射，原路返回，经物镜 O_2、分光镜 T，到物镜 O_3 的焦平面上，在此焦平面上可以看到被测物 S_2 的表面影像，即工件表面的加工痕迹，可经反射镜 S_3 导向目镜 O_7。另一束光透过分光镜 T 和补偿镜 T_1，会聚于物镜 O_1 的焦平面上，即参考镜 S_1 的表面上，由 S_1 反射，经原路返回，射向分光镜 T。两束返回来的光线发生干涉。这就是干涉显微镜的光波干涉原理。在无穷远处形成明显的干涉带，经物镜 O_3、反射镜 S_3 到目镜 O_7 的焦平面上，于是通过目镜同时观察到干涉条纹或被测表面的影像。需要照相时，把反射镜 S_3 从光路中移出，光线经物镜 O_5、反射镜 S_4 后，射向照相机。

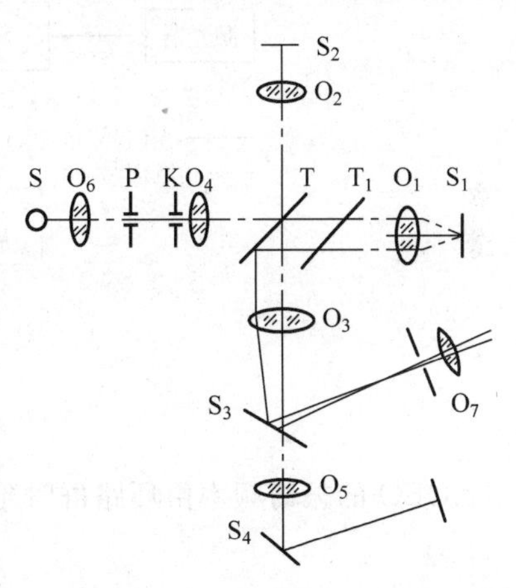

图 6-13　干涉显微镜的光路系统

根据光波干涉原理，如被测表面为理想平面，则在目镜观察到一组平直的干涉条纹；如被测表面有微小的不平度，干涉条纹产生弯曲，则不平度平均高度为

$$Rz = \frac{a}{b} \cdot \frac{\lambda}{2} \tag{6-12}$$

式中，a 为干涉条纹的弯曲量，即五个峰谷最大深度的平均值；b 为相邻干涉带间的宽度；$\frac{\lambda}{2}$为光波的半波长，绿谱线为 0.265μm，白光为 0.27μm。

在实际测量中，熟练操作者常用目估法，直接估读出 a 与 b 的比值，也能保证一定的准确度。

6.1.9　基于光电振荡器的长度测量方法

基于光电振荡器(optoelectronic oscillators，OEO)原理的长度测量方法是一种新型长度测量方法。它将被测空间光路耦合入振荡环路中，将长度信息转变为更容易获得的频率

信息。基于 OEO 的诸多特点：振荡频率极高，可达几十吉赫兹；振荡频率与环路群时延灵敏度高；振荡频率与环路群时延的对应关系。使得该方法具有满足工业现场大尺度高精度测量需求的潜力。OEO 是一种延时反馈型振荡器，其 Q 值与环路时延的平方成正比。为了获得高 Q 值的信号，系统需要耦合入较长的光纤(几百到几千米)，以获得足够的时延。

基于光电振荡器的长度测量原理如图 6-14 所示，连续光激光器发出的激光被电光调制器调制后，经过长光纤和空间光路延时后由光电探测器转化为电信号，由滤波器选取起振纵模，经放大后反馈回电光调制器，构成振荡环路。

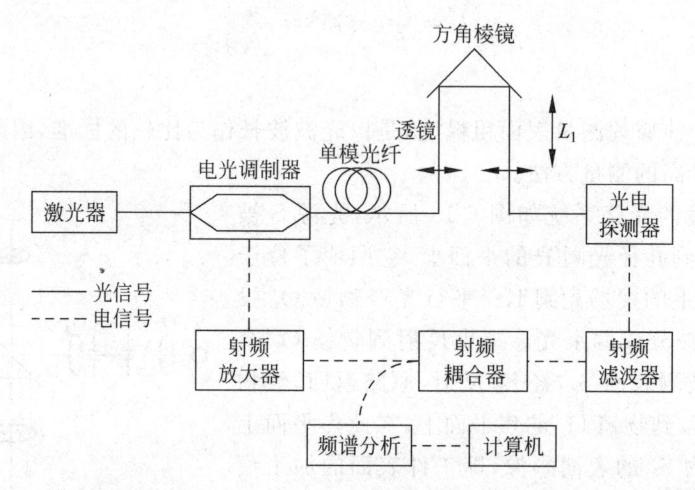

图 6-14 基于光电振荡器的长度测量原理

OEO 的振荡频率由环路群时延 τ 决定，即

$$f_{\text{osc}} = N\frac{1}{\tau} \tag{6-13}$$

式中，N 为起振纵模的阶数，它是整数，取决于带通滤波器的通带。

假设被测长度为 L_1 时，OEO 对应的振荡频率分别为 f_0、f_1，纵模阶数 N 不变，则可求得被测长度为

$$L_1 = \frac{Nc}{2n}\left(\frac{1}{f_1}-\frac{1}{f_0}\right) \tag{6-14}$$

式中，n 为空气折射率。

6.2 光学计量

光是人类、生物以至自然界赖以生存和发展的一种重要物质。科学研究发现，人的眼、耳、鼻、舌、皮肤等感觉器官，从外界接收的全部信息中，有 70%以上来自光。

通过望远镜观测来自宇宙空间的光，不仅可以观察星球的面貌，而且还可以确定它们的位置。通过摄谱仪拍摄来自恒星的光谱，就可以判断它们是由哪些元素组成的以及是处于气态、液态还是固态等。用光度计记录星球发光强度的变化，可以分析、推测其运行规律等。

近年来，材料的光辐射计量已成为科研、生产、国防、医药卫生、广播通信和交通运输等

方面的一项重要工作。比如，溯源反射材料的应用、纺织品的色度、粉末制品和纸张的白度、塑料制品的朦胧度、化学试剂和医药用品的吸光度、玻璃材料的透明度、太阳灶和红外加热器涂料的辐射度等的计量，基本上都是光的反射、吸收、透射和发射等的计量问题。美国在实施“阿波罗”登月计划中，为准确地计量地球与月球之间的距离，就应用了激光和溯源反射材料，获得了良好的结果。

另外，光学计量对于其他的一些计量，特别是几何量与力学的计量，也有相当重要的意义。

6.2.1　光度计量

人类对光的认识，经历了由现象到本质的发展过程。光学计量也正是伴随着这一认识过程而产生和发展的。最早的光学研究，是以眼看为中心的，内容主要是光的传播和成像规律等，属几何光学。17世纪以后，牛顿首先提出了光的微粒性学说，解释了光的直线传播、反射、折射等现象。惠更斯等人则提出了光的波动性理论，不仅能解释光的反射、折射和散射，而且还解释了光的干涉和衍射现象。这个时期的光学计量仍局限于几何光学。19世纪，麦克斯韦和赫兹等人发现和证实了电磁波，证明光是波长很短的电磁波，从而指出了光现象和电磁现象的统一性。1900年普朗克提出了量子理论，1905年爱因斯坦将量子理论用于光电效应的解释，指出光是一粒一粒的光子流，其最小单元——光子的能量为 $\Delta E=h\nu$（h 是普朗克常数，ν 是频率），确立了能量和频率之间的关系。后来，薛定谔、德布罗意等人建立了量子力学，把光的波动性和微粒性统一起来，明确了光的波粒二象性。

关于光度量及有关的概念，是鲍吉尔于1727年首先提出的。1760年朗伯创立了光度学体制，确立了不同概念之间的数学关系。当时使用的是人造火焰光源，如蜡烛、油灯、气灯等。1879年爱迪生发明白炽灯，实现了有效的人工照明，推动了光度学的发展。

20世纪初，光度学开始从目视法逐渐转向物理（客观）光度法。从20世纪60年代开始，已是全面使用物理光度法的时期，关于材料的光辐射计量已引起了普遍的重视。

前已提及，光也是一种电磁波。其波长范围为 10^{-4} m～10^{-9} m。光波可大致分为红外线、可见光和紫外线三个部分。红外线又可分为近红外线（波长：780nm～2500nm）、中红外线（2500nm～15 000nm）和远红外线（15 000nm 以上），可见光又可分为红光（640nm～780nm）、橙光（595nm～640nm）、黄光（565nm～595nm）、绿光（492nm～565nm）、青光（455nm～492nm）、蓝光（424nm～455nm）和紫光（380nm～424nm），紫外线又可分为近紫外线（250nm～380nm）、远紫外线（200nm～250nm）和真空紫外线（1nm～200nm）。波长小于200nm 的光，在空气中很快就被吸收，只能在真空中转播，故称为真空紫外线。

这样，光学计量的波长范围为 10nm～50μm。

光度是光学计量的最基本内容。光度学最初被定义为计量光源发光强弱的科学。那时光源发光的强弱是用人眼来评价的，照明的效果也要用人的视觉效果去衡量。所以，这种评价和衡量所涉及的量不是一个纯粹的物理量，而是一个与人的视觉生理以及整个知觉系统的心理状态有关的，故而有人称之为心理生理物理量。光度单位“坎德拉”之所以成为国际单位制中七个基本单位之一，就是因为它不可能从其他单位直接导出。

光度学包括计量光源的发光强度、光通量、亮度及照度等。这里光源的含义是广泛的，除了照明工程中常用的各种灯具外，还包括荧光屏、发光二极管及其他本身不发光的二次光源。

1. 发光强度单位坎德拉

坎德拉是一个基本单位，符号为cd。坎德拉的定义，随着科技的进步而变化。1948—1978年，坎德拉是用铂凝固点温度下的黑体辐射的亮度来定义的。这期间，黑体辐射的理论已经成熟，只要温度就能准确地定出黑体的辐射，包括可见光，也可以完全确定。为了与过去使用的烛光标准相衔接，把铂凝固点黑体的亮度定义为60烛光每平方厘米，后来又改为：在101 325Pa的压力下，处于铂凝固温度的黑体，在1/600 000m^2表面垂直方向上的光强度。根据这个定义，一些国家复现了坎德拉。图6-15所示的是复现坎德拉的光度基准原器的示意图。原器的中央为一根长约45mm、内径2.5mm、壁厚0.2mm～0.3mm的细管，其下部装有氧化钍粉末。细管、坩埚及其盖子都是用熔融的氧化钍粉末压模烧结成形。细管周围装满纯度约为0.999 99的铂。当铂在高频感应加热下熔化后，再适当地降低加热功率使铂冷却。在铂从液态变为固态的相变过程中，铂的温度将有几分钟的时间保持不变，这时从细管内壁通过上盖小孔发出的光就作为光度基准，精度为0.2%～0.3%。

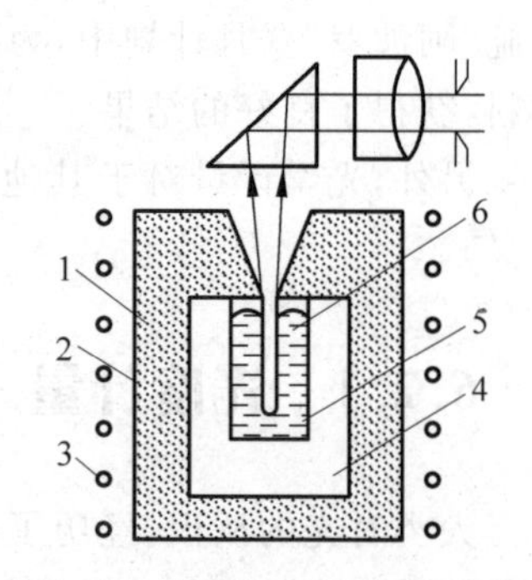

图6-15　光度基准原器示意图

1—氧化钍粉末；2—石英外层坩埚；3—高频加热线圈；4—高纯度铂；5—氧化钍坩埚；6—氧化铝中层坩埚

由于利用铂凝固点黑体实现坎德拉在实验上存在着一系列困难，如对作坩埚的氧化钍和实现黑体的铂的纯度要求很高，必须精确地测出透射比，而且还要考虑辐射及空气与蒸汽的吸收等，该法难以达到更高的精度。

另外，各国的光度基准之间的一致性亦较差。从几次国际比对的结果来看，相差约为±1%。这表明，各国在复现坎德拉时，可能还存在着尚未发现的某种系统误差，从而也暴露了上述坎德拉定义的潜在问题。于是，人们便开始考虑坎德拉的新定义。

重新定义坎德拉之所以成为可能，是由于20世纪60年代以来，绝对辐射计有了新的发展。比较完善的绝对辐射计大多为光热型自校准式，即以电功率加热来等效地替代光照射，从而测出光辐射功率。光辐射功率与光通量之间的关系系数，即光功当量是联系辐射单位与光度单位的重要常数。在人的视觉对光谱最敏感的波长555nm处有最大的换算效率，称为最大光谱光效能K_m。K_m的理论值为683lm/W。

人眼对波长为555nm的光波的光感觉最灵敏，对短于或长于该波长的光波，人眼的灵敏度都较差。这种对不同波长的光辐射的不同敏感度，称为眼睛的光谱特性。当然，人与人之间的光谱特性不可能完全一样，但生理上正常的人眼基本相同。国际照明委员会(CIE)根据实测数据，规定了国际统一的人眼光谱特性曲线，称为平均人眼的“光谱光视效率”或“视见函数”。其定义是：在规定的光谱条件下，引起视觉程度相等的波长为λ和λ_m的两个辐射量之比，λ_m选定在555nm处，符号为$V(\lambda)$。但人眼视网膜上的锥状细胞和柱状细胞的作用不同，在较亮的条件下，主要是锥状细胞起作用；在较暗的条件下，主要是柱状细胞起作用。所以国际照明委员会又规定了“明视觉”和“暗视觉”两个光谱光效率数据。明视觉$V(\lambda)$是正常人眼适应在亮度为几个亮度值以上时的光谱光效率；而暗视觉$V'(\lambda)$是正常人

眼适应在亮度低于 0.01cd/m^2 时的光谱光效率。通常把相对光谱灵敏度与 $V(\lambda)$ 或 $V'(\lambda)$ 相一致的物理接收器，称为标准光度观察器，或标准物理眼。

根据光通量与辐射功率的关系式，若将 K_m 值作为常数定下来，$V(\lambda)$ 值采用国际上的已知数据，则只要测出光辐射功率便可得到光度值。

这样，1979 年第十六届国际计量大会正式废除了铂凝固点全辐射体光度基准，通过了发光强度坎德拉的新定义：坎德拉是一光源在给定方向上的发光强度，该光源发出频率为 540×10^{12} Hz 的单色辐射，且在此方向上的辐射强度为 1/683 瓦特每球面度。

当前，按新定义复现坎德拉的精度仍为±0.2%左右。

2. 光度计量的基本内容

光度计量的主要参数有发光强度、光通量、亮度及照度等。发光强度的单位坎德拉是基本单位，余者皆为导出单位。光通量的单位是流明，符号为 lm，流明是发光强度为 1 坎德拉的均匀点光源在 1 球面度立体角内发射的光通量。亮度的单位是尼特，符号为 nit。亮度是指在光源表面上一点在一个方向上的亮度；某点的亮度，在给定方向上等于该点的面元上的光强度除以面元在垂直于给定方向的平面内正交投影面积之商。照度的单位是勒克斯，符号为 lx。照度是针对接受光照的物体而言的，是其表面上一点所接收到的光通量除以包含该点的表面的面元的商。

在复现坎德拉的发光强度基准建立之后，一般都是将其单位值传到副基准灯组上来保存和向高色温副基准灯过渡。我国保存发光强度单位值的副基准灯组是由 10 个真空钨丝灯组成的。该灯组点燃时的色温为 2042K，即铂的凝固点温度，比一般的白炽灯的色温低。为便于使用，必须将光强单位向高色温过渡。我国仍用钨丝灯建立了色温为 2356K 的光强副基准灯组和色温为 12 856K 的光强工作基准灯组。

有了发光强度的基准，便不难建立计量其他光度学参量的副基准。例如，根据流明的定义，只要测出一个光源在 4π 立体角内的光强分布便可算出该光源所发出的总光通量。利用此法，我国已用真空钨丝灯建立了色温为 2356K 的光适量副基准灯组，并用充气钨丝灯建立了色温为 2793K 的光通量工作基准灯组。

基、标准建立后，就可利用各种光探测器，如光电光度计，很方便地测出各种光度学参数。为了得到一个与国际照明委员会所规定的标准观察者视见函数 $V(\lambda)$ 一致的物理接收器，进行客观的光度计量，需要给各种不同的光电接收器配上适当的 $V(\lambda)$ 修正滤光器。当前制作光电接收器（光度计）的光敏感元件主要是硒光电池、硅光二极管和光电真空管等。近年来研制成功的硅光二极管带运算放大器的数字式物理光度计，响应时间已达纳秒量级，在 8 个数量级的光度动态范围内，线性可达 0.05%，计量精度可达 0.01%。利用这种仪器可以很方便地计量光强度、光照度和光亮度等。采用微型计算机控制的、自动计量光源总光通量的变角光度计的计量精度已可达 0.3%。另外，计量瞬变光源的积分光度计已在工业测试中应用。

3. 金标免疫试纸条反射式光度计

图 6-16 所示是金标免疫试纸条反射式光度计的检测原理。光源发出的光照射在试纸条上，试纸条表面散射光由光电转换器接收。在试纸条检测带和质控带上，由于纳米金颗粒对光的吸收特性，由光电转换器接收到的检测带和质控带处的散射信号将小于试纸条上其

他区域的信号。因此，当光度计完成对试纸条的扫描检测后，试纸条的散射光信号分布曲线存在两个与检测带和质控带对应的弱信号区，根据这两个区域散射光信号的大小，可以判断目标被检物的有无及其浓度。

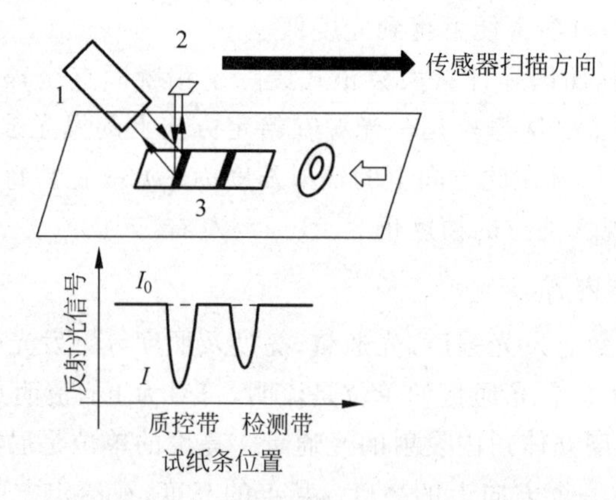

图 6-16 金标免疫试纸条反射式光度计检测原理

1—光源；2—光电探测器；3—质控带检测带

6.2.2 光辐射计量

光辐射计量的主要参数有辐射通量、辐射强度、辐射亮度和辐射照度等。光辐射计量已经是把光完全看成是一种辐射能量，无论是红外、紫外还是可见光，都用功率和能量等绝对单位来计量。比如辐射通量的单位是瓦特，辐射能量的单位是焦耳。

光作为一种电磁辐射，对物体、植物或其他生物能够产生各种各样的光化学和物理反应。例如，光照到底片上会感光，照在许多物体上会促进它们的老化过程，照在植物上会发生光合作用，照在各种光电探测器上会产生光电效应，照射会使某些化学聚合反应发生，以及灯光捕鱼、诱虫灭菌等。显然，这一类应用已不再受人眼作用的影响，特别是最有效的往往已不是可见光，而是人眼根本看不见的紫外线和红外线。所以，在光辐射计量中，一般已不再包含人的视觉因素了。

光辐射计量的一个基本理论是关于黑体辐射的理论。黑体是一个理想的概念，是能把射到它上面的所有波长的辐射完全吸收的假想体。黑体的面辐射度 M_e 与绝对温度 T 之间有 4 次方的关系，即 $M_e=\sigma T^4$，该式称为斯忒藩-玻耳兹曼定律，σ 叫作斯忒藩-玻耳兹曼常数。后来，普朗克引入了辐射量子化的概念，并得出了光谱面辐射度与绝对温度和波长之间的精确函数关系，称为普朗克辐射定律。

通常用人工的方法制成各种温度的人工黑体，作为辐射计量的标准源，这些人工黑体能在相当精确的程度上符合普朗克辐射定律。为了评价人工黑体与理想黑体之间的接近程度，又引入了黑度系数的概念，并发展了关于计算黑度系数的理论。

把辐射分解成光谱来研究，就是所谓的光谱辐射度学。当前，光谱辐射计量标准主要是建立在 3000K 左右的高温黑体炉的基础之上的，精度约为 1%，分别有光谱辐射亮度标准和光谱辐射照度标准。单位值的传递则通过发射特性与黑体十分相似的钨带灯和钨丝灯等次级标准来实现。在材料的光辐射计量中，已普遍地应用了光谱光度计（分光光度计）、白度计、光学密度计及色差计等。

6.2.3　激光计量

激光是近年来迅速发展起来的一种新型光，是某些物质受激后的辐射。激光具有单色性好、方向性强和功率密度大等突出特点，所以激光器便成了比较理想的单色光源，在许多方面获得了日益广泛的应用。图 6-17 所示的是氦-氖激光器的示意图，它由充有氦氖气体的放电管和对向的两块球面（或平面）反射镜的法布里-珀罗型光谐振器组成。放电管的两端装有窗口和电极，放电管和谐振器都调整得与光轴一致。当放电管通直流高压电时，便开始放电，激励氦-氖混合气体的原子射出光。由于激励氦原子的媒介作用，而发射出相同波长的受激发射光，这种光波在激光管内行进时又激发了氖原子而被放大。如果该激光的频率与光谐振器的谐振频率相同，则沿着激光光轴行进的光波便往复于谐振器，以致在激光管内实现光波的正反馈。结果，激光器便发射出较强的激光束。这就是氦-氖激光器的简单工作原理。

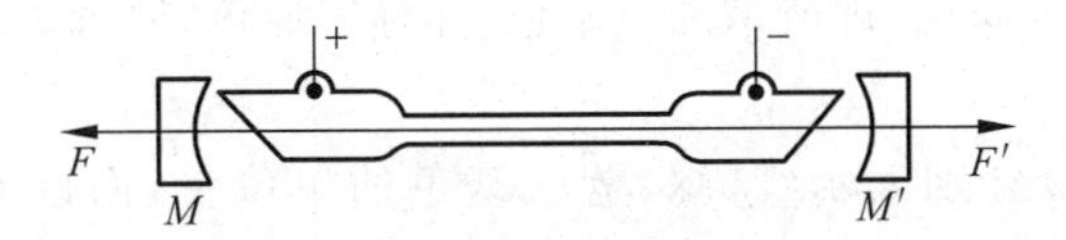

图 6-17　氦-氖激光器示意图

激光的计量实际上亦属于光辐射计量，主要是计量激光的功率或能量。一般对连续波激光是计量功率，而对脉冲波激光则计量能量。计量的方法与光辐射的基本计量方法相同，常用的方法有量热法、光电法、热释电法、光子牵引法、照相法、光压法等。一些国家已经建立了激光计量标准。在以量热法建立的标准中，激光连续功率的计量范围从毫瓦到兆瓦级，能量从几十毫焦耳到几十焦耳，精度一般为±(0.5～3)%。

我国当前已建立的激光功率和能量计量标准如下：

激光功率标准：波长 0.3～11μm，功率 10～800W，精度±3%；波长 0.3～11μm，功率 0.1～100mW，精度±0.5%。

激光能量标准：波长 0.3～11μm，能量 0.1mJ～1J，精度±(2～3)%；波长 0.4～11μm，能量 1～40J，精度±2%。

6.2.4　成像光学计量

成像光学，主要研究光的传播规律和成像原理。成像光学的理论基础主要是光的直线传播定律、光的独立传播定律、光的折射定律和光的反射定律等。

成像光学计量便是根据光的传播规律和成像原理，对成像系统（如照相机、望远镜、显微镜等）的特性以及与相应光学材料性能有关的一系列参数（如反射比、折射率、分辨率、曲率半径、曝光量、光学传递函数等）的计量。

成像光学的计量主要是利用各种几何光学系统、光谱光度计、反射计、条纹干涉仪、相位干涉仪等直接测出某些参数或与标准样品的已知（标准）参数进行比较，从而得出被计量的量值。例如,美国国际标准管理局发行的成套固体和液体折射率标准样品,可用于对 20～80℃的温度、7～13 种波长的折射率的检测;显微分辨率标准样板可用于检测相机或缩微复制光学系统的分辨率。加拿大研制的航测摄影设备的标定装置,在 120°扇形范围内有 43 个离轴抛物/面镜,精度达 $\lambda/40$,角度计量采用闭路电视并用计算机控制和计算,计量精度为 1″。

用激光作光源的干涉计量系统,可计量平面、球面、柱面和非球面的表面质量、曲率半径,以及各种窗口、棱镜、透镜等所透过的波前质量,平面、球面和柱面的检测精度分别为 $\lambda/20$、$\lambda/10$、$\lambda/4$。

6.2.5 色度计量

色度计量系指对颜色量值的计量。人的视觉虽能在一定程度上分辨出各种颜色,但却不能确切地给出颜色的量值。

众所周知,五彩缤纷的世界是由各种颜色所组成的。不难证明,任何颜色都可以由红、绿、蓝三种基底颜色组合而成,即所谓的三基色(亦称三原色)原理。色度计量便是以三基色原理为基础的。

若以(R)、(G)、(B)分别表示红、绿、蓝三基色的单位量,而以 C 表示组合后的颜色,则有

$$C = \alpha(\mathrm{R}) + \beta(\mathrm{G}) + \gamma(\mathrm{B}) \tag{6-15}$$

式中,α、β、γ 是组合(或匹配)系数,分别表示为获得颜色 C 所用的三基色的数值。

当前国际上通用的表示颜色的方法是国际照明委员会(CIE)制定的 1931CIE-XYZ 表色系统。为统一量值,在色度计量中应使用国际照明委员会所推荐的标准照明光源。

对光源的色度计量,实际上就是对光源的相对光谱功率分布的计量。对不发光的透射样品或反射样品的色度计量,则是对样品的光谱透射比或光谱反射比的计量。

通常实际使用的色度计量器具主要有标准色板、色度计、色差计以及光谱光度计等。

1. 色测量方法

人眼视网膜上有三种不同光谱灵敏度的接收器——感光细胞,其灵敏度最大值分别在蓝光、绿光和红光区,如图 6-18 所示。这三种接收器的相对灵敏度总和就是人眼的相对光谱灵敏度,即视见函数。

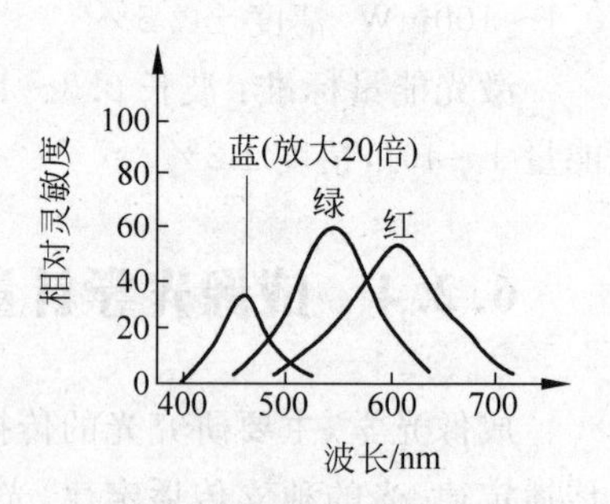

图 6-18　视网膜上三种接收器的相对光谱灵敏度曲线

实验证明,任何一种色都能用线性无关的三个独立色适当地相加混合与之匹配。这三个独立的色叫作三基色,用三基色组合成各种色的原理叫三基色原理。三基色的选择方式很多,国际照明委员会规定的一种作为标准的 x、y、z 表色系统,在色测量中被普遍采用。根据反射色的三刺激值和色坐标的计算公式可知,一个物体的表面色的测量实际上就是对物体进行光谱光度测量,即用光谱光度计测量反射样品(或透射样品)的光谱反射(或透射)比,然后按指定的施照体(影响物体色的波长范围内,具有某一相对光谱能

量分布的辐射)和色匹配函数进行计算。

测量表面色的绝对光谱反射比,必须建立测色工作基准。对工作基准的要求是具有尽量高的光谱反射比,并在可见波段内呈现均匀。为此,可根据测光积分球原理,利用辅助积分球法来测量绝对光谱反射比。然后将量值传递到光谱反射系数量值稳定、经久耐用的乳白玻璃、陶瓷等白板上,作为测色标准,用作定标和校准测色仪器。

测色的方法还可以使用光电色度计(或色差计)进行,色差计的原理也是基于三基色原理,它主要由光学系统和测量系统两部分组成。光学系统是通过较为简便的红、蓝、绿色滤色片的光学转换,然后由测量系统的光电仪表直接指示出被测物的三刺激值。这种仪器使用简便、测量迅速,用测色工作标准定标后,便可用来测色。

2. 铂钴色度测定仪

铂钴色度测定仪主要用于水质监测领域对水中色度进行测量,其技术性能的优劣直接影响色度测量的准确性。面对型号各异的铂钴色度测定仪,国家至今还没有相应的校准规范。

铂钴色度测定仪是根据试剂与样品发生显色反应而生成反应物对特定波长的辐射光的选择性吸收从而实现对物质进行定量分析的仪器,主要由比色池、光源、单色器(发光二极管)、光电检测器、微处理器组成。

6.3　电离辐射计量

电离辐射计量,过去常称为放射性计量,是关于微观电离粒子的计量。自1895年伦琴发现X射线、1896年贝克勒尔发现放射现象以及1898年居里发现镭和钋以后,关于电离辐射的研究便逐渐开展起来,电离辐射计量也就随之而诞生和发展起来,如今已成为现代计量的一个相当重要的领域。

核能的和平利用已是普遍关注的重大课题,特别是在解决越来越感到缺乏的能源问题上更加突出。比如,一个碳原子在化学燃烧时仅能放出几个电子伏的能量,而一个铀原子核裂变就能放出200MeV的能量。1kg铀裂变所产生的能量就相当于900t煤的能量。核燃料的开采、制备、应用等过程都需要电离辐射计量。

在工业上,利用射线探伤、探矿、测厚、控制料位等,都必须进行计量。

在农业上,利用核辐射育种,有的可增产20%～30%;照射蚕卵,蚕茧增产有的可达28%。但辐射量的计量很重要,否则不仅收不到良好的效果,反而会有害。

在医疗上,辐射治癌已较普遍,但要求肿瘤部位的受照剂量准确到±5%。否则,剂量不足不能彻底杀死癌细胞,甚至还可能使病情发展;剂量过大则会破坏人的正常组织,造成新的损害。在辐射扫描诊断时,剂量亦应适当,否则会影响确诊率。

在国防上,对电离辐射计量的要求是很明显的。比如关于核武器的小型化问题,不仅有重要的军事意义,而且还有巨大的经济意义。一般,2万吨级的原子弹需装浓缩度为90%～95%的铀-235 15～25kg,每千克价值约1万美元。实际上,在原子弹爆炸时,约有95%的铀燃料来不及"燃烧"而散失。为提高核燃料的效率,必须进行燃耗计量。

近年来,出现了一种核技术应用的新工业,即所谓的辐射加工工业。例如,利用辐射可实现食物保鲜、医疗用品消毒和废物处理等。辐射加工具有节省资源、成本低和干净等优点。当前我国每年工业品霉、腐变质的损失达数亿元，每年约有20%的食品霉烂变质，造成的损失相当严重。

总之，电离辐射计量对科研、生产、国防、医疗卫生、环境保护等许多方面，都具有相当重要的意义。

6.3.1 电离辐射的基本概念

1. 物质结构与放射性

世界上的一切物质都是由分子组成的，分子又由原于组成，原子则由原子核和绕核旋转的核外电子组成，原子核中有一定数量的质子和中子。质子带正电荷，中子呈电中性，核外电子带负电荷，其数目与质子数相同。在原子核内有确定数目的中子和质子，并具有同一能态的一类原子，称为核素。原子核中的质子数相同而中子数不同，但由于有相同的核外电子排列，在元素周期表中占据同一个位置的元素，称为同位素。自然界中的大多数元素都是由若干种同位素混合组成。每种同位素在该元素中所占的份额叫丰度。若核素的原子核内的质子和中子数相等或近于相等，则是稳定的，称为稳定核素。若核素的原子核内的质子和中子数不等，则相差越悬殊越不稳定，以致会自发地放射出某种或几种粒子（如α、β、γ等射线）而变成另一种核素的原子核，这种核素称为放射性核素，这种现象称为核衰变。核衰变完全遵循自己的规律进行，不依外界条件而改变。

放射性核素有天然的和人工的两种。天然放射性核素可从天然矿石中提取，人工放射性核素可由核反应获得。

2. 常见的射线

1）α射线

α射线是带正电荷的粒子流。α粒子实质上就是氦原子核。对于特定的放射性核素，可能发射出一种或几种能量的α射线。α射线在物质中的射程极短，一般纸就能挡住它。所以α的外照射对人体的危害较小。但α射线的电离能力强，内照射会引起人体组织的损伤，应予严防。

2）β射线

β射线是带负电荷的高速粒子流，这种粒子就是电子，其电离能力较α粒子弱，但穿透能力较强，内外照射均应防止。大多数人工放射性核素都发射β粒子。还有一种β^+粒子，是核衰变时核中的一个质子变成中子而放射出的正电子。

3）γ射线

γ射线是一种光子流，能谱是单色的，穿透力很强，外照射损伤严重，应注意防护。许多核素在衰变时能放射出一种或多种能量的γ射线。

4）X射线

X射线是一种具有连续谱的光子流。除混合X射线外，还有一种几乎为单一能量的特征X射线。当高速电子与原子的轨道电子相冲击，使轨道电子脱离而形成空位，原子便呈不稳定状态，于是其他轨道上的电子便跃迁到该轨道填充空位，使原子呈稳定状态，而多余的能量则放出便形成特征X射线。另外，电子俘获核素衰变时也能放出X射线。X射线的波长很短，穿透力强，应注意防护。

5）中子

中子是不带电的粒子，由天然核素自发核裂变时发射出来，也可用重粒子轰击适当的靶核而产生。中子的平均寿命很短，半衰期约 13min，穿过物质时能与原子核产生核反应。

6.3.2 电离辐射计量的主要内容

1. 放射性核素计量

放射性核素计量亦称活度计量，是计量放射性核素单位时间内发生衰变的放射性原子核数目。放射性核素在单位时间内自发跃迁的核数目，称为活度。活度的单位是贝克勒尔，符号为 Bq，是每秒发生一次衰变的放射性活度，故又可用国际单位制的基本单位表示为 s^{-1}。

目前世界上计量绝对活度的较好方法是 $4\pi\beta$-γ 符合法，其计量精度已可达±0.05%。一般的放射性核素计量，则是根据核衰变类型、活度大小以及源的几何尺寸等选用相应的探测器，如气体正比计数器、液体闪烁计数器、固体闪烁计数器、γ 射线谱仪以及量热计等。

2. X、γ 射线及电子束计量

该领域中当前主要计量的有照射量、照射量率和吸收剂量、吸收剂量率。照射量是描述能量在 3MeV 以下的光子（包括 X 射线、γ 射线）与空气作用的特性的量。照射量 X 定义为 dQ 除以 dm 所得的商。dQ 是在质量为 dm 的空气中，光子与空气作用所释放的电子在空气中全部被阻止时而产生一种符号的离子的总电荷量。照射量的 SI 单位是库仑每千克，符号为 $C \cdot kg^{-1}$，与 SI 单位可暂时并用的照射量专用单位是伦琴，符号为 R，$1R=2.58\times10^{-4}C \cdot kg^{-1}$。复现照射量单位的基准器有自由空气电离室、石墨空腔电离室等。通常计量照射量的仪器主要是照射量计。

吸收剂量是描述辐射束（包括 X 射线、γ 射线、电子）与任何物质相互作用而给予物质能量的一个量。吸收剂量 D 定义为 $d\bar{\varepsilon}$ 除以 dm 所得的商。$d\bar{\varepsilon}$ 是电离辐射给予质量为 dm 的物质的平均能量。吸收剂量的 SI 单位是焦耳每千克，符号为 $J \cdot kg^{-1}$，其专门名称是戈瑞，符号为 Gy。可以与 SI 单位暂时并用的吸收剂量单位是拉德，符号为 rad，$1rad=10^{-2}Gy$。

吸收剂量的绝对计量方法主要有下列几种。

1）量热法

量热法是通过计量物质吸收辐射能量转化为热而引起的温升来确定吸收剂量的，比较常用的计量仪器是石墨量热计，该法计量吸收剂量的精度为±(1～2)%。

2）电离法

电离法是应用布拉格-戈瑞原理，根据电离电量来求得吸收剂量的一种方法。常用的石墨空腔电离室的计量精度为±(2～3)%。

3）化学法

化学法是利用射线能使许多化学体系发生变化，通过定量测定这种变化而得出吸收剂量的方法。例如，硫酸亚铁溶液在射线照射下，亚铁离子氧化为铁离子，测出铁离子的变化量便可计算出吸收剂量。硫酸亚铁化学剂量计是国际上比较通用的仪器，其计量范围为 40～400Gy，精度为±(1.5～4)%。

另外,吸收剂量的一般计量器具还有胶片、薄膜剂量计、热释光剂量计、液体化学剂量计以及剂量仪等。

3. 中子计量

中子计量包括中子数目、能量以及剂量等的计量。目前主要计量中子发射率、中子注量率及中子剂量。

中子发射率亦称中子源强度,是中子源单位时间所发射的中子数,单位为中子数/秒,其计量方法主要是锰浴法,计量精度约为±1%。

中子注量率(过去称中子通量密度)是单位时间射入单位面积的中子数,其计量方法有活化金片法、伴随粒子法等,计量精度为±(1~2)%。

中子剂量是指中子吸收剂量,其计量方法有等效电离室法等,计量精度为±(3~7)%。

6.3.3 辐射剂量计

辐射剂量计是用于测量电离辐射照射量、比释动能、吸收剂量或剂量当量的装置或设备。一个剂量学量的测量是使用剂量计在实验中确定量值的过程,测量结果表示为一个数值和一个单位的乘积。作为基本的物理属性,剂量计必然是某个量值的函数,并用于辐射剂量学的校准和检定。同时剂量计必须拥有一些可取的特点。例如,在放射治疗领域,确切地知道特定点的水吸收剂量及其空间分布,以及可能传递到患者器官的剂量都同样重要。在这种情况下,理想的剂量计性能特点可由精度、线性、剂量或剂量率的响应、能量响应、方向性响应和空间分辨率等特征表示。显然,某一种剂量计不能具备这些特征的所有优点,这就需要考虑实际测量情况,选择适当的辐射剂量计。下面简要介绍一种剂量计——电离室剂量计。

电离室剂量计主要用于放射治疗和诊断的剂量测定,参考辐射条件下的剂量测量也被称为束线校准。根据需要,电离室有不同的形状和尺寸,但其基本特征主要有以下几个方面:电离室的基本构成是导电的外壁包围着一定体积的充气的空腔,并有一个中心收集电极;电离室壁和收集电极之间会有极化电压,并由高绝缘材料分开以减少漏电;通常会有保护极以进一步减少漏电,保护极截取漏电流并直接导入大地;同时保护极可以使灵敏体积区域的电场更均匀,有利于电荷的准确收集。由于测量体积中空气质量随环境条件变化,与大气相通的电离室在测量时需要温度和气压的修正。

静电计是测量小电流的装置,特征电流在纳安量级或更小。与电离室连接的静电计通常是高增益、负反馈的放大器,在标准电阻或标准电容上测量电离电流。最通用的圆柱形电离室是体积为 $0.6cm^3$,由 Farmer 设计的电离室,如图 6-19 所示,用于放疗剂量的束线校准。现在,很多制造商都生产圆柱形电离室,灵敏体积为 $0.1\sim1cm^3$。电离室空腔的长度一般不超过 25mm,直径不超过 7mm。为了组织等效或空气等效,壁材料选用低原子序数材料,质量厚度小于 $0.1g/cm^2$。在钴-60 辐射场的自由空气中进行校准时,电离室需要配备一个质量厚度约 $0.5g/cm^2$ 的平衡帽。尽管为了确保平坦的能响,中心电极为直径 1mm 的铝,但电离室的构造应尽可能均质。不同商用圆柱形电离室的详细结构可见国际原子能机构技术报告 TRS277 和 TRS398。平行板电离室由两个平面壁组成,一个作为入射窗和极化电极,另一个作为后壁和收集电极,后壁通常是一块导电塑料或带有石墨导电层的不导电材料。平行板电离室被推荐用于电子束能量低于10MeV时的测量，也用于光子束的表面剂量和建成区深度剂量分布测量。商用平行板电离室的特性及其在电子束下的使用可参见TRS381和TRS398报告。

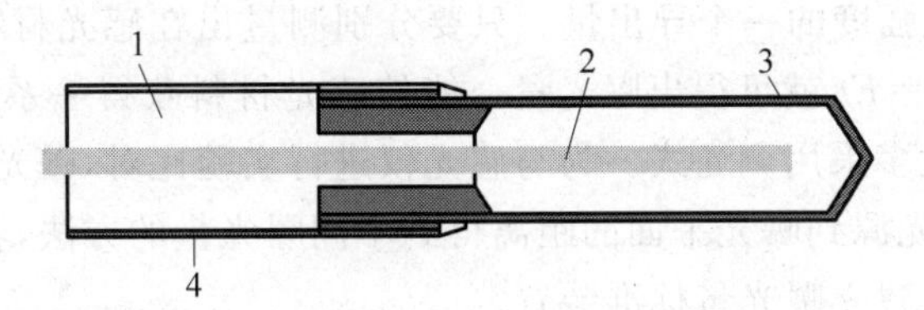

图6-19　圆柱Farmer型电离室的基本结构

1—绝缘体(聚三氟氯乙烯)；2—中心电极(铝)；3—电离室壁(石墨)

测量近距治疗源低空气比释动能率时需要电离室有充足的体积($250cm^3$或更大)和足够的灵敏度。井形电离室适用于近距治疗源的校准，根据临床典型源的形状和尺寸设计制造的井形电离室通常以参考空气比释动能率进行量值传递。外推电离室是灵敏体积可变的平行板电离室，用于卢射线和低能X射线剂量测量以及兆伏X射线束的表面剂量等。将其置于组织等效模体中时也可用于测量绝对剂量值。通过测量空腔厚度变化函数可外推至零厚度，从而修正电子空腔扰动，可用于评估有限厚度的平行板电离室空腔扰动。

6.3.4　电离辐射计量动态

我国的电离辐射计量起步较晚，但已获得了可喜的成果。比如，常用的基准方法已经建立，其中中能X射线和钴-60γ射线照射量基准以及4πβ(pc)-γ符合法核素活度基准等已接近世界水平，并且参加了国际比对。然而，总的来讲，我国的电离辐射计量与国际先进水平或国内需要相比还有差距。比如，基准、标准的数量不足，有些计量尚属空白，量值传递和质量的保证系统亦不完善等。

当前，电离辐射计量的发展动向主要有：

(1) 研究和探索新的绝对计量方法，提高基准、标准的技术水平，提供更多品种、更高精度的放射性核素标样，开拓新的应用领域；

(2) 积极开展高剂量和低剂量的计量研究工作，以适应日益发展的辐射工业、辐射防护、环境监测等方面的需要；

(3) 建造大型、高能的加速器和反应堆，为电离辐射的计量创造更优越的基础条件。

6.3.5　感光材料的光度计量简介

在某种底板上涂有感光性能的化学材料，以供照相应用，称为感光材料。如照相胶卷和电影胶卷等。

感光材料的感光性能的重要指标是感光度，确定感光度的三个基本因素是光密度、曝光量和冲洗条件标准化，其中光密度和曝光量就需要依靠计量标准来确定。

根据照明和收集几何条件不同，光密度可分为真透射密度、漫透射密度和复漫透射密度三类。胶片密度标准测量装置可按漫透射密度来建立。传递方法是采用专门制作的性能较稳定的标准密度片，在标准装置上标定后直接发给使用单位，作为校准使用中的密度计。

测量彩色胶片密度，需要建立彩色胶片密度标准装置。其传递方式和漫透射视觉密度相同。

曝光量 H 是发光强度的一个导出量。只要分别测量出在感光材料表面上的照度 E 和照射的时间 t，根据 $H=Et$ 就可得出曝光量。能使感光材料获得一系列不同曝光量的仪器称为感光仪，感光仪大多采用调光式。为与感光仪进行实验比对，曝光量标准装置也采用调光式。在光轨上改变光源到曝光平面的距离得到不同曝光量的方法，容易实现所需的量值，精度也很高，也可用来建立曝光量标准装置。

思考题

6-1 几何计量的三大要素是什么？

6-2 几何计量中要遵守哪些基本原则？

6-3 什么是阿贝原则？说明阿贝原则在几何量测量中的作用。

6-4 现行复现长度单位米的方法有哪些？

6-5 试述干涉测量法测量长度的基本原理。

6-6 作为长度计量标准器的量块要具有哪些基本性能？

6-7 长度尺寸的测量可以用哪些计量器具？

6-8 角度测量具有哪些测量基准？列举各种测量方法所用的量具或计量仪器。

6-9 光度计量的主要参数有哪些？写出这些参数的定义及单位。

6-10 光辐射计量的主要参数有哪些？

6-11 色度计量是以什么原理为基础的？试详细解释这种原理。

6-12 成像光学计量的理论基础是什么？

6-13 试述激光计量的原理。

6-14 简述电离辐射计量在各行业中的应用。

6-15 X 射线、γ 射线及电子束计量的方法有哪些？

参考文献

[1] 李东升.计量学基础[M].北京：机械工业出版社，2006.

[2] 施昌彦.现代计量学概论[M].北京：中国计量出版社，2003.

[3] 梁春裕.误差理论与测量不确定度表达[M].沈阳：辽宁省技术监督局，1996.

[4] 李宗扬.计量技术基础[M].北京：中国原子能出版社，2002.

[5] 朱正辉.几何量计量[M].北京：中国原子能出版社，2002.

[6] 国家质量监督检验检疫总局计量司.长度计量[M].北京：中国计量出版社，2007.

力学、声学及热工计量

7.1 力学计量

力学计量,与长度计量一样,是计量学中开展最早的一个领域。如今,力学计量已包括质量、容量、密度、力值、重力加速度、硬度以及振动与冲击等计量测试。

力学计量的理论基础是牛顿力学。质量单位 kg 是力学计量中的基本单位。力学计量在科研、生产、国防和国内外贸易等方面,都有着相当重要的作用。

7.1.1 质量计量

质量是一个基本物理量,许多量都是通过它导出的。质量是科研、生产、国防、贸易以及日常生活中经常计量的一个参量。比如,生产中原材料的投放、工艺流程的监控、产品的检验,需要进行质量计量;各种化验、分析,也需要进行质量计量;许多商品的买卖,也都需要进行质量计量。

1. 质量与重力

质量是物质所具有的一种属性,它可以表征物体的惯性和在引力场中相互作用的能力。质量是没有方向的,是标量。重力则是一种力,是使物体产生重力加速度的原因,它等于物体的质量和重力加速度的乘积。重力是有方向的,是矢量。

在运动速度远远小于光速时,一个物体不论在什么地方质量都是相同的,也就是说,物体的质量是一个恒量。物体的重力则不是恒量,随重力加速度而异。即同一物体在地球的不同地点便有不同的重力。比如,国际标准千克在北极重力约为 9.832 16N,而在赤道的重力则是 9.780 30N。

在地球上同一个地方,各个物体的重力加速度是相同的,故有

$$\frac{m_1}{m_2}=\frac{P_1}{P_2} \tag{7-1}$$

式中，m_1、m_2 为任意两物体的质量；P_1、P_2 为该两物体的重力。这就是说，若两物体的重力相等，质量也就相等。天平等衡器就是根据这个道理称出物体的质量的。所以，在日常生活中，人们往往习惯地把质量称为重量。为了避免混淆，凡在指"力"的场合，重量应改为"重力"。

质量计量的范围通常划分为小质量(1g 以下)、中质量(1～20g)和大质量(20g 以上)三个区域。

2. 质量计量

砝码在应用时总要和天平联用。所以，质量计量的精度不只取决于砝码，而且还取决于天平的性能。通常，将用于原器和基准砝码比较的天平，称为原器天平；将用于比较工作基准砝码的天平，称为基准天平；将其余用于比较各等砝码的天平，统称为标准天平。标准天平又根据它们的精度，分为若干等级。我国的天平，根据相对精度(名义分度值与最大载荷之比)共分为 10 级，一级为 1×10^{-7}，二级为 2×10^{-7}，三级为 5×10^{-7}，四、五、六级分别为1×10^{-6}、2×10^{-6}、5×10^{-6}，七、八、九级分别为 1×10^{-5}、2×10^{-5}、5×10^{-5}，十级为 1×10^{-4}。至于秤的精度，大部分为 10^{-3} 量级，某些特殊用途的可达10^{-5} 量级。

当前，国际上水平最高的天平，要数美国国际标准管理局研制的 NBS-2 型 1kg 天平，其在称量 1kg 时的精度为$\pm(1\sim2)\times10^{-9}$。

我国当前使用的精度最高的原器天平，是从奥地利订购的，其分度值为 0.04mg，精度为$\pm4\times10^{-8}$。

国际上关于质量计量的研究工作，主要集中在下述几个方面：

(1) 千克原器和标准砝码的稳定性和清洗方法的研究。利用传统的保存方法，每年增加 2.5～7μg。因此，改进防止灰尘污染的保存方法以及研究和统一清洗方法很有必要。

(2) 新型高精度天平的研制。这直接影响质量计量精度的进一步提高。例如，美国正在研制气动支承的原器天平、英国在研制精度为 0.1μg 的弹性支承天平等。

(3) 空气浮力修正的研究。这是精密质量计量必须注意的一个问题。由于制作标准砝码材料的密度不同以及空气密度的变化，都会引起一定的计量误差，甚至会出现使一、二等砝码超差的严重后果。所以，必须考虑空气浮力的修正问题。这里，关于新的空气密度的计算公式及其验证的研究是一个相当重要的课题。

(4) 关于建立质量自然基准的研究。千克原器至今已保存和使用了一百余年。由于实物基准所固有的弱点，如因保管和使用中的磨损、腐蚀、污染以及物质内部结构的变化而引起的计量特性的改变等，人们早就希望能够研究出新的质量基准。比如，用分子或原子的质量倍数来定义质量单位，是许多学者所热心探求的。尽管当前把原子和分子的质量用质谱仪进行比较的技术已相当成熟，但把一个个原子或分子的质量累积起来成为"千克"尚实现不了。利用阿伏伽德罗常数来建立质量量子自然基准，是近年来比较普遍关注的一个方案。

7.1.2　容量计量

1. 容量计量概述

容量计量系指对容器的容积值的计量。所谓容积，系指容器内部所包含的空间体积，而容量则是指容器所能容纳的液体或气体的体积。

容量的主单位是立方米(m^3)，亦常用其分数单位立方分米(dm^3)或升(L)、立方厘米(cm^3)和立方毫米(mm^3)。

容量计量在科研、生产、国防和贸易中都相当重要。比如，工农业生产投料、能源消耗、化学分析、原油贸易以及医学上的各种容器等，都需要进行容量计量。

按容积大小，容量可分为：小容量，0.1～1000mL；中容量，1～1000L；大容量，1000L以上。

容量量器有金属结构和非金属结构两类，实验室用的一等标准金属量器、油罐、油轮、槽车、罐车等均属金属结构量器，玻璃的量瓶、量杯、量筒、滴定管、吸管，注射器等皆是非金属结构的量器。

标准金属量器一般分为三等：一等的容量为50mL，精度为±(0.015～0.02)%；二等的容量为200mL、500mL，精度为±(0.025～0.04)%；三等的容量为500mL、1000mL，精度为±(0.05～0.1)%。

2. 容量计量方法

容量计量的主要方法有如下几种。

1) 衡量法

衡量法亦称称量法，是称量出液体的质量，再除以液体的密度而得出容量的方法。当然，所选液体的密度应是已知的。该法的计量精度较高，通常用其标定一等标准金属量器和精度要求高的玻璃量器。

2) 比较法

比较法是将被计量量器的容量与标准量器的容量相比较，从而得出被测容量的方法。该法一般用于检定二等标准量器或形状规则的较大容器，检测精度为±(0.04～0.1)%。

3) 直测法

直测法是直接计量容器的几何尺寸来获得容积的方法。该法适用于具有较规则的几何形状的大容器的计量，精度为±(0.2～0.5)%。

4) 卧式罐容量光电内测法

卧式罐容量光电内测法测量系统结构原理如图7-1所示。

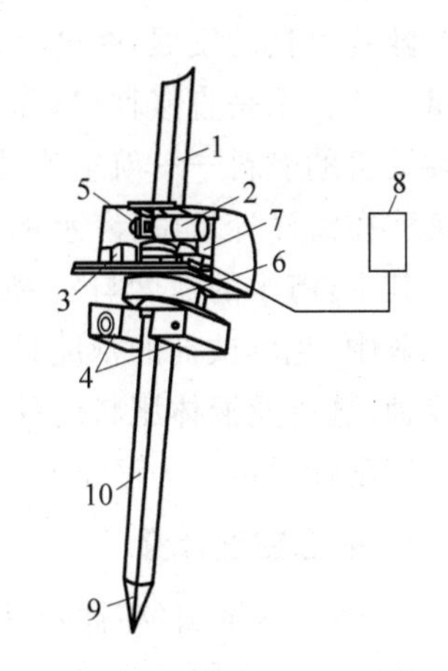

图7-1　卧式罐容量光电内测法测量系统的结构

1—直线导轨；2—垂直提升减速电机；3—水平旋转减速电机；4—激光测距传感器；5—垂直高度检测编码器；6—水平角度检测编码器；7—控制模块；8—PDA手持终端；9—顶尖；10—支撑立柱

卧式罐容量光电内测法测量系统包括激光测距模块、角度测量模块和运动控制模块等。这些功能模块与直线导轨装配连接，沿直线导轨垂向移动的过程中，通过激光测距传感器、垂直高度检测编码器和水平角度检测传感器进行罐壁特征点的空间位置测量。测量时，首先将包括直线导轨在内的整个测量系统放置到罐体中，将直线导轨调整至垂直状态并固定于卧式罐罐口。通过 PDA 手持终端对测量装置进行参数设定，包括扫描角度间隔、垂向运动步长、有效行程、距顶高度及距底高度等。

测量过程中，当光电测量模块按照一定步长上升至某一高度时，激光测距传感器在水平旋转电机的驱动下进行对应高度水平平面内的扫描测量，测点距离为 R_i；同时，通过水平角度检测编码器可以获取每一测点的水平角度 α_i。则得到一组用于描述当前平面内罐体位置的坐标集合，即

$$\begin{cases} x_i = R_i\cos\alpha_i \\ y_i = R_i\sin\alpha_i \\ z_i = h_i \end{cases} \tag{7-2}$$

式中，$i=1,2,\cdots,n$。按照这个方法在不同水平高度进行卧式罐罐体位置的扫描测量，形成整个卧式罐三维几何信息集合，通过这个集合按照一定算法就可以计算出卧式罐的容量值。

7.1.3　密度计量

物体的密度是指其单位体积的质量，即

$$\rho = \frac{m}{V} \tag{7-3}$$

式中，ρ 为物体的密度；m 为物体的质量；V 为物体的体积。

密度的主单位是 kg/m^3，亦常用 g/cm^3 或 g/mL、kg/dm^3 或 kg/L 等。

随着科技的发展，密度计量的意义日益明显。比如，在石油工业中，原油和石油产品的质量一般皆不是直接称得，而是通过计量密度和容积计算出来的。在国防和航空事业中，喷气发动机的燃料——航空汽油的冰点与密度有关，火箭发动机的推力与其液体燃料的密度有关。在海洋计量中，海水的温度、盐度和深度是海洋开发研究中必不可少的三项重要指标。其中，海水的盐度与其密度成正比，故而通常都是计量海水的密度来确定其盐度。在化学工业中，化学试剂的密度是很重要的一个参数，直接影响产品的质量。在农业生产中，药液浸种、选种及液体肥料的使用，都需要进行相应的密度计量。

密度计量可分为静态与动态两类。

1. 静态密度计量

1）静力衡量法（亦称阿基米德法）

该法系根据阿基米德原理测出液体对物体的浮力，从而计算出物体的密度，是一种精密而又经典的方法。

阿基米德原理说明，浸在液体内的任何物体所受到的浮力等于它所排开的液体的重力。根据这一原理，首先称出被测物体在空气中的质量 m，然后再测出其在水中的质量 m_1，于是便可得出该物体的密度为（设水的密度为 g/cm^3）

$$\rho = \frac{m}{m - m_1} \tag{7-4}$$

若利用该法计量液体密度，则须通过一个具有一定体积的辅助物，通常将其称为测锤。

首先测出测锤在空气中的质量 m,然后测出其在水中的质量 m_1,再测出它在被测液体中的质量 m_2,若水的密度为 ρ_1,则测锤的体积为

$$V=\frac{m-m_1}{\rho_1} \tag{7-5}$$

于是被测液体的密度为

$$\rho=\frac{m-m_2}{V} \tag{7-6}$$

若水的密度 $\rho_1=1\text{g/cm}^3$,则

$$\rho=\frac{m-m_2}{m-m_1} \tag{7-7}$$

2) 定义法

根据密度的定义,计量物体的密度需要测出其质量和容积。一般来说,质量的计量比较容易,而容积的计量则比较困难,因而通常将容积的计量改为计量同容积的水在4℃时的质量。因为水在4℃时的密度是已知的,等于 1g/cm^3。于是测出了水的质量,除以密度即可得到容量。

用此法计量液体的密度,则需要有相应的密度瓶,故又有密度瓶法之称。具体测法是:先测出空密度瓶的质量,然后测出充满水的密度瓶的质量 m_1,再测出充满被测液体的密度瓶的质量 m_2,根据所测数据和水的密度 ρ_1,便可得出被测液体的密度为

$$\rho=\frac{m_2-m}{m_1-m}\rho_1 \tag{7-8}$$

3) 浮计法

浮计也是根据阿基米德原理设计的,是专门用来测定液体密度或溶液浓度的量具。它是一个有压载物的密封容器,其细管上标有密度分度值或浓度分度值(见图7-2)。当将其浸入相应密度的液体中达到平衡后,其重力 mg 与液体的浮力 ρVg 相等,即 $mg=\rho Vg$。于是有

$$\rho=\frac{m}{V} \tag{7-9}$$

由于同一浮计的质量 m 是固定的,故被测液体的密度与其浸在水中的体积成反比。浮计在液体中浸没越深,该液体的密度越小。浮计细管上的分度表,就是根据平衡时的相应密度(或浓度)刻度的。

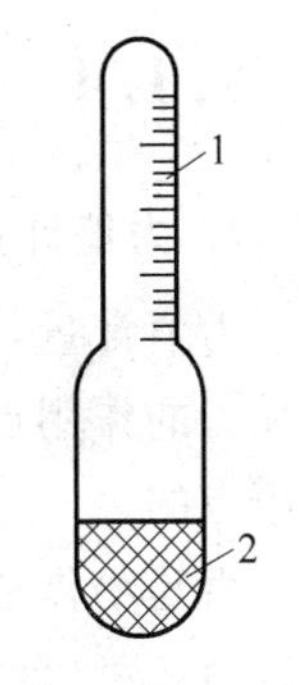

图7-2　浮计法密封容器

1—分度值;2—压载物

2. 动态密度计量

静态密度计量虽有较高的精度,但必须将被测物质取样,在静止状态下计量,不能满足现代化生产的连续、自动等要求。动态计量则无须对被测物质取样,而直接在动态下计量。动态计量主要是针对气体或液体的。动态计量的仪器种类较多,比如,应用电磁效应的海水盐度仪、硫酸浓度仪、电磁密度测定仪,应用光学原理的酒精或糖溶液的浓度计,应用声学原理的超声密度计,以及应用振动原理的振动式密度计等。

我国密度计量的最高基准是静力衡量法及其装置。在(0.65～200)g/cm^3 的范围内复现密度单位的精度为 $\pm(4\sim6)\times10^{-6}\text{g/cm}^3$;相同范围的实物基准是一组基准密度计,精度为 $\pm(2\sim8)\times10^{-5}\text{g/cm}^3$。

3. 石油密度的测量

石油产品液体密度检测应用的标准方法为GB/T 1884—2000,其基本理论依据是阿基米德定律。尽管基本原理相同,但由于仪器技术手段不同,适用范围不同,又有很多不同的测定方法。下面简单地介绍两种方法。

1) 振荡管式密度计

振荡管式密度计的敏感元件是管式弹性体(振子)。当被测介质流经密度计时,振子的自由振动频率随介质的密度而变化。当液体密度增大时,振动频率下降;反之,当液体密度减小,振动频率提高。因此,通过测量振子振动频率的变化,就可以间接地测量液体的密度。这种密度计测量的密度的范围在0～3000kg/m^3,产品测量精度可达±0.15kg/m^3。与传统的玻璃浮子密度计的测量方式比较,具有样品用量少、结果准确、重复性好、没有人为的读数误差等优点。但是其价格昂贵,加上控温和自动清洗系统,一般费用在3万美元以上。

2) 浮子法

浮子法通过将浸在液体中的浮子的位移和浮力变化变换成各种电或机械检测信号来测量液体密度。依据浮子浸在液体中的情况又可分为漂浮式和全浸式,其中漂浮式受环境温度影响较大,精度、灵敏度较低。全浸式的浮子全部浸入被测液体,当液体密度改变时,浮子受到的浮力随之改变。全浸式较漂浮式受液体表面张力的影响小,浮子又位于温度比较稳定的待测液体中,测量精度较高。

7.1.4 力值计量

1. 力值计量概述

力值计量,一般地说就是测力。从物理学可知,力有三要素,即力的大小(力值)、力的方向和力的作用点,其中力值是基本要素。对力值的计量,实际上是不可能不考虑力的方向和作用点的。

力是物体之间的相互作用力,可以改变物体的运动状态使物体产生加速度,称为动力效应。力还可以使物体变形,在物体内部产生应力,称为静力效应。在一般情况下,两物体相互作用时,加速度和变形总是同时发生的。

力的应用相当广泛。比如,作为力源,它可以推动火箭,可以控制火箭的飞行状态;作为承受力,它可使火车头的曲柄连杆、詹天佑钩等在一定承载下安全运行。在建筑业,特别是大桥的建筑,多采用预应力梁,为此,必须对桥梁的承受力预先进行控制。通常,在制作时先绷上与所设计的承受力相应的作用力,使梁变为拱形,定型后再将力撤掉,便成为预应力梁。这样,当重物通过桥上时,桥梁横截面所受的是压力而不是拉力,显著提高了桥梁的承受能力。当然,有些力并非都能预先完全控制,比如海浪和气流作用在军舰和飞行器上的力不仅是变化的,而且是随机的,没有规律。

总之,力值计量在科研、生产、国防和日常生活中都有着相当广泛的应用,特别是在材料试验、精密测力和称重等方面,更是必不可少的。

在国际单位制中,力的计量单位是牛顿(N),即

$$1\text{N} = 1\text{kg} \cdot \text{m/s}^2$$

在工程单位制中，力的单位是千克力(kgf)。我国的法定计量单位是以国际单位制为基础的，一切单位都应统一于国际单位制。因此，就存在一个所谓的“改制”问题。也就是说，把其他单位制中的力的单位改为相应的牛顿。千克力与牛顿的换算关系是

$$1\text{kgf} = 9.806\ 65\text{N}$$

2. 力值计量方法

根据力的两种效应，测力的方法也可分为两类。

1）动力效应法

所谓动力效应法，就是根据力等于物体的质量乘以加速度的基本原则，通过对质量和加速度的计量来取得力值。用砝码直接加载的绝对法制成的测力机，便属此类。

2）静力效应法

静力效应法是通过对受力后物体的变形量或与其内部应力相应的参量的测量而获得力值的。根据虎克定律(材料在弹性范围内的变形量与力的大小成正比)所制成的测力计均属此类。

近年来，各种传感器的兴起对力学计量起了重要的推动作用。它作为受力的敏感元件，已广泛地用于各种测力装置中，对测力技术的现代化产生日益明显的影响。

传感器是近年迅速发展起来的一种量变换器，在力学以及其他一些计量领域中有着相当广泛的应用。传感器在计量测试中的基本作用，是把某些不宜直接进行计量的量转换为较为方便计量的量，对动态计量以及自动测试有重要意义。

传感器的核心是变换元件(变换器)，它能将所感受到的量变换为另一种形式的量。例如，金属箔的机械位移量可变换为相应的电容变化量，热电偶能把温度变换为热电势等。

当某量不能直接通过变换元件变换为另一种形式的量时，便要利用一定的敏感元件(预变换器)来进行预变换。例如，爪力传感器中的弹性膜片便是敏感元件，它先将压力预变换为位移，然后再由变换器将位移量变换为相应的电容变化量。

表征传感器性能的主要参数有灵敏度、线性度、迟滞、重复性及动态响应等。

传感器的种类很多，如应变式传感器、磁电式传感器、压电式传感器、光电式传感器、热电式传感器、离子交换式传感器等。目前在力学计量测试中应用最多的是应变式传感器。

应变式传感器的核心(变换元件)是应变片。应变片的工作原理是应变效应，即利用导体被压缩或拉伸等所引起的机械变形而使其电参数(如电阻)发生相应变化。由于这种变换元件多制成片状，故称应变片。为了把被变换量(如力、加速度等)转换成应变，需要一定的敏感元件，通常称之为弹性元件。目前应变式传感器的精度已可优于0.01%。

当前，各国的测力基准都是由砝码直接加载的基准测力机，其计量误差主要取决于砝码的质量、重力加速度、空气密度、砝码材料密度以及机械结构等，测量精度一般可达$\pm(1\sim2)\times10^{-5}$。

我国已建立的5kN、100kN、300kN、1000kN等基准测力机的精度均达1×10^{-5}；另外，600kN、1000kN、5000kN标准测力机的精度皆为10^{-4}量级；中国计量科学研究院正在研制的20 000kN标准测力机的预期精度亦可达1×10^{-4}量级。

在力值计量中，一般将计量力值的力的承受装置称为“计”，而将产生标准力值的力源装置称为“机”。

3. 杠杆式力标准机

杠杆式力标准机是用于检定负荷传感器、进行力值计量和力值比对的复杂、精密的设备。保证正确、可靠地对被检传感器或测力仪施加砝码是杠杆式力标准机工作的基本要求，因此，其机械结构都是围绕加/卸砝码而设计和配备的。目前计量部门使用的杠杆式力标准机主要有 60kN、300kN、600kN 和 1MN 杠杆式力标准机，它们的机械结构组成和工作原理大致相同。现以最庞大的 1MN 杠杆式力标准机为例，简单介绍其机械结构组成和工作原理，机器的结构如图 7-3 所示。

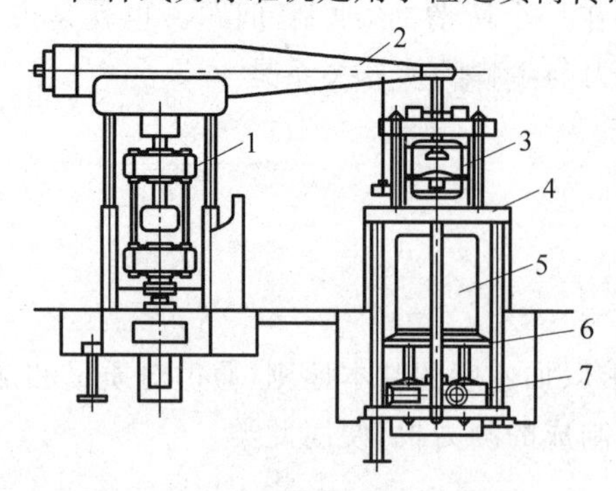

图 7-3 杠杆式力标准机的结构
1—反向器 2；2—杠杆；3—反向器 1；4—中心吊架；5—砝码；6—托盘；7—电动机及变速箱

该机可实现砝码直接检测和杠杆间接检测两种检测方式。从图中可以看出，当使用该机的直接检测方式时，须先夹紧杠杆，卸下中心吊架的卡环和下梁。电动机通过齿轮变速装置控制砝码托盘升降运动，当托盘向下运动时，砝码被逐级挂到吊挂上，通过反向器将载荷加于被检器具。只要控制托盘的移动距离，就可以控制砝码的加载数量，从而决定加载载荷的大小。当使用杠杆间接检测方式时，砝码的加挂方式与直接检测类似，其差别在于将砝码施加到杠杆的长臂端，通过杠杆放大原理，在短臂端由反向器 2 将放大后的载荷加到被检器具上。

7.1.5 重力计量

在重力的作用下，物体落向地面的加速度称为重力加速度，以 g 表示。可以说，重力加速度是重力值的体现。由于地球是一个近似球体，地表的高低不平、地球各处地质构造的不同、地壳的变形、地球转轴的摆动和转速的变化、其他天体对地球引力的改变以及地球表面的大气潮和海洋潮变化的影响等，导致地球各点的重力值是不同的、变化的，尽管这种变化可能是相当缓慢和微小的。

由于重力通常是对单位质量而言，故重力亦可用重力加速度来表示。为纪念重力计量的开拓者伽利略，人们把重力加速度的单位 cm/s^2 称为"伽"，用 Gal 来表示。

随着现代科技的发展，绝对重力计量的意义日益重要和明显。例如，在空间技术方面，洲际弹道导弹、人造地球卫星等，都是在地球的重力场中运动。对这些飞行器的轨道设计，包括发射点和终点的位置，必须精确知道所经地区的重力值及其随高度的变化。另外，要使导弹命中目标，必须对其进行控制。当前大都采用惯性制导，需要准确安装惯性陀螺平台和校正加速度计。因此，要求精确给出导弹发射场附近的绝对重力值。据估算，对于射程 10 000km的洲际导弹，如果发射点的重力值误差只有 0.2mGal（2×10^{-6} m/s^2），便可造成 50m 的射程误差。而在发射人造地球卫星的过程中，如果最后一级火箭的速度有 0.2%的相对误差，卫星就会偏离轨道近百千米，甚至使发射失败。

在地质勘探中，利用地下物质的密度不同而导致的局部重力异常来探矿，已获得了一定的效果。目前，高灵敏度的轻便相对重力仪已在石油、天然气、煤炭和金属矿的勘探现场中使用。

地震是一种极其严重的自然灾害，关于地震预报的研究是人们非常关注的课题。近年来，由于重力计量的精度和手段的不断提高和改进，利用重力计量预报地震已获得了一定的成效。现场观察表明，震前发震区的地壳总是要发生某种形变的，而形变必然要引起重力的变化。比如地壳上升或下降 10mm，便可引起 3μGal(3×10^{-8} m/s^2)的重力变化。于是，通过计量重力的变化便可监测地壳的形变，从而对地震作出预报。

重力计量有绝对计量和相对计量两种。相对计量是计量两被测点之间的重力差值，用相对重力仪即可。绝对计量是直接测出被测点的重力值，而不依赖其他任何点的重力值。绝对计量必须由绝对重力仪来完成。

重力的计量方法很多，任何与重力有关的物理现象都可利用。比如，过去曾采用过的伽利略斜面法、长摆法、可倒摆法，近年来所普遍采用的物体在重力场中的自由运动(上抛或下落)法等。无论采取什么方法，利用何种手段，为实现绝对重力计量都必须精确地测出长度和时间。

我国研制的绝对重力仪采用的是自由下落三位置法。使一物体在真空中自由下落(见图 7-4)，其质心在时刻 t_1、t_2、t_3 所经过的点分别为 x_1、x_2、x_3，而 x_1 与 x_2、x_1 与 x_3 之间的距离分别为 S_1、S_2，相应的时间分别为 T_1、T_2，根据运动学公式可导出

$$g=\frac{2\left(\frac{S_2}{T_2}-\frac{S_1}{T_1}\right)}{T_2-T_1} \tag{7-10}$$

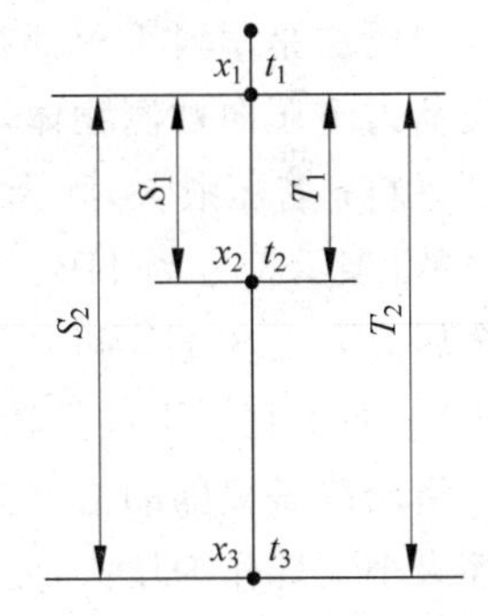

图 7-4　自由下落三位置法

可见，只要精确地测出距离 S_1、S_2 和时间 T_1、T_2，便可得出精确的重力加速度值 g。至于计量距离和时间的方法，则多采用激光干涉仪和原子频标等光电系统。

我国绝对重力仪的精度已优于±20μGal(±2×10^{-7} m/s^2)，即优于±2×10^{-8}。

当前，世界上水平最高的是国际计量局的绝对重力仪，其精度高达±4μGal(±4×10^{-8} m/s^2)；其次则是俄罗斯、意大利、中国和日本等国的重力仪，精度为±(10～20)μGal(±(1～2)$\times10^{-7}$ m/s^2)。

在经典绝对重力仪中，新出现的凸轮式绝对重力仪由于其巧妙的机械设计而引起国际上的普遍关注。凸轮式绝对重力仪的关键技术之一就是凸轮轮廓线的设计。所设计凸轮的长半径不足 9cm，用直流电机恒速带动凸轮转动，凸轮边沿带动一个小拖车作上下运动。当凸轮运行到最高位置时，凸轮会带动拖车快速向下运动，此时，拖车中的落体与拖车分离而自由下落；当拖车减速时接住落体，此后拖车带动落体再运行到最高位置；由此周而复始。凸轮每转动一周，落体自由下落约 3.4cm，用其中的 2cm 进行下落时间和距离的测量，经过多次转动和多点位测量，最后拟合出重力值 g。为了使凸轮转动过程平稳，整个装置还使用另一套相同的凸轮和拖车与之一同转动，达到动平衡，这样不论凸轮转动到任何位置，质心都始终在转轴上。另外，为了减少地面振动对测量的影响，凸轮式绝对重力仪还设计了一套简单且能快速建立的弹簧-质量块隔振系统。

7.1.6 硬度计量

1. 硬度计量概述

硬度系指物体的软硬程度。硬度大的物体则较硬,硬度小的物体则较软。硬度本身并不是物理量,而是一个与物体的弹性形变、塑性形变和破坏有关的量。也可以说,硬度是固体材料抵抗弹性形变、塑性形变和破坏的能力。

硬度计量,在机械制造、造船、航空、宇航、仪器仪表、化工以及轻工等行业中都相当重要。不同位置的不同零件,对硬度的要求亦不同。比如,轴承的硬度过高,易于脆裂;硬度过低,则易于磨损变形;硬度适当,才能保证正常使用。为使飞机具有良好的性能,得以安全飞行,有几千个零件要测量硬度。就是一个普通的机械手表,也有数十个零件要测量硬度。甚至塑料、橡胶以及某些农林产品的成熟度检验等,也都需要硬度计量。

硬度计量的方法很多,但概括起来可分为静载压入法和动载压入法两类,静载压入法又有布氏法、洛氏法、表面洛氏法、维氏法和显微硬度法等,动载压入法有肖氏法等。

布氏法是瑞典工程师布利涅尔于1900年提出的。将一个一定直径的淬火钢球,在规定的负荷力下压向被测物体,使被测物体的表面产生一半球形的压痕。如果压痕小,则被测物为硬材料;若压痕大,则为软材料。具体的硬度值是以压痕球面上的平均压力(N/mm^2)来计算的,表示符号为HB。布氏硬度范围,对黑色金属为450~140HB和小于140HB,对有色金属为8~130HB和大于130HB。该法比较简单易行,一般用来测定较软、较大的工件和试样,而不宜用于计量较硬、较薄的试件。

洛氏法是美国的洛克威尔于1919年提出的。它是用特制的金刚石圆锥体或一定尺寸的淬火小钢球作为压头,先后两次在不同负荷(第一次负荷称为预负荷,第二次负荷称为总负荷,即预负荷加主负荷)下压入被测物,以压头在预负荷下的压痕深度与压头在总负荷作用后卸除主负荷而保留预负荷时的压痕深度之差来表示硬度。洛氏硬度的符号是HR。由于所采用的压头形式和负荷的不同,洛氏硬度有十多种标尺,其中常用的有A、B、C三种,表示符号为HRA、HRB、HRC。该法操作简便、计量迅速,应用甚广,适于测试较硬材料或淬火工件。

表面洛氏法的原理、方法皆与上述的洛氏法相同,只不过预负荷和总负荷均较小,或者同时改变压头的尺寸,以适于测定渗氮层、渗碳层或薄试样的小表面洛氏硬度,表示符号为HRN、HRT、HRW、HRX和HRV等。

维氏法是英国的斯米特和桑德米德于1925年提出的,但制成第一台这种硬度计的却是美国的维克尔公司,故称维氏法。该法除所用的压头是金刚石正四棱角锥体外,其余皆与布氏法相同,也是以压痕表面所承受的平均压力来表示硬度值,其符号为HV。由于所设计的压头的几何形状使得压痕表面积的增大与负荷成正比,故对于硬度均匀的被测试材料,在任何负荷下压痕表面所受的平均压力(压强)皆相等,即维氏硬度值与压头的负荷无关。这是维氏法的特点。该法既适于测试较软金属,也适于测试硬金属和合金,尤其适于测试硬度高、试验面小的试样或工件,一些不能采用布氏或洛氏法测定的试样,可用维氏法测试。

显微硬度法的原理、方法皆与维氏法相同,只不过负荷较小,都在10N以下,常用负荷约为2N,有时只用几毫牛甚至十分之几毫牛。由于负荷很小,压痕亦很小,只有在高倍显微镜下才能进行观测，故称显微硬度法。显然，该法对试样的表面光洁程度要求较高。显微硬度法常用来研究材料金相组织的特性，测定镀层、微小零件以及薄试样的硬度。

肖氏法是美国的肖尔于1907年提出的，是一种弹式硬度测试法。该法是以撞针从固定的高度自由下落后回弹的高度来表示硬度值的，其符号为HS。圆柱形钢撞针的下端装有一个小帽，帽内镶有锥形金刚石或硬质合金压头，压头的工作面是一个小平面，回弹的高度可由度盘上的指针示出。肖氏硬度值与回弹的高度成正比，即回弹的高度越高硬度越高。需要指出的是，肖氏硬度值不仅与材料的硬度有关，而且与材料的弹性有关。也就是说，同样硬度的材料，如果弹性不同，便会得出不同的硬度值，或者材料的硬度本不相同，由于弹性的影响，反而可能得到相同的硬度值。比如，若用肖氏法测定橡胶的硬度，就可能得到比淬火钢还硬的结果。所以，肖氏法只限于测定弹性系数相同的材料。肖氏硬度计便于携带，适于现场测定，而且效率高（2s即可测定一次），故至今仍广泛应用于冶金、造船等重型机械部门。

除上述的几种较为常用的硬度测定法外，还有划痕法、摇摆法、电磁法、超声波法等。由于这些方法的测试精度不高，加之原理和结构的特点，局限性较大，很少使用。

另外，还有一些专门用来测定非金属的硬度计，如测定橡胶硬度的邵氏硬度计、测定玻璃钢硬度的巴克尔硬度计等。

几种常用的硬度基准，我国均已建立，其中激光洛氏硬度计的精度已达到国际先进水平。

2. 硬度计量方法

硬度试验法可按负荷施加的方式分为静载压入试验法和动载压入试验法。静载压入试验法是在静载荷下把压头压入被测物来测量硬度，我们通常都采用这种方法，如布氏法、洛氏法、表面洛氏法、维氏法、显微硬度试验法等。动载压入法是在动载荷下压头冲击被测物来测量硬度，如肖氏硬度法等。

1）布氏硬度试验法

布氏硬度试验法是瑞典工程师布利涅尔在1900年提出的。根据其试验原理生产的测定金属硬度的硬度计，叫作金属布氏硬度计，所用硬度块称为布氏硬度块。布氏硬度用HB表示。

布氏硬度试验法如图7-5所示。它是把一定直径的淬火钢球在一定负荷 P 作用下压入试样，这时在试样的表面上就产生半球形的压痕。硬度值以压痕球面上所承受的平均压力（千克/毫米^2）来计算。

$$\mathrm{HB}=\frac{2P}{\pi(D-\sqrt{D^2-d^2})}\tag{7-11}$$

式中，D 为钢球直径；d 为压痕直径。

压痕的球形面积 F 可根据其压入深度 h 来计算，即

$$F=\pi Dh\tag{7-12}$$

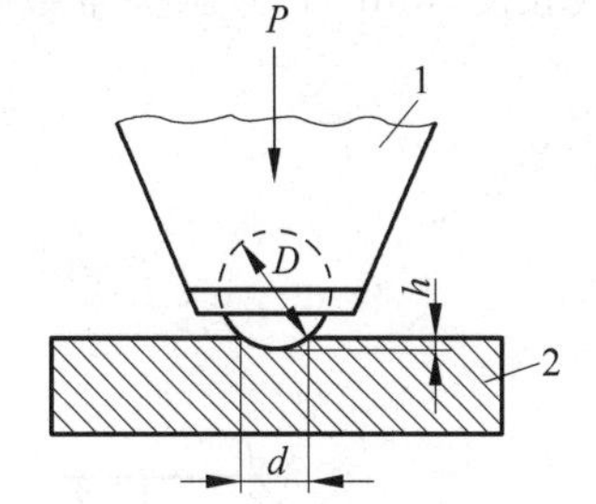

图7-5　布氏硬度试验法

1—压头；2—试样

在实际试验中，测定压入深度 h 是比较困难的，一般采用测定压痕直径 d，使用根据不同负荷下不同直径的钢球压出的不同直径的压痕计算好的专用表格，来查对布氏硬度值。

布氏硬度试验法一般用来测定较软的材料，它的试验精确度较高，重复性也较好，而且

压头容易制造,成本也低。但这种方法不能测试较硬、较薄的材料。

2) 维氏硬度试验法

维氏硬度试验法是英国人斯米特和桑德米德在1925年提出的,按照这种试验方法制成第一台硬度计的是维克斯-阿姆斯特朗公司,所以习惯地称它为维氏硬度试验法。维氏硬度用HV表示。

维氏硬度试验法是用两相对面的夹角为136°的金刚石正四棱角锥形体作压头,如图7-6所示。在一定负荷下将压头压入试样,以试样表面上的压痕大小来衡量硬度值的高低。硬度值以压痕表面所承受的平均压力来表示,计算公式是

$$HV = 1.8544 \frac{P}{d^2} \tag{7-13}$$

式中,P为负荷;d为压痕对角线长度。

维氏硬度试验法最常用的负荷力为5kgf、10kgf、30kgf、100kgf。这种试验法可以测试很硬的材料,也可测试较软的材料。所得压痕在显微镜下观测为正方形,轮廓清晰,对角线很容易测量。测量结果的重复性好,一些不能采用布氏法或洛氏法试验的试样,可采用维氏法。但它的压头制造困难,也易损坏。对试件表面光洁度要求较高。

3) 努氏硬度试验法

努氏硬度是以发明人美国的Knoop命名的,过去又称克氏硬度、克努普硬度、努普硬度,在我国列为小负荷硬度试验,也可称其为显微硬度。它与显微维氏硬度一样,使用较小的力以特殊形状的压头进行试验,测量压痕对角线求得硬度值。努氏硬度试验原理:将顶部两棱之间的α角为172.5°和β角为130°的棱锥体金刚石压头用规定的试验力压入试样表面,经一定的保持时间后卸除试验力(见图7-7)。试验力除以试样表面的压痕投影面积之商即为努氏硬度,计算公式如下:

$$HK = 0.102 \frac{F}{S} = 0.102 \frac{F}{cd^2} \approx 1.451 \frac{F}{d^2} \tag{7-14}$$

式中,HK为努氏硬度符号;F为试验力,N;S为压痕投影面积,mm^2;d为压痕长对角线长度,mm;c为压头常数,$c = \frac{\tan\frac{\beta}{2}}{2\tan\frac{\alpha}{2}}$,与用长对角线长度的平方计算的压痕投影面积有关。

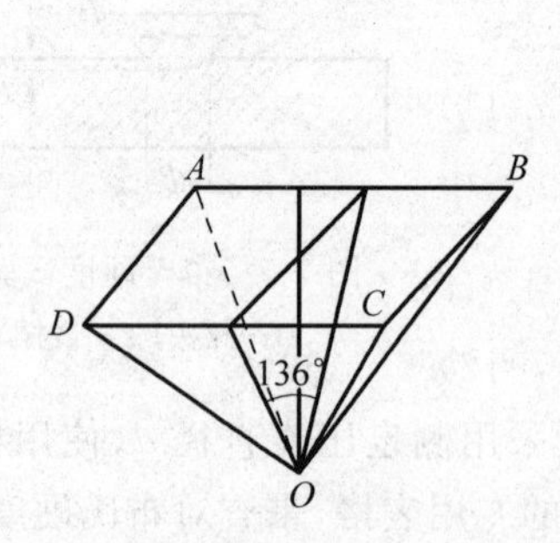

图7-6 维氏硬度试验法用压头

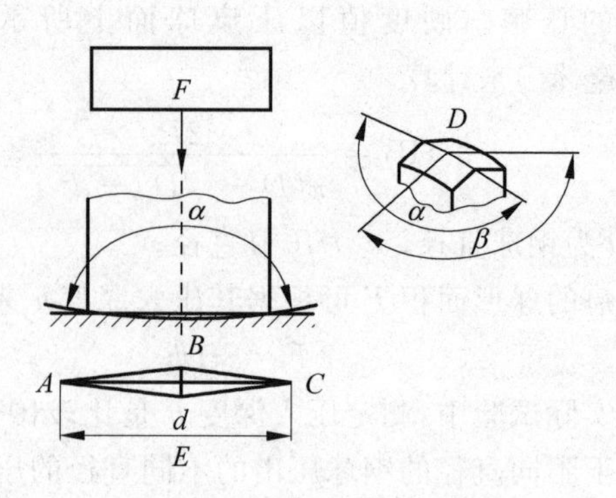

图7-7 努氏硬度试验原理

4）肖氏硬度试验法

肖氏硬度试验法是美国人肖尔在1907年提出的，所以称肖氏法，又称弹性回跳法。制成的硬度计称为肖氏硬度计，肖氏硬度用HS表示。

肖氏硬度试验法属于动载硬度试验范围，它以金刚石撞针从固定的高度自由下落到试件表面，使试件表面残留一个压痕后回跳的高度来表示硬度值的高低，计算公式为

$$\mathrm{HS} = K\frac{h_2}{h_1} \tag{7-15}$$

式中，K为常数，与硬度计的型号有关；h_2为撞针的反弹高度；h_1为撞针的下落高度。

肖氏硬度计便于携带，可到现场进行硬度测定，适用于大型物体如轧辊、大型齿轮等的硬度测定。但它的测量精度低。

常用的硬度试验法还有显微硬度试验法，它的原理和维氏硬度试验法相同，只是使用的负荷小，得到的压痕也小，只有在高倍率的显微镜下才能进行观测。这种方法一般用来研究材料的金相组织和测定镀层、薄试件、微小零件的硬度。显微硬度用HK表示。

7.1.7　振动与冲击计量

振动与冲击是可以用位移、速度、加速度和频率等物理量来描述的物理现象，振动与冲击的计量在国防、工农业生产、土木建筑、机械制造、交通运输、地震预报以及生物医学等部门都有相当重要的意义。例如，1973年日本曾发生过由于30万kW双水内冷发电机组的振动过大而引起的机毁人亡的重大事故。据统计，美国在1960年以前的火箭、导弹发射事故中，有40%是由于振动问题而引起的。当前，海底石油的开发日益兴盛，海上钻井平台的安全与振动和冲击的综合测试密切相关。据观测，地震发生之前总有一定的微振前兆，对微振信号的计量已成为地震预报的一种重要手段。

振动状态通常是用频率、位移、速度或加速度来表征的。其中，频率和位移是基本的，而速度和加速度则可通过前两者表示出来。比如一个作正弦运动的振动，其位移可由式(7-16)确定：

$$l = A\sin(2\pi ft + \varphi) \tag{7-16}$$

式中，l为位移，mm；A为振幅，mm；f为振动频率，Hz；t为时间，s；φ为初始相角，rad。

其运动速度为

$$v = 2\pi fA\cos(2\pi ft + \varphi) \tag{7-17}$$

加速度为

$$a = -(2\pi f)^2 A\sin(2\pi ft + \varphi) \tag{7-18}$$

可见，位移变化的峰值为A，速度变化的峰值为$2\pi fA$，加速度变化的峰值为$(2\pi f)^2 A$。这样一来，振动与冲击的计量便可转为特定情况下的长度与频率的计量。

近年来，随着信息转换技术的发展，传感器在计量中已获得了广泛的应用。对于计量位移的传感器，其灵敏度可表示为U_o/A，其中U_o为传感器的输出电压，A为振动的振幅。对于计量速度的传感器，其灵敏度可表示为$U_o/2\pi fA$。对于计量加速度的传感器，其灵敏度可表示为$U_o/(2\pi f)^2 A$。所以，只要分别测出振幅A、振动频率f和传感器的输出电压U_o，便可确定传感器的灵敏度。如果改变振动的频率和振幅，便可求出在不同频率和振幅下的

灵敏度，即可获得传感器的频率响应和幅度响应。目前，计量频率和电压可以用高精度的频率计和电压表，而计量振幅则多采用激光干涉仪。由于激光具有单色性好、方向性强、光强高等特点，以其为光源的干涉仪在振动与冲击的计量中已普遍采用。利用激光干涉仪计量振幅的方法统称为光干涉法，比如计数法、贝塞尔函数法、调频法等。计数法又有直接计数法、多周期平均法和相位细分法等，贝塞尔函数法又有零值法（消失法）和最大值法等。

振动与冲击计量范围大致是：频率 0～10 000Hz 左右，位移从几微米到数十厘米，加速度 0.001～10 000g。

当前，振动与冲击计量所能达到的精度约为 0.5%。

我国的高频振动基准、中频振动基准和低频振动基准以及常用的冲击校准装置均已建立，并达到了较高的水平。

1. 振动测量仪器

目前最为广泛使用的测振方法是电测法。电测法测振仪器通常由传感器、放大器、显示器（或记录仪）组成。根据测量的振动参数，测振传感器有位移式、速度式、加速度式三种。

位移式传感器是将振动参数的大小转换为相应的电量变化，只要测出电量的变化量，就知道了对应的振动位移的大小。这类传感器有电容式和电感式。电容式传感器适用于测量高频振动的微小振幅，可以测到 0.05μm。电感式传感器测量频率范围为 0～1000Hz，可以测到一毫米到几十毫米。此外，还有利用电涡流现象制成的涡流式传感器，它具有较高的灵敏度，测量振幅范围从几十微米到几毫米，但测量精度低。

速度式传感器是根据输出的电量与输入振动速度成正比的原理制成的。这类传感器有惯性式和相对式。速度式传感器结构简单、使用方便、内阻低、灵敏度高，适用于中低频（10～1000Hz）和中等振动强度的振动测量，但使用时环境温度不能太高。

加速度式传感器常见的有压电式、压阻式和伺服式。压电加速度计的敏感元件是压电晶体片，使用时晶体片上产生的电荷或电动势与加速度计所受到的振动加速度成正比，可用电子仪表将电量进行测量或记录。压电式加速度计结构坚实、体积小、灵敏度高，不仅可以测量振动，还可以用于冲击测量，使用十分广泛。由于校准传感器和测振仪的需要，国内外已研制生产了标准压电式加速度计，以作为振动计量的标准器。压阻式加速度计以单晶硅片作敏感元件，适用于低频测量。伺服式加速度计是根据振动加速度与串接在伺服放大回路中精密电阻的压降成正比的原理设计的，是低频范围内使用的高精度传感器，广泛用于低频微振动测量。

测振仪器的放大器是将传感器输出的微弱电信号通过阻抗变换和调制，然后再进行放大，以便使其输出信号能推动显示仪表和记录设备。显示仪表一般用电压表。

2. 多维振动测量系统的应用

1）概述

影响枪炮射击精度的因素很多，但就枪炮本身来讲，弹丸在膛内运动以及弹丸出枪炮口瞬间，枪炮管口部的位移、速度、加速度以及角位移、角速度、角加速度对射击精度有着直接的影响。这些运动参量将使弹丸飞出枪炮口时产生初始扰动，影响弹丸外弹道飞行特性和着靶精度。对于直射武器和近距射击的枪械和小口径高炮，角位移对射击精度影响很大。因此，测出弹丸出枪炮口瞬时枪炮口的线位移和角位移，对于研究和改进枪炮射击精度具有很重要的意义。

在自动武器的分析测试研究中,常常要求对所测对象进行多参数测量。多参数测量是利用非电量电测系统对反映武器性能、工作状态的多个单一动态参数实施的综合同步测量。与单参数测量相比,多参数测量能较全面地了解武器各动态参数的量值、变化过程、相互影响、相互联系,便于进行相关分析研究。这不仅对于全面了解武器的工作状态,分析武器的综合性能,而且对于探索武器的工作机能,验证和发展武器设计理论都很有利。多参数测量还可以使测试分析成本大幅度降低,而且多参数综合评价必然会提高武器特性分析结果的正确性,显著地缩短研制周期。在射击过程中,枪炮口部具有 6 个自由度(3 个方向的位移和 3 个方向的转动)的运动。多参数测量要求对一发弹同时测出这 6 个位移参数,再通过数据处理求出与时间对应的速度和角速度。

2) 测量系统的工作原理

测量系统中的传感器采用光电测试原理,根据光学反射和折射原理,将被测物体的 6 维运动转换为光线形状和位置的变化,采用 PSD 光电探测器件对光线位置进行探测,并通过相应的数学模型进行计算得到被测物的参数。这种方法不但可以测出被测物体的 3 个角位移,而且可以测出 3 个线位移,构成一个实用的 6 维传感器。

以枪炮的 6 维振动为例,其结构示意图如图 7-8 所示。该 6 维传感器由平行光源、一个光线转换器、6 个光电探测器件(PSD)、投影屏、数据采集和计算机信号处理系统组成。两个相互垂直表面镀反射膜的光纤单元固结在一起构成一个完整的光线转换器,光纤很轻,可以固定在被测物上随被测物体一起运动,而不会显著影响被测体的振动特性。

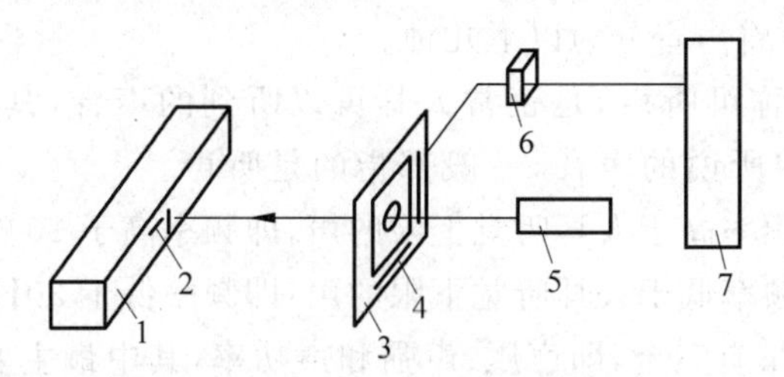

图 7-8 传感器结构示意图

1—被测物体; 2—光线转换器; 3—投影屏; 4—光电探测器件 PSD; 5—平行光源

如图 7-8 所示,当一束光线照射到光纤(光线转换器)上时,由于光线在圆柱面上的反射会形成一个发散的光面。当入射光线与反射圆柱的轴心线垂直时,所形成的光面为一平面。这个光平面在投影屏上的投影为一条直线。当入射光线与反射圆柱轴心线不垂直时,所形成的光面为一光锥面,这个光锥面在投影屏上的投影为一条二次曲线。当被测物体运动时,在投影屏上所形成两条投影曲线的位置和形状也会随之发生变化,并且被测物体的位置与投影曲线的位置和形状有着确定的数学关系。测得投影曲线上若干点的位置,代入数学模型中进行解算,就可求得被测物体的当前位置。

7.2 声学计量

声学是研究物质中声波的产生、传播、接收和影响的科学。声学计量是现代计量的一个重要领域。随着科技的发展,通信、广播、电视、电影、语言、音乐、房屋建筑、工农业生产、医药卫生、渔业、航海、海防以及生理、心理等各方面都日益明显地需要声学计量，而且对声学计量水平的要求越来越高。例如，水声计量已成为搜索敌人的舰艇、引导鱼雷攻击敌舰的重要手段，在导航、保证航海安全、探测鱼群、研究海底的地质结构以及计量海底深度等方面亦都有着明显的作用。超声计量是近年来声学计量中发展最快的一个分支。它可为检查材料的质量（超声探伤），监测化学反应过程、液体流速、温度变化、液面高度及液体厚度，净化环境空气，进行人工降雨、消雾，刺激植物快速发芽、生长，以及治疗风湿病、冠心病和脑血栓等提供相应的计量保证。比如超声理疗机的超声功率必须经过超声计量，才能充分发挥作用。否则，超声功率过大，会有害于人体；过小则不能取得应有的疗效。为了防护和控制越来越多的噪声对人体的危害，必须经常进行噪声监测以及听力计量等。

7.2.1 声学计量的基本内容

声学量和单位都是建立在力学基础之上的，故而所有的声学量都是导出量，所有声学量的单位都是导出单位。

通俗地说，声音是在物体振动时发生的，而振动发声的物体则称为声源。在声学中，声或声波是弹性媒质中的压力、应力、质点速度、质点位移等的变化或这几种变化的综合的一种体现。这里所说的弹性媒质，可以是固体、气体，也可以是液体或等离子体。声是以纵波的形式在弹性媒质中传播的。

根据声波的频率，可将声音分为以下几种。

(1) 听声。听声亦称可听声，是正常人耳可以听到的声音，其频率范围大致为20～20 000Hz。日常生活中所说的声音，一般都指的是听声。

(2) 超声。超声是频率高于人耳听觉上限的声，即频率高于20 000Hz的声音。

(3) 次声。次声是频率低于人耳听觉下限的声，即频率低于20Hz的声音。

声学计量的基本参量有三个，即声压、声强和声功率，其中最主要的是声压。因为声强和声功率的计量相当困难，而声压的计量则比较容易，所以往往通过计量声压来间接地计量其他量。

在声波引起空气质点振动时，周围气压便产生波动，这个波动部分即称为声压，一般用P来表示，其单位是帕斯卡，符号为Pa。1帕斯卡等于1牛顿每平方米，即帕斯卡是1牛顿的力均匀而垂直地作用在1平方米的面上所产生的压力。通常所说的声压皆指有效（均方根）声压。

正常人耳刚刚能听到的声音的声压为2×10^{-5}Pa，称为听阈声压；使正常人耳开始感到刺痛难忍的声音的声压为20Pa，称为痛阈声压。两者相差100万倍。可见，用帕斯卡这个单位表示声压很不方便。

于是，人们便选择了一个对数单位——分贝，作为级差的单位，符号为dB。声压用分贝表示称为声压级，其数学表达式为

$$L_P = 20\lg\frac{P}{P_0}(\text{dB}) \tag{7-19}$$

式中，P_0为基准声压，通常取为2×10^{-6}Pa。这样，听阈的声压级即为0dB；而痛阈则为120dB。人们日常讲话的声音约为40dB，拖拉机的噪声则可达80dB甚至100dB。

声强是单位时间通过垂直于声波传播方向的单位面积的声能量，常用 I 表示，单位为 W/m^2。声强用分贝表示称为声强级，其数学表达式为

$$L_I = 10\lg \frac{I}{I_0}(\mathrm{dB}) \tag{7-20}$$

式中，I_0 为基准声强，取为 $10^{-12}\,W/m^2$。

声功率是声源在单位时间内辐射的总能量，一般用 W 表示，单位为瓦。声功率用分贝表示则为声功率级，其数学表达式为

$$L_W = 10\lg \frac{W}{W_0}(\mathrm{dB}) \tag{7-21}$$

式中，W_0 为基准声功率，取为 $10^{-12}\,W$。

当空间媒质中有声波存在时，就形成了声场。任何声压计量都是在声场中进行的。听声的精密计量一般在自由场（消声室）或压力场（耦合腔）中进行，水声和超声的精密计量则在消声水池或相应的液体中进行。

7.2.2　声学计量的主要方法

1. 空气声压计量

实现空气声压单位的方法很多，如互易法、活塞发生器法、热致发生器法、驻波管烟点法、重力法、静电激发器法以及瑞利盘法等。现将几种较常用的方法概述如下。

1）耦合腔互易法

耦合腔互易法亦称压强绝对校准法，是一种绝对计量声压的较好的、高精度的方法。该法是用三只具有互易性的电容传声器 a、b 和 c 组合成对，并用一个耦合器使两个传声器相互耦合，其中一个作声源，另一个作声接收器，然后计量接收传声器的输出开路电压与发射传声器输入电流的比值。

若系统的声转移阻抗已知，则可确定两个耦合的传声器的灵敏度积；利用传声器 a、b 和 c 的成对组合，便可从三个这样相互独立的乘积中导出其中任何一个传声器的灵敏度的表达式。两个传声器灵敏度乘积的表达式为

$$M_{pa}M_{pb} = \frac{U_b}{z_{ab}\,i_a} \tag{7-22}$$

式中，M_{pa} 为传声器 a 的声压灵敏度；M_{pb} 为传声器 b 的声压灵敏度；Z_{ab} 为声转移阻抗；U_b 为接收传声器的输出开路电压；i_a 为发射传声器的输入电流。

传声器声压灵敏度级的表达式为

$$20\lg M_{pa} = 10\lg \frac{R_{ab}R_{ca}}{R_{bc}} + 10\lg \frac{Z_{bc}}{Z_{ab}Z_{ca}} + \text{修正项} \tag{7-23}$$

式中，R_{ab}、R_{bc}、R_{ca} 分别为成对组合时的电转移阻抗；Z_{ab}、Z_{bc}、Z_{ca} 分别为成对组合时的声转移阻抗；修正项则包括气压修正、温度修正、热传导修正和波动修正等。

耦合腔互易法的校准频率范围为 50～2000Hz，精度为±0.05dB。若将耦合腔中充以氢气，则校准频率可扩展至 10 000Hz，精度约为±0.1dB。

耦合腔互易法是当前精度最高的一种绝对校准法，几乎所有国家的空气声压计量基准都是采用该法建立的。

2）自由场互易法

自由场互易法的原理与耦合腔互易法的原理基本相同，只不过计量的方法不同而已。自由场互易法一定要在消声室或具有自由场特性的其他空间内进行。

传声器自由场灵敏度是指传声器输出端的开路电压和传声器所在位置平面自由声压之比，即

$$M_{\mathrm{f}} = \frac{U_{\mathrm{oc}}}{P_{\mathrm{ff}}} \tag{7-24}$$

式中，M_{f} 为传声器自由场灵敏度；U_{oc} 为传声器的输出开路电压；P_{ff} 为传声器放入前声场中该点的声压。

传声器自由场灵敏度的表达式为

$$|M_{\mathrm{fa}}| = \left\{\left(\frac{a}{pf} \cdot \frac{d_{\mathrm{ab}} d_{\mathrm{ca}}}{d_{\mathrm{bc}}} \cdot \frac{Z_{\mathrm{ab}} Z_{\mathrm{ca}}}{Z_{\mathrm{bc}}}\right) \exp[a(d_{\mathrm{ab}} + d_{\mathrm{ca}} - d_{\mathrm{ab}})]\right\}^{1/2} \tag{7-25}$$

式中，d_{ab}、d_{ca}、d_{bc} 分别为三个传声器与相应声源之间的距离；Z_{ab}、Z_{ca}、Z_{bc} 分别为三个传声器的转移阻抗；f 为测试频率；ρ 为空气密度；α 为空气中声波衰减系数。

自由场互易法的校准精度约为±0.2dB，适用的频率不超出 20～20 000Hz 的范围。

3）活塞发生器法

活塞发生器是由一个密封的刚性空腔和装在空腔壁上的一个活塞构成。活塞在外力的驱动下作正弦振动，成为一个活塞发声器。早期活塞是用带有飞轮和曲柄的电动机驱动，现在则多用处于磁场中的运动线圈来驱动，线圈的运动由电流来控制。在空腔的另一个壁上装有待校准的电容传声器。活塞的正弦运动压迫腔内的空气，使腔内的压力发生正弦变化。通过计量活塞振动的振幅，便可算出腔内的声压：

$$P = \frac{\gamma p_0 S_{\mathrm{e}}}{\sqrt{2} KV} y \tag{7-26}$$

式中，y 为活塞振动的振幅；S_{e} 为活塞的有效面积；p_0 为周围环境的大气压力；γ 为空腔内气体的比热容比；K 为热传导的修正因子；V 为空腔体积。

活塞发生器法适于低频段校准电容传声器的灵敏度，工作频率一般为 1～1000Hz，精度约为±0.1dB。

2. 水声声压计量

水声声压计量的基本原理与空气声压计量的原理相同，只不过需要在性能良好的消声水池或相应的液体中进行。

实现水声声压单位的主要方法有耦合腔压电补偿法和自由场互易法。耦合腔压电补偿装置一般可以在 0.001～3.15kHz 的频率范围内进行水听器校准，精度约为±0.5dB。水声自由场互易装置的工作频率为 3～200kHz，精度约为±1dB。

下面介绍一种低频水声计量方案。

随着水声通信及水声测控设备的工作频率逐渐向低频频域扩展，建立水声低频(20Hz～2kHz)计量标准装置，解决水声测量设备(水听器、换能器)低频段的量值传递问题，是水声计量工作的首要任务。目前国内外测量水听器低频段的校准方法有密闭腔比较法、活塞发声器法和振动液柱法。密闭腔比较法要获得较高的上限频率应采用置换比较法，但此法要求被校水听器与标准水听器的几何尺寸相近，这就限制了其使用范围，且发射源的频率也很难

做得很低；活塞发声器法的校准频段仅为1～50Hz，频率范围窄；振动液柱法是通过振动加速度的测量来校准标准水听器声压灵敏度的方法，是适合于在低频率下使用的绝对方法，是国家军用标准GJB/J 3803—99推荐的水听器低频校准方法，采用振动液柱法建立低频水声计量标准是可行方案。为实现自动化控制和测量，振动液柱法校准水听器的方案构建是以计算机为中心的测量振动台振动幅值和回馈控制振动的闭环系统（见图7-9），系统的核心控制执行机构即为振动液柱校准控制仪，系统采用USB方式通信，并引入多通道高速数据采集，独立水听器测量通道。振动液柱校准控制仪的集成构建利于系统架构的灵活性和处理信号方法的多样性，方便各种测试需求。

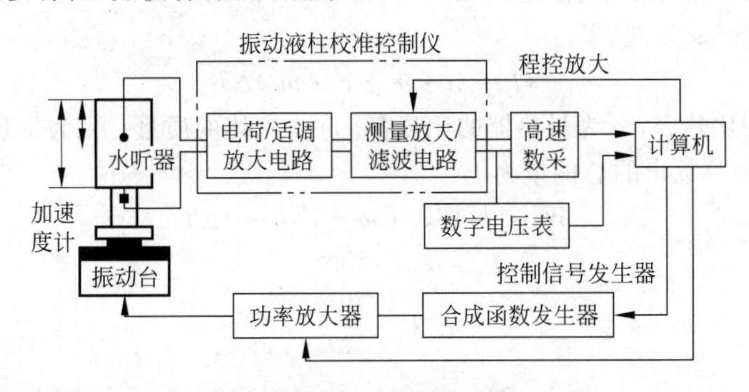

图7-9　低频水声计量校准方案示意图

3. 超声计量

超声的作用与其功率密切相关，因此对超声的计量，一般都需要求出声强和声功率。超声的计量方法大致有下列几种。

1）电学法

电学法主要是通过一个标准换能器，将声能转换成电能来进行计量。该法具体计量的仍是声压，然后再利用下列关系式求出声强：

$$I = \frac{P^2}{Z_0} \tag{7-27}$$

式中，I为声强；P为声压；Z_0为媒质的特性阻抗，对于一定的媒质是已知的常数。

上述的声强与声压之间的关系式，对于自由声场是适用的，而对于一般的声场则未必适用。

2）力学法

力学法是通过计量声波的辐射压力来求出声强的一种方法。声波与光波一样，能产生辐射压力，即由声波辐射能量所引起的一定方向的恒稳压力，其方向为声波传播的方向，其大小等于声强除以声速。

若将声波的辐射压力作用于一个全反射体，然后用天平计量出该反射体所受到的压力（见图7-10），便可利用下式求出声强：

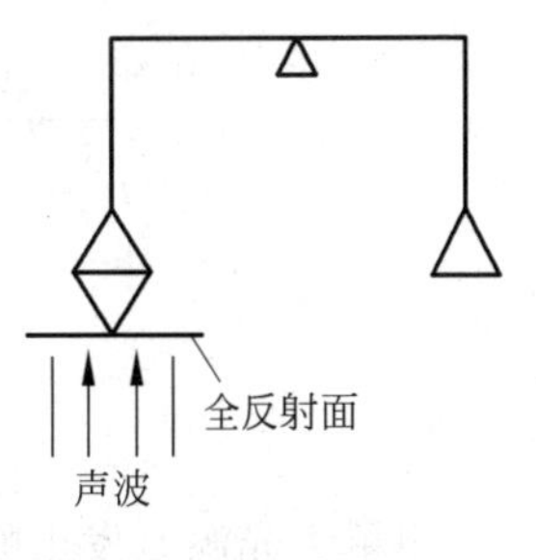

图7-10　力学法原理示意图

$$I = \frac{mgc}{S}(\mathrm{W/m^2}) \tag{7-28}$$

式中，I为声强；m为平衡天平的砝码质量；g为重力加速度；c

为声速；S 为反射体的表面积。

3）热学法

热学法是将声能转化为热能来进行计量的一种方法。物质吸收的声能可转为热效应，如使物质的温度升高、体积膨胀等。对声能的吸收，与其频率的平方成正比，故频率越高效应越显著。所以，热学法就成了计量超声声强和声功率的一种有效方法。

将工作物质（通常为液体）置于一绝热的容器中，使其不与外界发生热交换，以能将所吸收的声能全部转化为本身的热能。

设工作液体的质量为 m，在超声辐射的时间 Δt 内，温度升高 ΔT，则其所获得的热量 Q 为

$$Q = (c \cdot m + c' \cdot m')\Delta T \tag{7-29}$$

式中，c 为液体的比热容；c' 为量热器的比热容；m 为液体的质量；m' 为量热器的质量。声源在时间 Δt 内释放出的总能量为

$$W = 4.18(c \cdot m + c' \cdot m')\Delta T \tag{7-30}$$

声源功率为

$$P = \frac{W}{\Delta t} \tag{7-31}$$

于是，声强为

$$I = \frac{P}{S} = 4.18(c \cdot m + c' \cdot m')\frac{\Delta T}{\Delta t S} \tag{7-32}$$

式中，S 为声源的有效辐射面积。

4）光学法

光学法是利用超声波在透明媒质中传播时，其折射率随着密度的变化而正弦地变化的现象，通过对折射率变化的振幅的计量而求得超声强度的一种方法。具体的计算公式为

$$I = \frac{\rho_0 c^3 d^2 (\Delta n)^2}{2(n_0 - 1)^2} \tag{7-33}$$

式中，I 为超声强度；c 为超声在液体中的速度；d 为超声束的直径；Δn 为折射率的振幅；ρ_0 和 n_0 分别为没有超声场时液体的密度和折射率。

上式中的 n_0、ρ_0 和 c 对于一定的液体为定值，而 Δn 则可通过观察超声波对光的衍射求出。该光学系统的原理如图 7-11 所示。

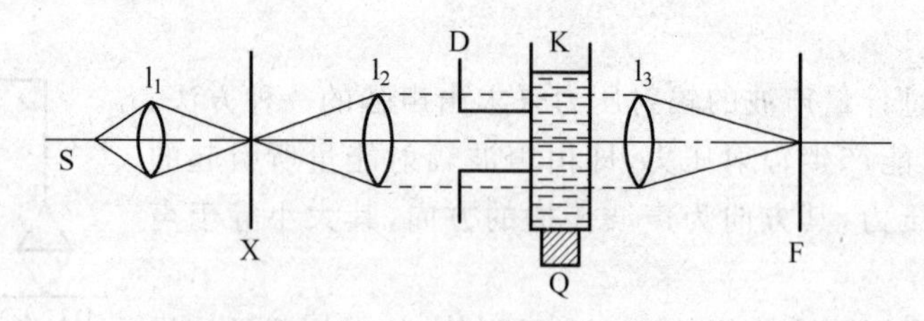

图 7-11　超声波对光的衍射系统

由单色光源 S 发出的光，经聚光器 l_1 聚集于平行光管的狭缝 X 上，狭缝可在平行光的物镜 l_2 的焦点内移动，光透过此物镜后便以平行光束的形式传播，光阑 D 割截出较狭的光束穿过装满液体的透明水槽 K，水槽中的换能器 Q 发射出超声波，波前平面严格平行于狭

缝X和光轴。为避免反射波使超声场发生畸变，在水槽与Q对面的一边应放置吸收体。

当超声波发射时，被超声波激励的液体类似光栅，在物镜终点内的狭缝像分裂于衍射带的系统上(光谱级)。光谱级间的距离与超声波的波长有关，而光谱级的数量和相对亮度又与超声波的强度有关。超声波对光的衍射特点是每个衍射带的亮点(包括中央狭缝的像)会随超声波强度的改变而周期地变化。任何一个光谱级的消声单值都对应于一定的参数值：

$$h = \frac{\Delta n d}{\lambda} \tag{7-34}$$

式中，d为超声束的直径；λ为超声波的波长。利用该式便可求出Δn。

4. 超声流量计及其原理、特点

1) 定义

超声流量计是通过检测流体流动对超声束或超声脉冲的作用来测量流量的仪器，流通通道没有阻碍，在测量比较困难的情况下较为适用，尤其是大口径的流量测量，更能发挥优势。该测量仪器有两个关键的组成部分，一是超声换能器，二是转换器。其测量原理为：在声音信号传递的过程中，会受到管道内介质的影响，介质的流动速度决定着两个传感器间声音信号的输送时间，且一般说来，通过上游的时间要多于下游，时间差与流速成正比。

2) 计量方法

超声流量计的计量方法主要有以下几种：①时差法，顺逆传播时，由于传播速度不同，会造成时间差，以此来计算流体的速度。声音信号在两个声波发送器和接收器之间传递，与管道成一夹角，传递至下游的声波在流体作用下速度加快，而上游则被延迟。②相位差法，时差常会引起一定的相位差，通过对其计量来实现流速的计算。声波束沿管道轴线方向被传递，受流体的影响，会向下游有所偏移，偏移距离和流速成正比。③频差法，超声波在传递中，若流体不均匀，声波会出现散射现象。一旦流体和发送器之间存在相对运动，发送的信号和被流体散射后接收到的信号之间会产生多普勒频移。

3) 特点

超声流量计常用于天然气测量，尤其是压力较高、口径较大的流量的测量，压力越高，测量的精确度也就越高，国内外许多天然气站或者大型管道都采用水气体超声流量计。超声流量计的量程通常比较宽，内部没有阻碍，不会出现磨损和压力损失状况，能够节约管道的相关费用。超声流量计有其自身的结构特点，受气体的流向影响小，有利于进行双向流量的计量，维修量较小。

5. 噪声计量

如今，随着工业的高速发展，噪声已成为世界的明显公害之一。噪声计量是控制和消除噪声公害的重要前提和有效手段。

噪声源很多，比如机器噪声、车辆噪声、飞机噪声、建筑噪声、居民区噪声等，其中来源于各种机器的噪声是主要的。近年来，世界各国都在研究机械噪声的统一测试方法问题，并已陆续制定了一些相应的标准测试规范。

最初，对机械设备的噪声计量，是在离所测机械设备一定距离的地方，用声级计计量机器运转发出的噪声声压级。但是声压级的计量与声学环境有关,特别是与计量距离的关系较大,很难测得准确,所以近年来噪声的计量已多用声功率级来表示。因为声功率级能够反映出机械噪声源的总辐射能量,是比较合适的。

噪声的测试方法一般有如下两种。

1)绝对法

绝对法亦称包络法,该法是利用一假设包络面 S 上的几点 A 声压级求出声功率级的。声功率为

$$W = I \cdot S = \frac{\overline{P}^2}{\rho c} S \tag{7-35}$$

声功率级为

$$L_{WA} = \overline{L}_{PA} + 10\lg \frac{S}{S_0} \tag{7-36}$$

式中,I 为声强;ρ 为空气密度;c 为声速,$\overline{P}$ 为平均声压级;L_{WA} 为声功率级;$\overline{L}_{PA}$ 为平均 A 声压级;S_0 为参考面积;S 为假想包络表面积。

平均 A 声压级为

$$\overline{L}_{PA} = 10\lg \frac{1}{n} \sum_{i=1}^{n} 10^{\frac{L_{Pi}}{10}} - K \tag{7-37}$$

式中,L_{Pi} 为第 i 次计量的 A 声压级;K 为计量环境修正值。

修正值 K 可由相关表中查出或用标准声源测出。这样,只要测出包络面各点的声压级,便可求出噪声源的声功率级。该法的精度为 1~5dB。

2)比较法

比较法是将被测噪声源与一标准噪声源相比较,然后通过简单的计算求出被测噪声源声功率级。比较法的关系式为

$$L_W = L_{Wr} + L_P - L_{Pr} \tag{7-38}$$

式中,L_W 为被测噪声源的声功率级;L_{Wr} 为标准噪声源的声功率级;L_P 为被测噪声源的声压级;L_{Pr} 为标准噪声源的声压级。

7.2.3 声学计量的主要标准器

声学计量的主要标准器有如下几种。

(1)标准电容传声器。这是一种灵敏度高、稳定性好的声学换能器。根据测算,其稳定性相当于 900 年不相差 1dB。在 1~10 000Hz 的频率范围内,校准精度约为±0.1dB;在 1~1100kHz 的频率范围内,校准精度约为±0.3dB。

(2)听力零级。所谓听力零级,是指根据实测得到的人们听力零级曲线。它与标准仿真耳一起可用来检定听力计和耳机,检定频率一般为 50~10 000Hz,精度约为±0.5dB。

(3)标准仿真乳突。这实际上是一种标准骨振器。如标准仿真头骨,是用来检定听力计的骨导标准器,其工作的频率范围为 50~10 000Hz,精度约为±1dB。

(4)标准水听器。这是一种压电效应水中换能器,校准频率为 0.001~200kHz,精度约为±1dB。

7.3　热工计量

热工计量主要是对温度、压力、真空、流量和热物性等热工参量的计量。热工计量几乎涉及国民经济的所有领域，对冶金、电力、电子、机械、农业、石油、化工、医疗卫生、国防和科研等部门都很重要。例如，钢铁和其他各种金属的冶炼，都必须进行温度计量，才能保证产品的质量。枪、炮、火箭、导弹等武器及弹药都要进行一系列的耐高温测试，方能有效地发挥作用。在氢同位素等离子体中产生核聚变反应时，至少要遇到几千万度的超高温问题。用液态空气进行冷却，可以增强金属制品的力学性能。利用液氦可以获得超高真空和实现低温技术，对超导现象的研究有十分重要的意义。化纤产品的热处理，电子、玻璃、陶瓷、硅酸盐等工业，以及气象预报等，也都需要热工计量。人体器官和血浆的储存、肿瘤温度扫描等仍然需要精密的热工计量。

控制和降低能源消耗是当前世界各国所普遍关注的一个问题，热工计量正是解决这个问题的一个重要手段。

7.3.1　温度计量

1. 温度

温度是一个重要的基本物理量，它的宏观概念是冷热程度的体现，即热的物体温度高、冷的物体温度低。温度的微观概念是大量分子运动平均动能的体现，即分子运动越剧烈温度就越高。这是大量分子运动的平均效果，是一个统计概念，不适用于单个分子。

那么，温度有没有上下限呢？从上述温度的微观概念可见，温度的上限取决于质点运动的速度。根据相对论，质点运动的速度不可能超过光速，于是便可得出温度的上限约为 10^{32} K。至于温度的下限，根据热力学第二定律，不可能达到绝对零度，而只能无限地接近它。

2. 温标

为了客观地计量物体的温度，必须建立一个衡量温度的标尺，即温标。所谓建立温标，就是规定温度的起点及其基本单位。多年来，人们一直在探求理想的测温物质和建立理想的温标。

最早的公认温标，是德国物理学家华伦海特创立的华氏温标。继之，瑞典化学家摄尔休斯又建立了一种新的摄氏温标，亦称百分温标。这两种温标都是根据物体的体积冷缩热胀的现象制定的，通常称为经验温标。华氏温标规定，冰点为 32℉，水沸点为 212℉，两者中间分 180 等分。摄氏温标规定，标准大气压下的冰点为 0℃，水沸点为 100℃，两者之间分 100 等分。华氏温标与摄氏温标的换算关系是

$$t_F = 32 + \frac{9}{5}t_C \tag{7-39}$$

式中，t_F 为华氏温度，℉；t_C 为摄氏温度，℃。

目前欧美国家在商业及日常生活中仍常使用华氏温度。当然，这已非被废止的华氏温标的含义，而是与国际实用温标相应的一种习惯用法。

这两种温标都与所选的测温物质有关。比如,水银和酒精两种摄氏温度计,由于水银和酒精的膨胀性质不同,两者的温标只能在0℃和100℃两点相重合,而中间各点则不能重合,甚至差异很大(500℃时,约相差4℃)。可见,这类温标不严格,也不够科学,更不能满足日益发展的科技需要。

于是,人们便致力于建立一种与工作物质的特性完全无关的新的温标。英国科学家开尔文根据热力学原理提出了一个新的、理想的热力学温标,亦称开氏温标或绝对温标,并被1948年第九届国际计量大会原则上接受。该温标是只有一个基本定点的绝对热力学温标,与工作物质的特性完全无关。根据热力学第二定律,热机按等温绝热过程完成的卡诺循环,其效率只与冷物体的温度 T_1 和热物体的温度 T_2 有关,而与过程的方向、物质的体积、压力以及其他的物理特性无关,即

$$\eta = \frac{Q_2 - Q_1}{Q_2} = \frac{T_2 - T_1}{T_2} \tag{7-40}$$

式中,η 为热机的效率;Q_1 和 Q_2 分别为工作物质由热物体得到的热量和给冷物体的热量。由上式有

$$1 - \frac{Q_1}{Q_2} = 1 - \frac{T_1}{T_2} \tag{7-41}$$

故

$$\frac{Q_1}{Q_2} = \frac{T_1}{T_2} \tag{7-42}$$

该式给出了两个热力学温度的比值,从而使开尔文建立了热力学温度的概念。但要建立起热力学温标,还必须给出定义的固定点。后来,1954年第十届国际计量大会才正式决定:以水的三相点为273.16K作为基本定点来定义热力学温度。图7-12所示是实现水三相点容器示意图。至此,一个科学的热力学温标便正式建立。开尔文温标确立后,华氏温标和摄氏温标(百分温标)便被废止。目前所用的摄氏度系国际实用摄氏度,并非摄氏温标,其一度亦等于开尔文一度,两者的换算关系为

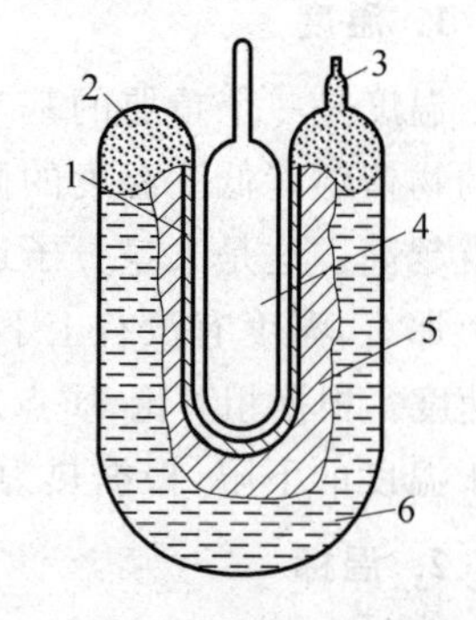

图7-12　水三相点容器示意图

1—水层;2—蒸汽;3—容器焊接点;4—温度计泡;5—冰;6—水

$$T = t + 273.15 \tag{7-43}$$

式中,T 为开尔文温度;t 为摄氏温度。

如何具体实现开尔文热力学温标,仍然是一个人们所关注的课题。迄今为止,都是利用理想气体来实现热力学温标的。理想气体在一定温度下的压力和体积的乘积是一常数,即玻意耳-马略特定律(理想气体状态方程):

$$PV = RT \tag{7-44}$$

式中,P 为压强;V 为体积;R 为普适常数;T 为温度。

如果使气体的体积 V(或压强 P)不变,则由上式可得

$$T = T_0 \frac{P}{P_0} \tag{7-45}$$

式中,T_0 为水三相点的温度;P_0 为温度 T_0 时的压强。于是,根据上述原理,便可制成气体温度计。当然,气体温度计的工作气体并非理想气体,所以必须进行必要的修正。

由于气体温度计结构复杂、使用不便，国际上又商定了国际实用温标。该温标的条件是：尽可能地接近热力学温标，复现性好，规定的插入仪器使用方便、容易制造。当前所使用的是经1975年第十五届国际计量大会补充和修改的1968年国际实用温标，即IPTS-68(75)。该实用温标给出了从氢三相点(13.81K)到金凝固点(1337.58K)共13个固定点。

所谓固定点，即纯物质的相平衡点。物质一般有三相(态)：固相、液相和气相。三相共存时，称为三相点；固相和液相共存时，称为熔点或凝固点；液相和气相共存时，称为沸点如下。

除固定点外，国际实用温标还规定了各温度范围的插入仪器如下。

(1) 低温段：13.81～273.15K，插入仪器为铂电阻温度计；

(2) 中温段：0～630.74℃，插入仪器为铂电阻温度计；

(3) 热电偶高温段：630.74～1064.43℃，插入仪器为铂铑-铂热电偶；

(4) 光学高温段：1064.43℃以上，插入仪器未作具体规定，多采用光电高温计或光学高温计等。

另外，实用温标还规定了相应的内插公式。

由上述可见，温标应由三部分组成，即定义的固定点、标准温度计(测温物质)和内插公式，通常称为温标的三要素。

为解决当前的急需，国际上通过了EPT-76临时温标，其中以镉的超导转换点(0.519K)等为固定点，将低温范围扩至0.5K。

为进一步适应现代科技发展的需要，国际上正在研究新的实用温标。新温标的量限将向两端扩展，低温至少到0.1K甚至0.01K，即所谓超低温段，高温将可能到40000K甚至更高。

目前我国复现国际实用温标的精度为：

(1) 13.81～90.188K，$\sigma \leqslant (0.7 \sim 2.9)$mK；

(2) 0～630.74℃，$\sigma \leqslant (0.1 \sim 0.3)$ mK；

(3) 630.74～1064.43℃，$\sigma \leqslant 0.1$K；

(4) 1064.43～2650℃，$\sigma \leqslant 0.07$K(1064.43℃)、$\sigma \leqslant 12$K(2000℃)。

我国虽然在国际实用温标方面已经实现了定义的固定点和建立了相应的基准器，并且高温铂电阻温度计已达到国际先进水平，但在高温等离子区和低温超导区的温度计量才刚刚起步。总的来讲，我国的温度计量已取得了较大的成绩，但与国际先进水平相比，还有较大的差距。例如，在超低温方面，美国已研制噪声温度计，应用约瑟夫森结计量热噪声温度，估计可达到0.01K；英国研制成的铑-铁温度计和磁温度计，其复现温标已分别达到0.4K和0.5K。在高温方面，俄罗斯用光电光谱高温计计量40 000K离子温度的误差不大于2.5%；法国利用氢弧达到的最高温度为15 000℃，辐射计量精度为±8%；德国真空紫外辐射标准的等离子源的最高温度为12 500K；等等。

3. 中、低温计量

低温计量所用的计量仪器主要有膨胀式温度计和电阻温度计。

1) 膨胀式温度计

膨胀式温度计是基于物质的热胀冷缩特性制成的，它分固体膨胀式和液体膨胀式。液体膨胀式一般有玻璃水银温度计和玻璃有机液体温度计，最常见的是玻璃液体温度计，下面介绍它的原理。

玻璃液体温度计主要由储存感温液体（或称测温质）的感温泡（也称储囊）、毛细管及标尺等组成。某些玻璃液体温度计还有中间泡和安全泡。感温泡是一内径较大、呈圆柱形或球形的玻璃管，它是由玻璃毛细管经热加工制成的（称拉泡）或由一段薄壁玻璃管与毛细管熔接制成（称接泡）。安全泡是在距测温上限刻线以上一定距离的毛细管顶端烧制一个形状呈倒置梨形的扩大部分，其作用是防止温度计的偶然过热而炸裂和提高测温上限，以储存超过上限温度时感温液体积的膨胀量。为提高温度计的灵敏度和缩短温度计尺寸，以便于使用，对于测温下限高于室温的温度计，在感温泡与下限刻线间的毛细管适当部位，将其烧制成中间大两头尖的扩大部分，称为中间泡。中间泡用以容纳由室温升至下限温度时膨胀的感温液体积。通过烧制不同大小的中间泡，可使温度计的测温下限从任意温度起始，又可预防测温下限较高的温度计在室温下感温液冷缩至感温泡内形成气泡。有的玻璃液体温度计用内径较大的毛细管代替中间泡。

感温液封装充满感温泡和毛细管的一部分，在感温液柱上端面以上的毛细管空间，根据玻璃液体温度计测量上限的高低，充以不同压力的干燥惰性气体或抽至真空。温度数字及刻度线蚀刻（或印制）在毛细管玻璃表面上或刻印在紧靠毛细管玻璃后面呈乳白色的玻璃瓷板上。

玻璃液体温度计是基于液体在透明玻璃外壳中的热胀冷缩作用而制造的。

当温度变化时，感温液、感温泡和毛细管的体积随之改变，致使液柱沿毛细管升高或降低，当玻璃液体温度计与测温介质达到热平衡时，通过读取感温液柱上端面的中心位置便可得到被测介质的温度。

物质的体膨胀系数可定量地描述其膨胀特性。物质的体膨胀系数定义为：温度升高1℃所引起的物质体积的增大与其在0℃时的体积之比。体膨胀系数也简称体胀系数。在较大的温度范围内。体胀系数都不是线性的，通常在使用范围内取其平均值，称为平均体胀系数。

玻璃液体温度计受热时，感温液体积膨胀，促使液柱上端面沿毛细管上升，而感温泡和毛细管受热膨胀，导致感温液柱上端面沿毛细管下降，实际上是两种作用的叠加。由于感温液的体胀系数要比玻璃的体胀系数大许多倍，所以能从毛细管中观察到液柱上端面随温度升高而上升，随温度降低而下降。因此，玻璃液体温度计感温液柱随温度变化的位置改变量实质上是感温液体积与玻璃容积的改变之差。

2）电阻温度计

一般金属的电阻随温度的升高而增大，温度升高1℃，电阻值增加0.4～0.6Ω。而半导体的电阻则随温度的升高而减小，在20℃左右，温度升高1℃，电阻值减小2～6Ω。利用导体或半导体的电阻随温度变化的特性来测量温度的仪器称为电阻温度计。在一定的条件下，电阻是温度的单值函数，电阻与温度之间的关系式为

$$R = R_0[1 + d(t - t_0)] \tag{7-46}$$

式中，R 为温度为 t 时的电阻值；R_0 为温度为 t_0 的电阻值；d 为电阻温度系数；$t-t_0$ 为温

度的变化量。

常见的电阻温度计敏感元件由电阻丝、骨架和保护导管组成，如图 7-13 所示。一般是将纯度很高的电阻丝绕在骨架上，然后装在石英或金属制的保护套管内。骨架是用来支撑电阻丝和使它们之间彼此绝缘的，材料有玻璃石英的、云母的、陶瓷的，形状有平板形、圆柱形、螺旋形等。

选择制造电阻丝的材料，第一，要求测量重复性好，在给定的温度下电阻值能很好地重复，因此材料的成分要稳定。第二，要求电阻温度系数大，以保证温度计有足够的灵敏度。

4. 热电高温计

1）热电高温计

利用热电现象测量温度的仪器叫作热电温度计。采用热电温度计可以测量－200～2000℃范围内的温度。由于 600℃以上的温度的测量多由热电温度计承担，所以一般又称其为热电高温计。

热电高温计由热电偶和与之相接的电测仪表组成。热电偶是温度变送器，又称一次仪表。在讲解热电高温计的工作原理之前，先介绍热电偶的测温原理。

2）热电偶

(1) 塞贝克效应

1821 年，德国物理学家托马斯·约翰·塞贝克将两种不同的金属导线首尾相连接在一起。构成一个回路，他突然发现，如果把其中的一个接点加热而另一个接点保持低温，回路中便出现电流，存在着热电动势，他实在不敢相信。热量施加于两种金属构成的一个接点时会有电流产生，这就是塞贝克效应，也叫热电效应，如图 7-14 所示。

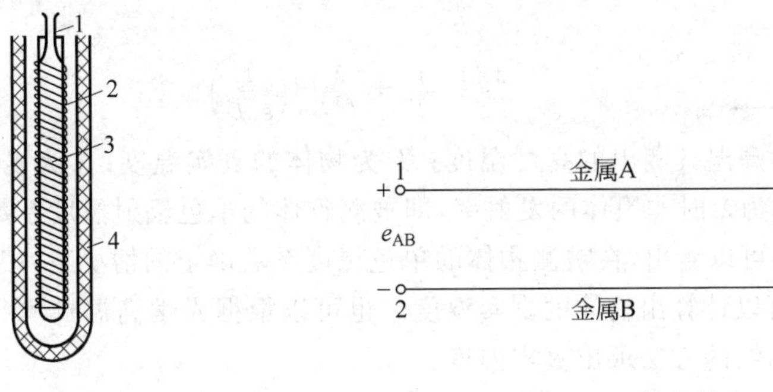

图 7-13　电阻温度计的结构

1—引线；2— 电阻丝；3—骨架；4—保护管

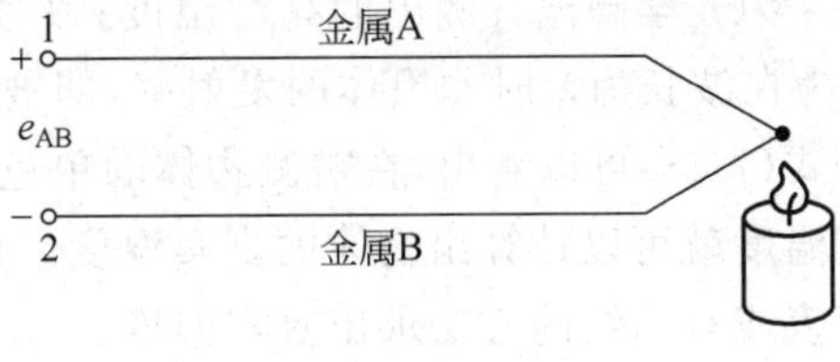

图 7-14　热电效应

(2) 热电偶的工作原理

将两种不同的金属导体焊接在一起，构成闭合回路，如在焊接端（也称测量端）加热，将另一端（即参考端）温度保持一定（一般为 0℃），那么回路的热电动势则会成为测量端温度的单值函数。这种以测量热电动势的方法来测量温度的元件，即两种成对的金属导体，称为热电偶。热电偶是温度测量中常用的测温元件。根据热电动势与温度的函数关系，制成热电偶分度表。分度表是自由端温度在 0℃时得到的，不同的热电偶具有不同的分度表。热电偶的热电动势将随着测量端温度升高而增长，它的大小只与热电偶材料和两端的温度有关，与热电极的长度、直径无关。在热电偶的应用中，存在着均质导体定律、中间导体定律、参考电极定律、连接导体定律和中间温度定律等。

5. 辐射式高温计

高温物体向周围空间辐射热能，物体的温度越高，辐射本领越大。以物体辐射本领与温度的关系为基础，利用测量物体辐射本领的原理来实现测温的温度计，叫作辐射式高温计。

辐射式高温计是一种非接触式温度计。从测温原理看，辐射式高温计测温范围不受限制，热电偶和电阻温度计不能测的高温范围，都可以用这种方法来实现。这种测温方法还不干扰测量介质，不会改变被测温场的温度，一般多用来测量钢水、铁水及炉子的温度等。

常见的辐射式高温计有光学高温计、光电高温计和全辐射高温计等。

这里介绍光学高温计的原理和基本结构。

光学高温计的原理是基于物体的单色辐射强度（亮度）与物体的温度成正比。普朗克公式给出了单色辐射强度与温度的这一关系，即

$$L(\lambda,T)=C_1\lambda^{-5}\left(e^{\frac{C_2}{\lambda T}}-1\right) \tag{7-47}$$

式中，$L(\lambda,T)$为当波长为λ、温度为T时的绝对黑体的光谱辐射强度；C_1、C_2分别为第一、第二辐射常数。

由式(7-47)可以看出，绝对黑体的光谱辐射强度是辐射波长λ和温度T的函数。在波长一定的情况下，绝对黑体的光谱辐射强度是温度的单值函数，可以通过测量黑体的光谱辐射强度来确定黑体的温度。实际上，绝对黑体并不存在，一般的测量对象都是非黑体，用这种方法所测出的温度称为亮度温度。亮度温度是指在某一波长λ下，非黑体的光谱辐射强度等于黑体同一波长下的光谱辐射强度，此时黑体的温度称为该非黑体的亮度温度。所以用光学高温计测温，都不是物体的真实温度，而是物体的亮度温度。亮度温度与真实温度的关系是

$$\frac{1}{T_S}-\frac{1}{T}=\frac{\lambda}{C_2}\ln\left(\frac{1}{\varepsilon_\lambda T}\right) \tag{7-48}$$

式中，T_S为光学高温计测出的亮度温度；T为物体的真实温度；λ为光学高温计的有效波长；ε_λ为在波长为λ时非黑体的发射率，即被测物体的单色辐射黑度系数。

从式(7-48)可以看出，在被测物体的单色黑度系数确定的情况下，根据光学高温计测出的亮度温度就可以计算出物体的真实温度。也可以根据光学高温计测得的亮度温度，通过查换算表或查曲线的方法求出真实温度。

光学高温计是由光学系统和电测系统组成的，其光学系统如图7-15所示。

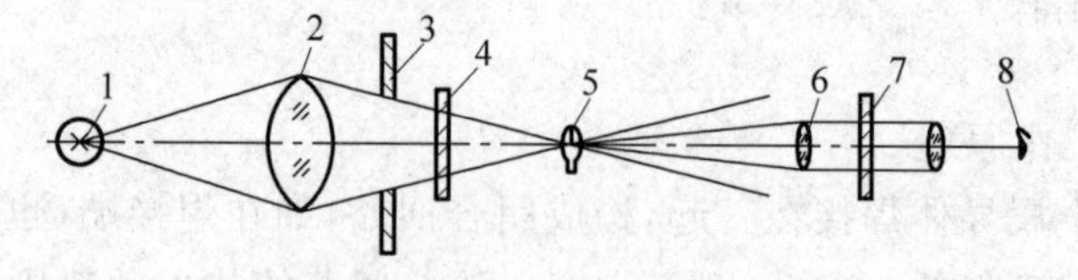

图7-15　光学高温计光学系统

1—被测对象；2—物镜；3—限制光阑；4—吸收玻璃；5—光学高温计小灯泡；6—目镜；7—红色滤光片；8—眼睛

被测对象通过物镜成像在光学高温计小灯的灯丝平面上，人的眼睛通过目镜比较被测对象与光学高温计小灯灯丝的亮度，调节小灯电流使之与被测物体亮度一致，即看不到灯泡

灯丝，小灯的像隐现在被测对象的像中。这时，根据小灯电流的读数，就能够知道被测对象的温度。

7.3.2 压力计量

1. 压力计量概述

压力亦称压强，系指垂直而均匀地作用于单位面积上的力。

在国际单位制中，压力的单位是帕斯卡，符号 Pa，1 帕斯卡等于 1 牛顿每平方米，即帕斯卡是 1 牛顿的力均匀而垂直地作用在 1 平方米的面上所产生的压力。曾经常使用的压力单位有如下几种。

(1) 工程大气压

1 工程大气压等于 1 平方厘米的面积上均匀分布着 1 千克力，用千克力/厘米^2 表示，符号为 at。

(2) 物理大气压

物理大气压是指地球大气圈的大气柱在海平面上的压力。1 物理大气压等于在 0℃、汞密度为 13.595g/cm^3、重力加速度为 980.665cm/s^2 时，高度为 760mm 的汞柱所产生的压力，符号为 atm。

(3) 毫米汞柱

在上述物理大气压的条件下，1mm 汞柱所产生的压力，表示为 mmHg。

(4) 毫米水柱

1mm 水柱等于在重力加速度为 980.665cm/s^2、水密度为 1g/cm^3 时，1mm 高的水柱所产生的压力，表示为 mmH_2O。

这些单位与帕斯卡之间的换算关系是

$$1Pa=1.019\,716\times10^{-5}at$$

$$1Pa=0.986\,923\,2\times10^{-5}atm$$

$$1Pa=0.750\,06\times10^{-2}mmHg$$

$$1Pa=1.019\,744\times10^{-1}mmH_2O$$

另外，在气象上曾常用毫巴(mbar)作为压力单位，其与毫米汞柱的换算关系为

$$1mmHg=1.333\,22mbar$$

$$1mbar=0.750\,062mmHg$$

压力计量的范围，习惯上大体分为以下几种。

(1) 微压：小于 1×10^4 Pa(1000mmH_2O)

(2) 低压：$1\times10^4\sim2.5\times10^5$ Pa((0.1～2.5)kgf/cm^2)；

(3) 中压：$2.5\times10^5\sim1\times10^8$ Pa ((2.5～1000)kgf/cm^2)；

(4) 高压：$1\times10^8\sim1\times10^9$ Pa ((1000～10 000)kgf/cm^2)；

(5) 超高压：大于 1×10^9 Pa(10 000kgf/cm^2)。

所计量的具体压力可分为以下几种。

(1) 绝对压力(或全压力)P_a

液体或气体作用在单位面积上的全部压力，等于大气压力 P_b 与表压力 P 之和，即

$$P_a = P_b + P \tag{7-49}$$

（2）大气压力 P_b

地球表面上空气柱所产生的压力。

（3）表压力 P

超过大气压力的那部分绝对压力，即高于大气压力的绝对压力与大气压力之差：

$$P = P_a - P_b \tag{7-50}$$

（4）疏空 P_h

超过绝对压力的那部分大气压力，即高于绝对压力的大气压力与绝对压力之差：

$$P_h = P_b - P_a \tag{7-51}$$

2. 压力计量仪器

计量压力的仪器，常用的有活塞式压力计、液体压力计、弹簧式压力计、电气式压力计和综合式压力计等。其中，活塞式压力计和液体压力计都是根据流体静力学平衡原理制成。弹簧式压力计是利用弹性元件在压力的作用下产生弹性变形的弹性力与被测压力的平衡而得出后者的。电气式压力计则是根据某些材料的电气特性在压力的作用下而发生的一定变化，来求出被测压力的。例如，利用锰、碳等材料的阻值变化可制成电阻式压力计，利用石英、电石等材料能产生电荷可制成压电式压力计等。

当前，在所有的压力计中，精度最高的是活塞式压力计。上面已提及，它是根据流体（液体或气体）的静力平衡原理，使活塞、承重盘和专用砝码的总质量在活塞底面所产生的压力与流体作用在活塞底面上的力相平衡（见图7-16），即

$$F_1 = F_2 \tag{7-52}$$

即

$$G = PS \tag{7-53}$$

可得

$$P = \frac{G}{S} \tag{7-54}$$

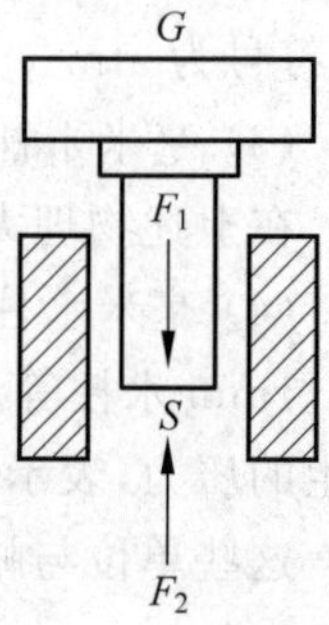

图 7-16　活塞式压力计示意图

式中，P 为被测压力；G 为活塞、承重盘及专用砝码的总重力；S 为活塞的有效底面积。

活塞式压力计的计量范围为 $1\times10^5 \sim 2.5\times10^9$ Pa，精度为 $\pm(2\times10^{-3} \sim 2\times10^{-5})$。一般压力表的计量范围为 $1\times10^5 \sim 1\times10^9$ Pa，精度为 $\pm(0.25\sim4)\%$。

我国的压力计量近年来取得了不少成绩。在静态压力方面，已接近或达到了国际水平；而在动态压力方面则比较落后。

1）U形液体压力计

被测压力 P_a 与压力计内的液柱所形成的压力及大气压力 P_b 相平衡，即

$$P_a = P_b + h\rho g \tag{7-55}$$

式中，P_a 为被测量绝对压力；P_b 为大气压力；h 为液柱高度；ρ 为工作介质密度；g 为重力加速度。

如果 $P_a > P_b$，则被测表压力为

$$P = P_a - P_b = h\rho g \tag{7-56}$$

此式为正表压计算式。

如果 $P_a < P_b$，则被测表压力为

$$P_v = P_b - P_a = h\rho g \tag{7-57}$$

此式为负表压计算式。

如果 P_1、P_2 为两个任意压力，则

$$\Delta P = P_1 - P_2 = h\rho g \tag{7-58}$$

此式为差压计算式。

2）杯形液体压力计

被测压力 p_a 与压力计内的液柱所形成的压力及大气压力相平衡，即

$$p_a = p_b + H\rho g \tag{7-59}$$

式中，p_a 为被测量绝对压力；p_b 为大气压力；H 为液柱高度；ρ 为工作介质密度；g 为重力加速度。

3）倾斜式微压计

倾斜式微压计是单管倾斜的杯形压力计。倾斜式微压计在测量压力时，将被测压力与杯形容器相连通；测量负压（疏空）时，则与测量管相连通；测量压差时，则把较高的压力与杯形容器相连通，把较低的压力与测量管相连通。

测量的实际高度为

$$h = n\sin\alpha \tag{7-60}$$

被测表压力为

$$p = ng\sin\alpha \tag{7-61}$$

倾斜式微压计倾斜角度 α 一般不小于 15°，以免液柱拉得过长，倾斜管上的读数 n 不易准确。一般倾斜式微压计的测量范围为 150～2000Pa，角度变化为 15°～80°，准确度等级为 0.5 级、1.0 级、1.5 级，使用的工作介质为乙醇。由于仪器常数已包括工作介质的重度，因此在仪器上标明了应使用的工作介质重度值，应按要求使用所需的液体。

7.3.3 真空计量

真空是指在给定的空间内，低于标准大气压的气体状态。

所谓标准大气压，是一个给定的物理量，其值为

1 标准大气压＝101 325Pa

表示真空状态，即在给定空间内气体的稀薄程度的是真空度。真空度是以气体压力的高低来表示的，压力高则真空度低，否则反之。

由于真空度是以气体压力来表示的，故其计量单位亦是压力的计量单位，即帕斯卡（Pa）。

过去，采用的真空度计量单位是标准毫米汞柱：

1mmHg＝133.322Pa

后来，又采用托（符号为 Torr）：

1Torr＝133.3224Pa

真空度的范围习惯上大致分为以下几段。

（1）粗真空：大气压～100Pa；

（2）低真空：100～10^{-1}Pa；

(3) 高真空：$10^{-1} \sim 10^{-5}$ Pa；

(4) 超高真空：10^{-5} Pa 以下。

真空技术的主要内容就是真空的获得和真空的计量。通常将获得真空，即复现出已知标准压力值的装置称为真空装置，而将计量真空的仪器设备称为真空计。

真空计量的标准可分为绝对标准和相对标准，绝对标准是真空计量的基础，包括可示出压力值的绝对真空计和能复现出标准压力值的绝对真空装置。当前比较常用的绝对标准有精密差压计、压缩式真空计(麦氏真空计)、静态膨胀法装置和动态流导法装置等。

精密差压计通常由含有液体的U形管组成，其基本原理是根据管内两液柱(汞柱或油柱等)面的高度差(见图7-17)而示出压力值 P，即

$$P = \rho g h \tag{7-62}$$

式中，ρ 为工作液的密度；g 为当地的重力加速度。

精密差压计适用于粗真空和低真空。

压缩式真空计(麦氏真空计)亦是根据气体的压差及气体的压缩比等参数，由玻意耳-马略特定律求得绝对压力值的。该类真空计主要用于低真空，亦可有限地应用于粗、高真空。

静态膨胀法装置的基本原理是：将已知体积 V_0 和压力 P_0 的小容器中的气体，向已抽空的容积为 V 的大容器中膨胀(见图7-18)。若该过程在等温条件下进行，则根据玻意耳-马略特定律便可算出平衡后的大容器中的绝对压力值 P，即

$$P \approx \frac{V_0}{V + V_0} P_0 \tag{7-63}$$

静态膨胀法装置主要用于低、高真空。

动态流导法装置系根据已知流量 Q 的气体通过一定流导法值 C 的孔时，在其两端所产生的压力差 $(P - P_1)$，从而得到一个绝对压力值 P，即

$$Q = C(P - P_1) \tag{7-64}$$

$$P = \frac{Q}{C} + P_1 \tag{7-65}$$

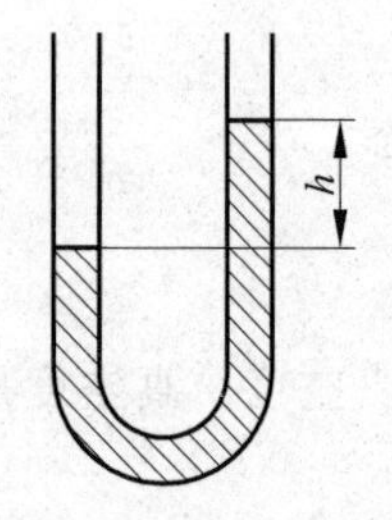

图7-17　精密差压计示意图

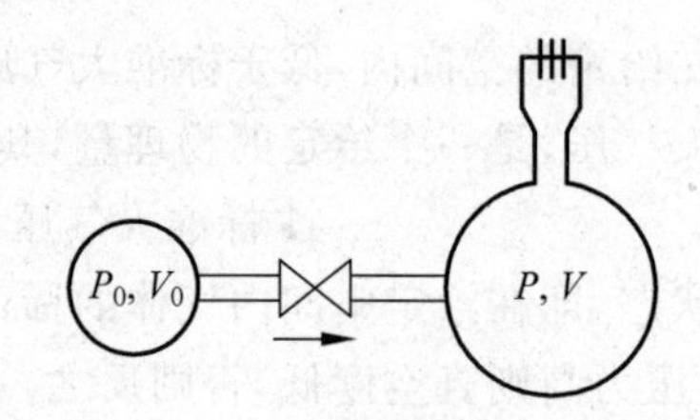

图7-18　静态膨胀法装置原理

动态流导法装置适用于高和超高真空。

上述各种绝对标准的精度高，但要求的条件亦高，且操作复杂、效率低，一般只作为量值传递中的原始标准。

日常工作中应用的真空标准，多系性能稳定的相对标准。它们须经绝对标准定度后方能使用。所以，相对标准实际上是一种传递标准。作为相对标准，在高真空范围，一般采用热阴极电离真空计；在低真空范围，通常使用电容薄膜真空计。

当前，我国已建立的真空度绝对标准主要有以下几种。

(1) 一等标准差压计：真空范围为 76 000～1Pa，不确定度为±(0.1～2)%；

(2) 二等标准麦氏真空计：真空范围为 $1000\sim10^{-8}$Pa，不确定度为±(0.2～2)%；

(3) 标准膨胀法真空装置：真空范围为 $2000\sim10^{-4}$Pa，不确定度为±2%；

(4) 标准流导法真空装置：真空范围为 $10^{-2}\sim10^{-7}$Pa，不确定度为 ±(4～5)%。

总地来讲，我国真空计量虽然取得了较大进展，但与科技先进的国家相比，在真空计量的范围和精度等方面还有较大的差距。

7.3.4 流量计量

1. 流量计量概述

流量通常系指单位时间内通过输送管道有效断面的流体的体积或质量。流体一般包括液体和气体，但在流量计量中，有时亦包括粉末状物体流和二相流等。以体积量度者，称为体积流量(亦称容积流量)；以质量量度者，称为质量流量。另外，有时亦用某一时间间隔内通过输送管道有效断面的流体总量来表示流体的流量。流量计量就是对流体的体积流量、质量流量和总量的量度。

体积流量的单位是米^3/时或升/时，质量流量的单位是千克/时或克/时。

液体流量的计量方法与上述两种计量单位相应，有容积法和称量法两类。容积法是利用一个预先根据被测液体的类别标定的标准容器来得出流量的，这些标准容器通常称为容积计量器。称量法则是利用标准秤来称量单位时间(或一定时间间隔)内所流过液体的质量。

当然，流量的两种计量单位之间，对于同一流体，只要已知其密度，便可以互相换算。

容积法和质量法都有静态和动态两种，其计量原理完全相同，只不过前者是在静态下计量，而后者则是在被测液体不断流动中计量。

气体流量的计量方法主要有钟罩法、活塞法和音速喷管法等。

用钟罩法制成的流量计通常称为钟罩式气体流量标准装置。该法的实质是将一钟罩形容器扣置于水或油槽中，并被槽中的水或油密封，与外部的大气隔绝。当被测气体充入钟罩时，钟罩上升，其上升高度可由相应的刻度示出，而刻度本身则是根据所测气体的体积预先标定的。这是钟罩法中的充气法的基本原理。钟罩法中的另一种方法是排气法。排气法是先将被测气体吸入钟罩，然后通过调节阀将钟罩内的气体排出，便可根据钟罩下降的高度得出被测气体的体积。

活塞式气体流量装置是利用活塞法制成的校验装置。它是使气体充入密闭的气缸，推动其中的活塞，由于气缸的内径是已知的，便可根据活塞移动的距离，得出被测气体的体积。

音速喷管装置是利用音速喷管制成的气体流量标准装置。在气体流过音速喷管时，当其上游和下游的压力比达到临界状态时，喷管喉部的气流达到音速，流量便不受下游压力变化的影响。于是便可根据经音速喷管进入定容槽的气体的压力和温度而求出进入槽内的气体流量。如果音速喷管的各种参数及性能是已知的或经过标定的，则音速喷管即可作为流量标准。用音速喷管作为流量计量的传递标准相当简便，而且可以用很小的喷管校验很大的流量。

当前,我国已建立的水流量标准装置,其计量能力最大达到 18 000m^3/h,管径 1～1.2m,精度为±(0.2～0.5)%。计量原油流量的流量计最大可达 2000m^3/h,管径 400mm,精度±0.2%。国家气体流量标准为钟罩式,容量 2000L,流量可达 120m^3/h,精度为±0.2%。另外,国防部门已建有 10 000L 钟罩式流量装置,流量为 600m^3/h。

国外的流量计量,虽然主要用的也是容积法和称量法,但比我国先进,特别是在大流量高压气体、近于真空状态的低压气体以及低温液体等的计量方面。例如,美国的水流量计量系统,流量可达 600L/s (10 000 加仑/分),管径约为 10cm、20cm、40cm(4in、8in、16in),精度为±(0.03～0.05)%。英国的油流量计量系统,最大可达 90L/s (1200 英加仑/分),精度为±0.05%。在高压气体流量的计量方面,已建立起可计量压力达 2MPa(300 磅力/米^2)、流量达 0.5kg/s (65 磅/分)、精度为±0.5%的计量系统。

2. 差压式流量计

1) 差压式流量计的定义

利用流体在节流元件前后的压力变化情况来测量流量的流量计,称为差压式流量计。差压式流量计是目前火电厂使用最多的流量测量方法。流体充满管道的流动称为管流。在管流中放置一特制的中间有孔的节流件,流体流经节流件时,其压力和流速都发生了变化,变化情况如图 7-19 所示(图中以孔板为例)。常见的节流件有孔板和喷嘴、长径喷嘴。

2) 差压式流量计的工作原理

如图 7-19 所示,在截面 1 处,流体还未受到节流件的影响,流束充满管道。其中心处的压力为 P_1,流速为 v_1,密度为 ρ_1。流体流经节流件时,流束收缩、流速加快、静压降低,至截面 2 时,流束收缩到最小。

对于标准孔板,流束收缩的最小截面的位置在流出标准孔板以后;对于喷嘴,一般情况下,最小截面处在喷嘴椭圆筒形喉部内。此处流束中心的静压为最低静压,用 P_2 表示;流速最大,用 v_2 表示;密度最小,用 ρ_2 表示。然后,流束开始向外扩散,流速降低、静压升高、密度增大,直至流束又重新充满管道。

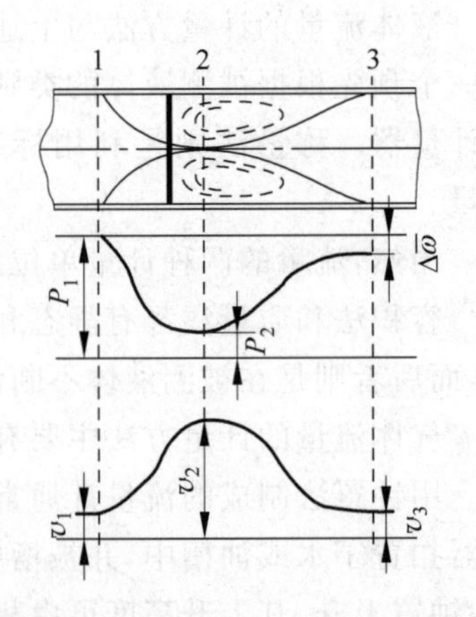

图 7-19 流体流经节流件时压力和流速的变化情况

由于节流件的局部阻力作用,导致流体的能量有所损失。因此,在流束充分恢复充满管道后,静压力也恢复不到原来的数值 P_1,而是相差一个压力损失 $\Delta\varpi$ 的数值。

分别在节流件前后取出压力信号,组成一对差压信号,称为流量差压。对于一个节流装置,其流量和输出的流量差压之间的关系式称为流量公式:

$$q_m = A\alpha\varepsilon d^2\sqrt{\rho\Delta P} = A\alpha\varepsilon\beta^2 D^2\sqrt{\rho\Delta P} \tag{7-66}$$

$$q_v = A\alpha\varepsilon d^2\sqrt{\frac{\Delta P}{\rho}} = A\alpha\varepsilon\beta^2 D^2\sqrt{\frac{\Delta P}{\rho}} \tag{7-67}$$

式中,q_m 为质量流量;q_v 为容积流量;A 为常数,它是由公式中各项的计算单位所决定的;α 为节流装置的流量系数;ε 为流体流束膨胀系数,它是压力比$\frac{\Delta P}{P_1}$、流体等熵指数 k、直径比

$\beta\left(\beta=\dfrac{d}{D}\right)$的函数，即 $\varepsilon=\left(\dfrac{\Delta P}{P_1},k,\beta\right)$；$d$ 为节流件的开孔直径；D 为管道的内径；ρ 为节流装置上游取压口处的流体密度；ΔP 为节流装置上、下游取压口输出的压力之差。

由于流体的性质所决定，节流装置测得的差压与流量的关系是平方及平方根的关系，即

$$q \propto \sqrt{\Delta P} \tag{7-68}$$

$$\Delta P \propto q^2 \tag{7-69}$$

式中，ΔP 为流量节流装置前后的差压；q 为瞬时流量(可能是质量流量，也可能是容积流量)。

把差压信号经过开方，即可得到与流量成正比的一个测量值。

差压式流量计的工作过程如下：

(1) 管流流量经节流装置转换为差压信号；

(2) 再经过开方转换为流量测量值；

(3) 如有必要，再由积算器积算后，输出累积流量。

3. 非差压式流量计

1) 浮子流量计

浮子流量计结构简单、使用方便，是工业生产和实验室中较常采用的一种流量计。它主要用于测量小流量、低雷诺数且要求灵敏度高的流量，在发电厂自动点火控制系统中常用于测量和调节轻油的流量，在水处理设备的加氨或联胺系统中也可用浮子流量计。在其他工业领域、实验室仪器、模拟实验仪器中，浮子流量计作为附属部件，常用于测量较小的流量。

浮子流量计是由一个垂直安装的锥形管和管内可上下自由移动的浮子(也称为转子)组成的。当被测流体在锥形管中处于静止状态时，浮子自然下落到锥形管的底部，而当锥形管内的流体由下向上流动时，受到浮子的阻挡，在浮子上下产生一个压力差 ΔP($\Delta P=P_1-P_2$，P_1 表示浮子下部的压力，P_2 表示浮子上部的压力)，此压力差对浮子施加一个向上的顶托力 P，使浮子上升。而随着浮子的上升，圆锥管内壁与浮子之间的环形面积(即流体流过锥管时的最小横截面)增大，流体流速 v 下降，浮子上下的压力差 ΔP 减小。当浮子的重力(指扣除浮子在流体中的浮力之后的重力)与流体对浮子的顶托力平衡时，浮子处于平衡状态。若流量增加，则顶托力增大，使浮子进一步上升。浮子的上升使浮子与圆锥管内壁之间的环形面积进一步增大，使该处的流体流速下降，使差压值与浮子的重量再次达到新的平衡，此时浮子维持在一个新的高度。反之，流量减小则浮子下降后维持在一个新的高度。因而，可以用浮子在锥形管中的高度来指示流量的大小。容积流量与浮子高度的关系式如下：

$$q_v = \alpha CH\sqrt{\frac{2gv_{\mathrm{f}}}{S_{\mathrm{f}}}}\sqrt{\frac{\rho_{\mathrm{f}}}{\rho}} \tag{7-70}$$

式中，α 为与浮子形状、尺寸等因素相关的流量系数；C 为与圆锥管锥度有关的比例系数；H 为浮子的高度；v_{f} 为浮子的体积；S_{f} 为浮子有效横截面积；ρ_{f}、ρ 分别为浮子材料的密度和被测流体的密度。g 为当地的重力加速度。

浮子流量计有以下两个特点：

(1) 浮子流量计是定压降和变截面积流量表。不论浮子处于什么位置，浮子上下的压力差总是与浮子在流体中的重力保持动态平衡的。此外，环形缝隙的流体的流速 v 亦为常数。

(2) 流量增加时，浮子升高，这时环形缝隙的横截面积增加，流体在流过环形缝隙时的

流速不变，反之亦然。反映到仪表刻度上则是悬浮的高度加大，流量读数增加，这就是仪表的输出示值。

2）腰轮流量计

腰轮流量计是使用较多的容积式流量计，又称罗茨流量计。

由于容积式流量计是直接测量仪表。它具有测量准确度高(误差一般为±(0.1～0.5)%)，且测量准确度与流体的种类、黏度、密度等无关，而且有不受流动状态影响的优点。但也存在一些缺点：用于大口径管道流量测量时，其体积较大过于笨重，搬运和安装都比较麻烦；对流体中的污物较敏感，被测流体中的污物、杂质会造成仪表活动部件的卡涩，影响仪表的正常工作；易受污物的磨损，影响测量的准确度；产生流体的压力脉动；压力损失大。

转子是由一对有互为共轭曲线形状的腰轮(罗茨轮)和与之同轴固定安装的驱动齿轮所组成的。腰轮和机壳之间构成一个封闭的标准容积，即计量室。被测流体通过流量计时，进出口之间产生的压力差推动腰轮转动。腰轮之间用驱动齿轮相互驱动。腰轮旋转一周，便有4倍于计量室容积的流体流过腰轮流量计。测量转子的旋转速度，便可知道单位时间内的流量，即瞬时流量。测量转子的旋转圈数，就可以知道累积流量。腰轮流量计测得的是容积流量。远传信号可作指示、记录、自动调节用，分为两种：一是脉冲信号，每一个脉冲代表一定容积的流体；另一种是0～10mA或4～20mA标准直流电流信号。

为了解决泄漏问题，可使用伺服式腰轮流量计。它力图保持被腰轮隔开的计量室进出口被测流体的压力差为零，以避免泄漏。

3）靶式流量计

靶式流量计的优点是对流体的脏污不敏感，又适合于高黏度流体的流量测量，因而常常用来测量油流量。

靶式流量计的测量机构是在流体流动的管道内安装一个迎流向的靶，流体流动对靶正面产生冲击、背面产生抽吸力，使靶产生向下游方向的微小位移，靶的位移与流体流量成正比，检测出该位移量，即可用于显示和控制等。

靶式流量计的校验方法分为干校法和湿校法，干校法是用挂砝码的方法来模拟流体对靶的作用力，湿校法是选用与被测流量相同的流体进行实校。注意：干校时如果与现场安装时的姿势不相同，在装到使用现场后还应再调整零位；湿校使用的流体与实际测量时的流体如果不同，则会出现较大的误差。

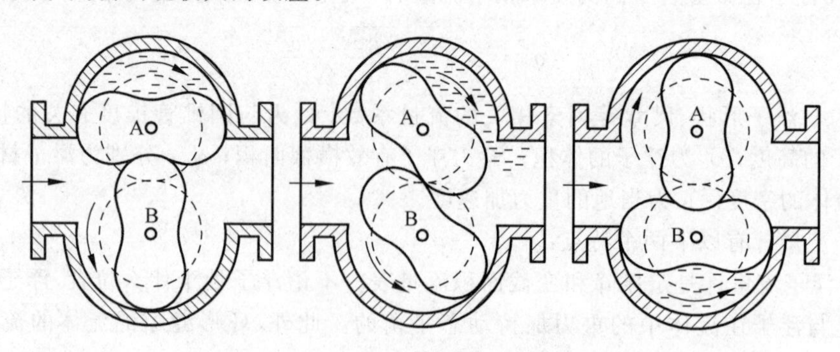

图7-20　腰轮流量计结构

4）均速管流量计

均速管流量计亦称为阿牛巴流量计，它是基于皮托管测速原理发展起来的一种新型流量计。在被测流体的管道截面上，垂直安装一对通过截面中央的检测管，检测管由两根中空金属管组成。背向流体流向的管子为静压管，其中央钻一个孔；迎流方向的管子为总压管，其上钻有成对的孔，以取得总压的平均值。由于外形像笛子，均速管流量计又称笛形管流量计。均速管流量计因其结构简单、制造成本低、安装维修简便，尤其是压力损失小的突出优点，越来越受到用户的欢迎。

均速管流量计的流量公式为

$$q_v = S\alpha\sqrt{\frac{2\Delta P}{\rho}} \tag{7-71}$$

$$q_m = S\alpha\sqrt{2\Delta P\rho} \tag{7-72}$$

式中，S 为流通（管道）截面积；α 为流通系数，由试验得出；ΔP 为总压和静压之差；ρ 为流体的密度；q_v 为容积流量；q_m 为质量流量。

5）涡街流量计

涡街流量计是20世纪60年代末研制成功、70年代后期发展起来的一种基于流体振荡原理的流量计。在流体的流路中，垂直于流向插入一根非流线形柱状阻力件，作为旋涡发生体。当流速大于一定值时，在柱状物体两侧将产生两排旋转方向相反、交替出现的旋涡。它们以阻力件为中心线，连续不断，好像一条由旋涡组成的街道。因此，被形象地称为涡街或卡门涡街。由于旋涡是交替以相反方向作用于旋涡发生体的下游一侧，即旋涡的升力不断地改变作用方向，成为横向交变力，通过对旋涡发生体下游横向交变力的检测，便可以测出流体的流速和容积流量。其工作过程是：流体流速→旋涡频率→电信号转换→流量显示。旋涡分离频率的检测方法分为两大类，即力检测类和流速检测类。

由于涡街流量计同时兼有的许多优点，从而引起人们的重视，使它在工业生产中的使用迅速增多，在许多应用场合有取代节流式差压流量计的趋势。与节流式差压流量计相比较，涡街流量计具有以下主要特点：

（1）产生的旋涡频率只与流速有关，在一定的雷诺数范围内几乎不受被测流体性质、参数（压力、温度、黏度、密度）变化的影响，即仪表的流量系数不变。在符合几何相似及一定的流体力学条件下，涡街流量计不需要单独标定即可用于流量测量。同一台流量计可用于测量气、油、水等，其仪表常数可以不变。

（2）输出的频率信号只与被测流体的容积流量成线性关系，便于数字化测量和与计算机联用。仪表具有脉冲频率信号、模拟量信号和定标脉冲信号输出。

（3）测量精度较高，约±1.0%，可复现性约±0.5%。仪表不存在零点漂移现象，也就不需要调零。

（4）由于旋涡发生体的阻流面积小，所以仪表的压力损失小，具有显著的节能效果。

（5）仪表的测量范围度大，一般为20∶1（而差压式流量计的测量范围一般为3∶1）。

（6）仪表感应元件结构简单，无机械运动部件，便于安装和维护。

（7）因为涡街是流体本身有规则的振荡，对流场及机械振动都较敏感，为保证涡街的稳定性，使仪表正常工作，对流场及管道振动有严格的要求。

7.3.5 热物性计量

所谓热物性，系指物质(或材料)的热物理特性。由于现代科技，特别是空间技术的发展和能源消耗的大量增加，以至能源危机的出现，对物质的热物性的计量测试越来越引起人们的关注。

物质的热物性主要包括：

(1) 在热平衡条件下的热物理特性，如 *PTV* 性质、蒸汽压、饱和液体密度、熵、焓、比热容、热膨胀系数、焦耳-汤姆逊系数、相平衡性质、热电阻率、表面张力等。

(2) 热传输特性，如热导率、传热系数、黏度、扩散率、发射率、吸收率、透过率等。

热物性计量测试的对象很广泛，诸如各种金属、非金属、半导体、土壤、岩石、煤炭、冻土、冰、雪、霜、建筑材料、绝热材料、耐火材料、布料、粮食、食品、蔬菜，以及高温高压下的流体、融熔体等。

关于热物性的计量测试，我国已建立了-40～1000℃、精度为$\pm 2\times 10^{-8}$/ K 的平均线膨胀系数测定装置和 90～293K、精度为±0.3%的平均线膨胀系数计量装置。正在研制的有：室温到 1300K、预计精度为±3%的热导率装置；室温到 250℃和室温到 650℃双试样(300mm)防护热板装置，预计精度皆为±(3～4)%；4.2～90K 量热装置，预计精度±0.3%；300～550K 比热容装置，预计精度±0.5%；4.2～300K 热导率装置；以及正在制备的电解铁、不锈钢、铜、氧化铝、聚氨酯、玻璃纤维板等标准物质。尽管我国关于热物性的计量测试已经取得了不少成果，但与国际水平相比还相差较远，甚至有些参数至今没有一致的标准，以致量值无法统一。

国外关于热物性的计量测试已达到了相当高的水平。例如，关于固体金属热导率的测试，美国、英国、加拿大等国在 4.2～3000K 的范围内，精度均已优于或接近于±2%；美国、澳大利亚、意大利等国采用动态法同时测定热导率、传热系数、比热容、发射率、热电阻率等参数，不仅测试速度快而且精度高；俄罗斯已建立了从低温到高温范围的国家专用基准，包括基准装置和基准试样，并建立了工业用不同等级的热导率、热膨胀系数、比热容等测定装置，形成了完整的计量检定系统和量值传递网；美国国际标准管理局通过其标准物质办公室已向全世界出售电解铁、不锈钢、钨、铜、石英等的热导率、热膨胀系数及比热容用标准参考物质(试样)。另外，许多国家都相继建立了热物性研究中心，以全面深入地开展有关研究工作。除了热物性的计量测试，关于热物性机理，经验方程以及数据应用领域的开发研究也都比较引人注目。物质的热物性是其内部微观结构的一种反映，通过对前者的测定便可促进对后者的揭示。比如，通过对比热和热膨胀系数的测定，便可研究物质的相变；通过对热导率和传热系数的测定，就可以研究物质结构的变化等。

思考题

7-1 力学计量的理论基础是什么？基本单位是什么？

7-2 容量计量和密度计量主要有哪些方法？

7-3　浮计法是如何计量液体密度的？能否用浮计法来测量固体的密度？

7-4　力值计量可以分为哪两种方法？

7-5　硬度计量有哪些方法？

7-6　振动计量有哪些方法？请详述其中的一种。

7-7　声学计量包括哪些内容？

7-8　水声声压计量的主要方法有哪些？这些方法应用的频率范围以及精度各是多少？

7-9　超声功率计量的主要方法有哪些？简述各种方法的基本原理。

7-10　常用的噪声计量的方法有哪些？

7-11　中低温计量的方法有哪些？请详述其中的一种方法。

7-12　高温计量的方法有哪些？

7-13　常用的压力单位有哪些？它们之间的换算关系如何？

7-14　流量计量的方法有哪些？简述其中一种。

参考文献

[1]　李东升.计量学基础[M].北京：机械工业出版社,2006.
[2]　施昌彦.现代计量学概论[M].北京：中国计量出版社,2003.
[3]　洪宝林.力学计量(下册)[M].北京：中国原子能出版社,2002.
[4]　李宗扬.计量技术基础[M].北京：中国原子能出版社,2002.
[5]　国家质量监督检验检疫总局计量司.力学计量[M].北京：中国计量出版社,2007.
[6]　国家质量监督检验检疫总局计量司.声学计量[M].北京：中国计量出版社,2007.
[7]　国家质量监督检验检疫总局计量司.温度计量[M].北京：中国计量出版社,2007.

电磁、无线电及时间频率计量

8.1 电磁计量

电磁现象很早就被发现了，但人类对它的系统研究却是在欧洲文艺复兴之后才逐渐开展的。法国物理学家库仑，通过对静止的点电荷之间的相互作用力的实验研究，于 1785 年确立了著名的库仑定律。这是对电磁现象进行研究的重要开端，也可以说是电磁计量的重要开端。后来，法拉第电磁感应定律和麦克斯韦电磁波理论的建立，为电磁现象的研究和应用奠定了重要的基础，电磁计量亦随之而逐渐发展起来。

电磁计量可概括地分为电学计量与磁学计量。国外也有将电学计量、磁学计量以及无线电(电子)计量统称为电学计量。

电磁计量的意义是比较明显的。从日常生活中的收音机、录音机、电视机、电灯、电话、电报，到导弹、卫星、地球物理、地震预报、地质勘探、资源普查、扫雷探潜，再到磁悬浮列车、磁流体发电等都需要电磁计量。另外，由于电磁信号的接收、处理和传输都比较方便，许多非电磁量，如长度、力学、热工及化学等参量的计量，亦往往通过一定的方式转变为电磁量来实现。因此，电磁计量不仅对直接需要进行电磁量计量的领域，而且对许多非电磁量的计量领域，都具有相当重要的意义。

8.1.1 电学计量

电学计量，在我国、俄罗斯及其他一些国家，系指从直流到音频的各种电量的计量，包括电压、电阻、电流、电感、电容、功率等主要参量的计量。

1. 电流

按照国际单位制中电流的定义，所给出的只是安培单位量值的理论说明，并未规定如何具体地复现它。迄今为止，直接复现电流单位仍是采用所谓的“安培天平”。安培天平是由相当灵敏和精确的等臂天平及螺管线圈等组成的(见图 8-1)。

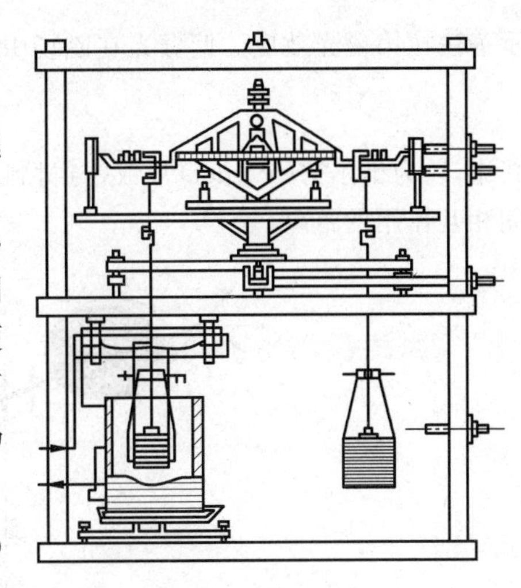

图 8-1　安培天平

在天平横梁的两个吊环上挂有两个相同的螺管线圈,其中一个是工作线圈,而另一个则是为了产生横梁的对称载荷的平衡线圈。工作线圈同心地置于固定的较大直径的螺管线圈之中。当相同的电流通过这两个相套的螺管线圈时,两者之间便产生一与该电流强度的平方成正比的力,这个力可由天平横梁另一端的螺管线圈上所加的标准砝码的重力来平衡。于是,电流强度便可由下式求出:

$$I^2 = \frac{mg}{F} \tag{8-1}$$

式中,I 为电流强度;m 为平衡工作线圈与固定线圈之间相互作用的砝码质量;g 为重力加速度;F 为安培天平常数,取决于螺管线圈的几何尺寸、匝数、绕距以及其他需要计算的一些参数。

利用安培天平复现电流单位安培的精度为$10^{-5}\sim10^{-6}$量级。

若干年来,人们就期望能利用核磁共振来复现安培。根据量子理论,处在磁场中的粒子,其能级间的跃迁频率 ω 与磁感应强度 B 之间有如下关系:

$$\omega = \gamma B \tag{8-2}$$

式中,γ 为与粒子有关的基本物理常数,称为旋磁比。

若将具有核磁矩的质子置于恒磁场中,并加以交变磁场,则当该场的频率满足一定条件时,便会出现能量的谐振吸收,即所谓的核磁共振。这时的谐振频率为

$$\omega_p = \gamma_p B \tag{8-3}$$

式中,γ_p 为质子的旋磁比。如果磁感应强度 B 是由螺线管中的电流 I 产生的,则有

$$B = kI \tag{8-4}$$

式中,k 为取决于螺线管的几何尺寸和介质的磁导率的系数。于是有

$$\omega_p = k\gamma_p I \tag{8-5}$$

可见,利用这种核磁共振现象,便可将电流与频率直接联系起来,而频率不仅易于计量并且精度很高,于是便可通过频率和质子旋磁比求出电流。

美国国际标准管理局已利用上述方法监测电流多年。但由于该法中使用了螺线管,必须精确地知道其几何尺寸和介质的磁导率等,方能保证所确定电流的精度。这就实际上限制了利用核磁共振复现电流单位的精度,以致至今未被普遍采用。

由于安培天平复现电流单位的精度并不高,同时很难用真实的稳定电流来保存,所以实际上都是根据欧姆定律通过具有实物基准的电压单位和电阻单位来保存电流单位,即

$$I = \frac{U}{R} \tag{8-6}$$

式中,I 为电流,A;U 为电压,V;R 为电阻,Ω。

下面介绍基于 Sagnac 干涉的光纤对冲床脉动电流的计量。

全光纤电流互感器根据光的偏振性和法拉第(Faraday)磁光效应制作而成。图 8-2 所

示为法拉第磁光效应。偏振光在磁场中偏转角的表达式为

$$\varphi = \int VH\,\mathrm{d}l \tag{8-7}$$

式中,V 为维尔德(Verdet)常数,与材料本身的性质有关；H 为磁场强度；l 为光与磁场之间相互作用的距离。

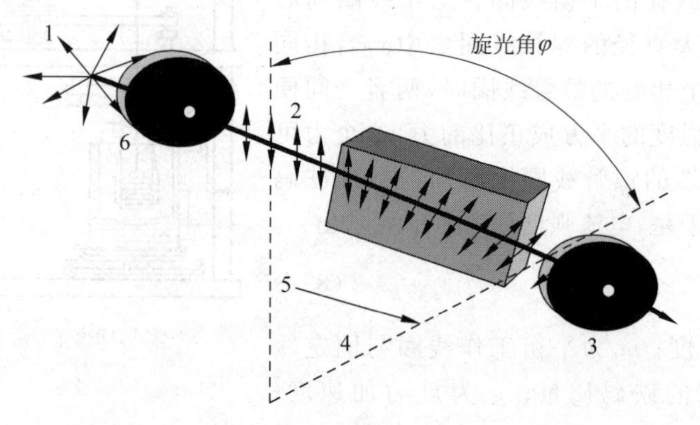

图 8-2 法拉第磁光效应

1—普通光；2—偏振光；3—检偏器；4—磁场；5—法拉第磁光材料；6—起偏器

两束旋向不同的偏振光由于法拉第磁光效应,一路光信号减速,而另一路却被加速,从而形成光程差 ΔL。光程差 ΔL 和相位差 $\Delta\varphi$ 的关系式为

$$\frac{2\pi}{\lambda} \times \Delta L = \Delta\varphi \tag{8-8}$$

由式(8-8)得到两束光的相位差,然后由相位差得出待测脉冲电流的值。由于两束干涉信号在同一根单模通信光纤中传输,能够大大降低外界因素的干扰(温度、压力等),稳定性好。而直接测量脉冲电流的方法,由于测量中噪声大、精确度低,从而导致结果的不准确。如图 8-3 所示为全光纤电流互感器框图。首先光源发出的光通过单模通信光纤被偏振器起偏为线偏振光,然后 45°熔接点将起偏后的线偏光分解成相互正交的两束光,二者分别为 X 轴线偏光和 Y 轴线偏光。经过相位调制器调制后先通过保偏光纤,减弱了光纤的色散作用,提高了精度。接下来,$\lambda/4$ 波片将 X 轴线偏光和 Y 轴线偏光分别转变为右旋圆偏振光和左旋圆偏振光,在传感光纤内受法拉第磁光效应作用产生 $2VNI$ 的相位差(其中,N 是环绕电流导线的传感光纤圈数,V 是传感光纤的维尔德常数,I 是导线中的电流)。在传感光纤的末端有一个反射镜,反射镜反射相互正交的两束光,使左旋转变为右旋而右旋转变为左旋,但是偏振状态始终保持不变。由于法拉第磁光效应的互易性,反射回来的两束圆偏振光经传感光纤再次受法拉第磁光效应作用,两束光的相位差由 $2VNI$ 变为 $4VNI$,相位差加倍。再次经过 $\lambda/4$ 波片、保偏光纤、相位调制器,最后两路光信号回到圆盘偏振器,将它们恢复为两路线性偏振光束。光探测器将光信号的变化转化为电信号的变化,通过 PC 机显示输出电流结果。如图 8-4 所示为两个光束在整个光路中偏振状态变化的全过程。

由于最终发生干涉的两束光分别经历了传输光纤的 X 轴、Y 轴以及传感光纤的左旋、右旋两种模式,只是经过时间不同,因此探测器探测到的返回光只携带法拉第相移,两路光信号的相位差与被测电流有严格的对应关系。在忽略外界因素干扰的情况下,输出脉冲电

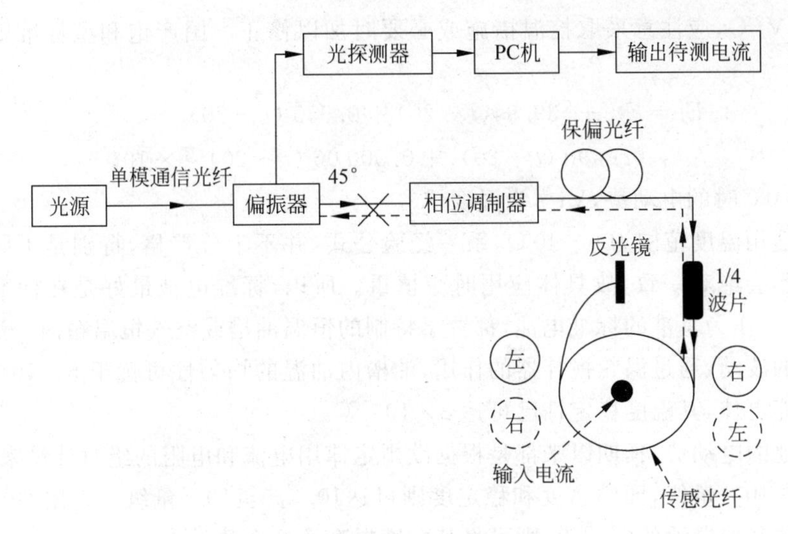

图 8-3　全光纤电流互感器框图

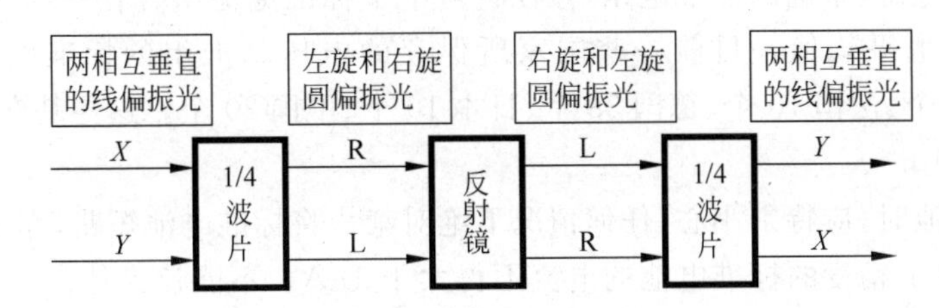

图 8-4　偏振光束在光路中偏振状态变化过程

流的表达式为

$$I_{\text{out}}=\frac{1}{2}I_{\text{i}}[1+\cos(4\phi_{\text{F}}+\Delta\phi)] \tag{8-9}$$

式中，I_{i} 为光源输入光强；$\phi_{\text{F}}=VNI$；$\Delta\phi$ 为相位差。

2. 电压

电压亦称电位差、电势差，其单位是伏特，符号是 V。伏特的定义，见表 2-12。

1）标准电池

长期以来，复现电压单位伏特的实物基准是标准电池，它是韦斯顿于 1893 年研制成功的。一只标准电池的电动势约为 1.018 60V。标准电池有饱和型和非饱和型两种，都是由 H 形玻璃容器装入硫酸镉溶液等制成。饱和型标准电池（见图 8-5）内加有过剩的硫酸镉结晶，以致硫酸镉溶液总是处于饱和状态，正负电极分别是汞和镉汞合金。非饱和型标准电池则不含有硫酸镉晶粒，在温度高于 4℃时，硫酸镉溶液呈非饱和状态，正负电极分别是汞和硫酸亚铜。

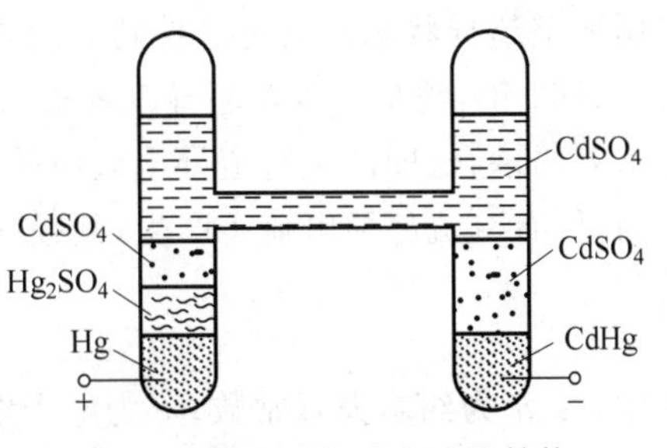

图 8-5　饱和型标准电池的结构

非饱和型标准电池的稳定性较差，因为在电流的作用下硫酸镉溶液的浓度会发生变化。但其温度系数小，在 4～40℃的范围内约为 $3\mu\text{V}/℃$。

饱和型标准电池的稳定性好，但温度系数较

大，约为 40μV/℃，应注意采取控温措施或必要时加以修正。国产饱和型标准电池的温度修正公式为

$$E_t = E_{20} - [39.94(t-20) + 0.955(t-20)^2 - 0.0090(t-20)^3 + 0.00006(t-20)^4] \times 10^{-6}$$

式中，E_{20} 为 20℃时的电动势，V；t 为温度，℃。

该式的适用温度范围为 0～40℃，系一经验公式，并不十分严格，特别是不同厂家生产的标准电池不会绝对一致，故具体应用时应慎重。所以，标准电池最好是在标准温度下使用，以免修正。作为基准的标准电池，都置于特制的恒温油槽或空气恒温箱内。油的热容量可减小温度的波动，通过涡轮搅拌器的作用，油槽内油温的均匀性可优于 5×10^{-4}℃。空气恒温箱的性能更佳，其温度稳定性已可达 2×10^{-5}℃ 。

标准电池的电动势，长期以来都是根据欧姆定律用电流和电阻的绝对计量来定度的，其精度为10^{-5}～10^{-6}量级，而精密度和稳定度则可达10^{-6}甚至10^{-7}量级。若用约瑟夫森效应电压基准监测基准电池的电动势，则可将其精度提高约 2 个数量级。

为了得到更稳定、精确的标准电压，往往将若干个标准电池组合在一起构成电池组，取它们电动势的算术平均值。目前一些国家所保存的电压基准组的标准电池数是：美国 40 个、俄罗斯 20 个、法国 10 个、德国 38 个、日本 10 个、中国 20 个。这些基准电池组的年变化率为$(1\sim2)\times10^{-7}$。

使用标准电池时，应特别小心，任何情况下绝对禁止将标准电池短路，亦不得过载，通过或取自 0.01 级以上精度的标准电池的电流不得大于 1μA。不能让人体的任何部分将标准电池短路，不得用一般的指针式万用表直接接计量标准电池的电动势。标准电池应远离热源，免受强光、射线照射，严禁倒置、摇晃或振动，搬动或运输后必须静止一段时间(三十分钟至几天，视具体情况而定)方能使用。

标准电池工作标准是按电动势的年变化量来分级的。最高的为 0.001 级，其年变化量不大于 10μV；最低的为 0.02 级，年变化量不大于 500μV。

尽管标准电池的电动势的年稳定度可达10^{-7}，但由于化学变化，其值总是要随时间而逐渐变化的。所以，每隔一段时间便要对原有的电压基准值进行一次修正，称为电压改值。

另外，近年来人们曾利用半导体元件，如各种高性能的稳压管来制作电压标准，以代替较脆弱的标准电池。但这类元件的稳定性不及标准电池，只能用于要求较低的场合。

2)约瑟夫森效应电压基准

20 世纪初就曾发现，某些金属和合金，如锡、铅和铌等，在液氦温度(4.2K)附近会失去电阻而呈超导状态。具有这种超导现象的导体便被称为超导体。

1962 年，约瑟夫森对超导现象进行了比较深入的理论研究，并预言若两个超导体之间存在着弱耦合(即产生隧道导电效应的耦合)，则当在这样的两块超导体之间加有直流电压 U 时，便有交流超导电流 I 产生，其频率为

$$f = \frac{2e}{h}U \tag{8-10}$$

式中，$2e/h$ 为约瑟夫森常数；e 为电子电量；h 为普朗克常数。弱耦合超导结通常由中间夹有极薄(比如约 2nm)绝缘层的两块超导体构成，一般称为约瑟夫森结。

若用一个频率为 f 的高频能量去辐射弱耦合超导结，则当超导电流超过临界值 I_c 时，超导结的 U-I 特性曲线便会出现阶梯（跳跃）式的变化，每一阶梯的高度（电势差）为

$$\Delta U = \frac{h}{2e}f \tag{8-11}$$

第 n 级的电压则为

$$U_n = \frac{nh}{2e}f \tag{8-12}$$

约瑟夫森的上述预言，不久便被实验所证实。于是，这种量子效应便被称为约瑟夫森效应。

由于约瑟夫森效应是量子效应，公式中的 h 和 e 都是微观物理量，不受时间和地点的影响，而频率 f 的计量精度又是目前所有物理量中最高的（已可达10^{-14}～10^{-15}量级），故可用其实现电压和频率间的高精度转换。在当前实验所能达到的精度内已经证明，约瑟夫森效应与超导结的形式和材料无关。

这样，便可利用一定频率的电磁波对约瑟夫森结进行辐射而得到相应的电压。

由于单一约瑟夫森结上的电压较小，一般为 1～10mV，无法直接用于量值传递或监测，而必须通过标准分压器方能达到实用目的，故实际应用时精度较低。

为了获得较大的电压，人们开始研制串联的约瑟夫森结。但对于简单的结串联，由于多结的分布参数引起的微波能量损耗，各个结需要有独立的电流偏置才能保证每个结都具有相应的电压。这使大量的结的串联在技术上难以实现，以致无法获得可与标准电池直接相比较的电压。日本曾研制出由 20 个约瑟夫森结串联组成的复合约瑟夫森结，获得了约 100mV 的电压。

为解决各个结上的微波功率耦合的均匀性问题，德国采用大规模集成电路和微波技术相结合的方法，获得了成功。美国、德国以及日本等国相继研制出了由 2000～3000 多个结串联而成的约瑟夫森结阵，从而不仅解决了与标准电池的直接比较问题，而且大幅度地提高了约瑟夫森电压基准的复现精度（已可达10^{-9}量级甚至更高）。

需要指出的是，该电压基准是建立在基本物理常数 h 和 e 的基础之上的，而这些常数的计量精度目前仅为10^{-6}～10^{-9}量级。所以，尽管约瑟夫森电压基准有很高的复现性，但严格地讲，仍不能认为是绝对电压值。为此，一些国家正在进一步研究电压的绝对计量方法，以提高电压自然基准的可靠性。当前，比较多的是采用所谓的电压天平，精度可达 5×10^{-7} 量级。

3. 电阻

电阻的单位是欧姆，符号 Ω，其定义见表 2-12。

1）标准电阻

电阻的单位欧姆是用标准电阻来保存的，标准电阻是用具有低温度系数的合金丝（如锰镍铜合金丝）绕制而成，经退火处理后置于装满纯矿物油或惰性气体的密闭容器中，以保证阻值的稳定。

高质量的标准电阻在 20℃附近的温度系数为（1×10^{-5}～5×10^{-6}）/K。至于标准电阻阻值的年变化量，可不超过 1×10^{-7}。

为消除连接导线的电阻对标准电阻的影响，实用的标准电阻都制成四端钮结构（见

图 8-6)。四个端钮都安装在标准电阻的面板上,其中 C_1、C_2 是电流端钮,P_1、P_2 是电位端钮。在结构上,考虑到要能通过较大的电流,电流端钮一般都比较粗大。

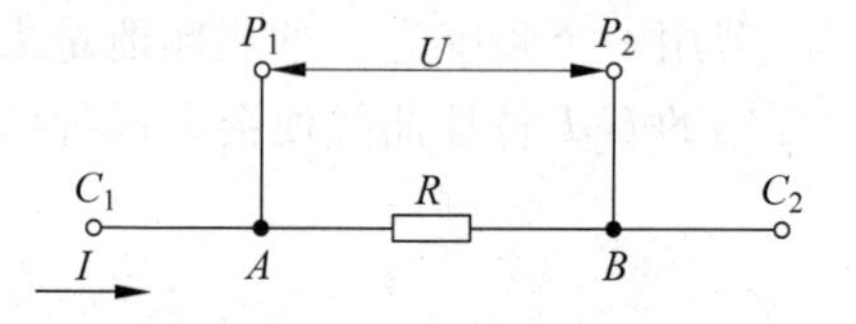

图 8-6 标准电阻

为获得尽可能高的稳定欧姆值,各国都是用若干个名义值为 1Ω 的标准电阻所组成的电阻基准组来保存电阻单位的。例如,国际计量局和美国的电阻基准,都是由 10 个 1Ω 的标准电阻所组成,其电阻值与理论值之差是 $1\times10^{-6}\Omega$,单个电阻值的年变化率不超过 1×10^{-7}。我国的电阻基准如今亦由 10 个 1Ω 的标准电阻组成,单个电阻值的年变化率为 2×10^{-7}。

标准电阻主要是根据其名义值与实标值之间的偏差和电阻值的年变化量来划分等级,最低的为 0.1 级,最高的为 0.001 级。

标准电阻虽不像标准电池那样娇气,但使用时亦应注意环境温度和额定功率。环境温度及其稳定性,可根据标准电阻的规定使用温度及温度系数确定。额定功率在标准电阻上都有注明,一般限制在 0.1W 以下;对特别精密的计量则应限制在 0.01W 以下,以免阻丝发热而引起阻值的变化。

2) 利用计算电容对电阻进行绝对计量

为了绝对计量电阻,近年来世界各国都逐渐开展了关于计算电容的研究工作。最初,1956 年,澳大利亚标准研究所的汤普森(Thompson)和兰帕德(Lampard)证明,若无限长柱面有四条缝隙(见图 8-7),则其两两相对象限之间每单位长度上的电容(称交叉电容),当各部分选得使电容相等时,便与横截面的形状和大小无关,也就是说,交叉电容 C 主要取决于轴向长度 l,即

$$C=\frac{\varepsilon l}{\pi}\ln 2 \tag{8-13}$$

式中,ε 为电介质的介电常数。

图 8-7 所示为交叉电容的原理结构示意图,其中柱面是由 A、B、C、D 四部分组成,它们之间有四条缝隙:α、β、γ 和 δ。实际上,柱面可由四根非常靠近而又相互绝缘的金属棒组成(见图 8-7(b))。当然,金属棒不可能是无限长,因而不可避免地存在端部效应。但这可通过改变棒的长度利用差值计量法将其消除。另外,要将 C_1、C_2 调整到完全相等,实际上也是不可能的。不过,该差值的影响属二阶小量,可不必苛求。

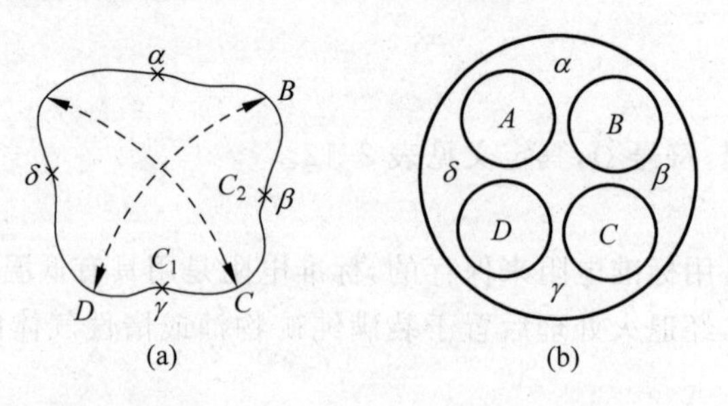

图 8-7 交叉电容的原理结构示意图

交叉电容值一般为 1pF,精度为 $10^{-7}\sim10^{-8}$ 量级。通常都是将该电容值通过重 10∶1 的变压器电桥传递给较容易保存量值的 10pF 电容基准。

为利用计算电容所传递的量值绝对计量电阻，原则上可采用图8-8(a)所示的桥式电路。其中，U_1、U_2 是由感应分压器提供的幅值相等、相位相差90°、连续可调的交流电压。当检流计 G_1 指零时，有

$$\frac{U_1}{U_2}=\frac{R_1}{\frac{1}{\omega C_1}} \tag{8-14}$$

于是有

$$R_1=\frac{U_1}{U_2}\cdot\frac{1}{\omega C_1} \tag{8-15}$$

式中，ω 为角频率。

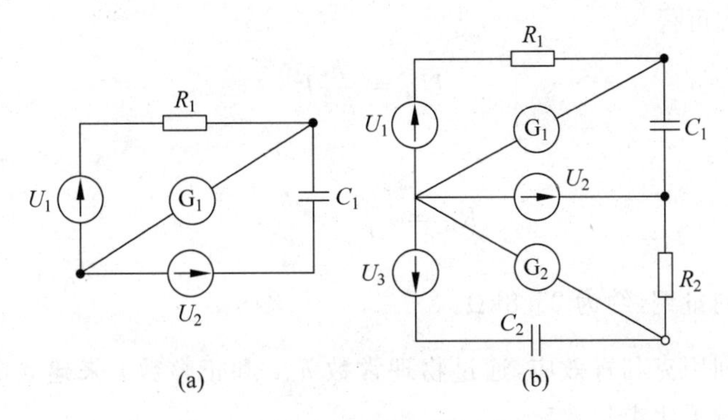

图8-8　计量电阻的电桥原理电路

这样，通过电容和频率便可得出电阻。但该电路对 U_2 的相移要求很严，一般难以达到。故实际上都采用图8-8(b)所示的双桥电路。其中，U_3 也是由感应分压器提供的与 U_1 的幅值相等但相位相反的交流电压；R_2 和 C_2 分别是与 R_1 和 C_1 名义值相等的电阻和电容。当 G_1、G_2 皆指零时，有

$$\frac{U_1}{U_2}=\frac{R_1}{\frac{1}{\omega C_1}} \tag{8-16}$$

$$\frac{U_2}{U_3}=\frac{R_2}{\frac{1}{\omega C_2}} \tag{8-17}$$

从而可得

$$R_1R_2=\frac{U_1}{U_3}\cdot\frac{1}{\omega^2 C_1C_2} \tag{8-18}$$

可见，该法可在对 U_2 的90°相移要求不甚严格的情况下求出电阻值。

3) 克利青(Klitzing)效应

1980年德国学者克利青提出了一种新的量子效应，被称为克利青效应。初步实验表明，利用该效应可望建立起电阻自然基准。其简单原理如下：若将MOS场效应晶体管置于磁感应强度 B 为10～15T的超导磁体中，则在强磁场的作用下，该晶体管基体表面沟道中流动的电子便受到洛伦兹力的作用而产生回转运动，致使基体表面的两侧产生霍尔电势。由于处于低温下的电子热运动的弛豫时间远大于回转周期，故而此时的电子状态将形成一系列的兰道能级，且每个能级可容纳的电子数 N_i 为

$$N_i = \frac{e}{h}B \tag{8-19}$$

式中,e 为电子电荷；h 为普朗克常数；B 为磁感应强度。

按量子统计,充满 i 个能级的电子数 N 为

$$N = iN_i = \frac{ie}{h}B \tag{8-20}$$

霍尔电势 U_H 为

$$U_H = \frac{I}{Ne}B \tag{8-21}$$

式中,I 为沟道电流。

将 N 代入上式可得

$$U_H = \frac{h}{ie^2}I \tag{8-22}$$

于是霍尔电阻 R_H 为

$$R_H = \frac{U_H}{I} = \frac{h}{ie^2} \tag{8-23}$$

式中,$\frac{h}{e^2}$具有电阻的量纲,约为 25.8kΩ。

这样,就可以利用克利青效应,通过物理常数 h、e 和正整数 i 来建立电阻的自然基准。上述效应,亦称为量子化霍尔效应。

4. 电容

任何两个彼此绝缘而又靠近的导体,都具有一定的储存电荷的能力。这样的一组导体,包括它们之间的绝缘电介质,称为电容器。两个导体则称为电容器的两个极。

当电容器带电时,其两极之间便产生电势差。对于任何一个电容器,它所带的电量总是与其两极间所产生的电势成正比,而且该比值是一个恒量。所以,便可用这个比值来表征电容器储存电量的能力,并称之为电容。

电容的单位是法拉,符号为 F。法拉的定义见表 2-12。

法拉这个单位比较大,在日常工作中并不多用,而实际应用的则往往是其分数单位微法和皮法。

电容器一般都是由两块平行的金属板和绝缘介质组成。标准电容器的介质通常有气体(如空气、氮气)和固体(如云母、石英)两种。由于普通的两极板电容器(见图 8-9(a))的极板与周围的导体亦可以形成一定的电容(常称杂散电容),从而影响固有的电容值,标准电容大都用导体将两个极板屏蔽起来,制成三端钮电容(见图 8-9(b))。当然,屏蔽的导体与极板间仍会形成一定的杂散电容,但其值是固定的,并可通过适当的计量方法予以消除。

近年来,电容基准一般都是由几只 10^5pF 的熔融石英电容器组成。标准石英电容器的稳定性很高,年变化约为 10^{-7}量级。电容基准的精度一般约为 10^{-5}量级。

电容工作标准通常是由 1pF～1μF 等名义值的一套标准电容组成。根据名义值与实际值的偏差和稳定性,一般将标准电容器的精度分为 0.01、0.02、0.05、0.1 和 0.2 等级别。

在交流电路中,由于电源极性的不断改变,电容器便一会儿充电、一会儿放电,频率越

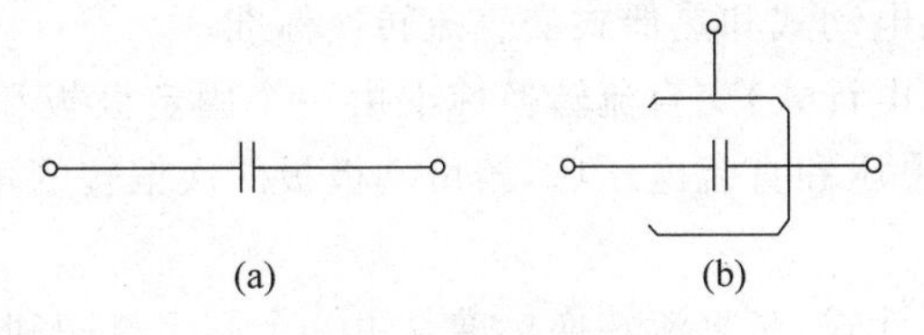

图 8-9　电容示意图

(a) 二端钮电容；(b) 三端钮电容

高，充、放电的速率越高，对电流所形成的阻力（即所谓的容抗）也就越小。容抗为$\frac{1}{\omega C}$（ω 为角频率，C 为电容），单位亦是欧姆。

近年来，一些国家已逐渐开始采用计算电容为基准电容定度，但由于计算电容的实现及量值传递都比较复杂，目前尚未普遍应用。

5. 电感

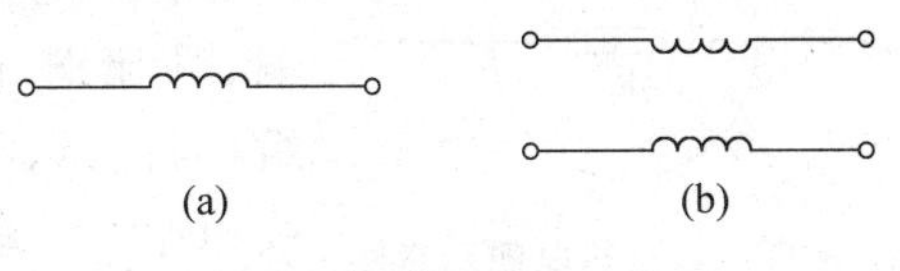

图 8-10　电感示意图

(a) 自感；(b) 互感

电感是一种电磁感应现象。当导体中的电流发生变化时，导体本身就会产生感应电动势，并且它总是阻碍导体中原来电流的变化。这种由于导体本身的电流发生变化而产生的电磁感应现象，称为自感。通常为获得明显的电磁感应现象，都将通电的导线绕成线圈（见图 8-10(a)），称为电感器。若在一个自感线圈附近（或其内、外）再有另一个线圈，则当第一个线圈内的电流发生变化时，在第二个线圈中也会感应出电动势，这种现象便称为互感（见图 8-10(b)）。

电感的单位是亨利，符号为 H。亨利的定义见表 2-12。在日常应用中，往往使用亨利的分数单位毫亨和微亨。

正因为电感是一种电磁感应，所以它对磁性物质和磁场很敏感，无论是制作还是使用电感，都应尽可能远离外磁场。

电感基准一般由几只 10mH 的标准电感组成，其精度约为10^{-5}量级。我国电感基准的精度约为 3×10^{-5}。有的国家电感基准是由可计算的电感线圈传得的，精度可达 1×10^{-5}。

电感的工作标准是由微亨至亨的数个名义值的一套电感线圈所组成，并根据精度分为 0.01、0.02、0.05、0.1、0.2 等级别。

在交流电路中，电感阻止电流变化的能力（即所谓的感抗）随频率的增高而增大。感抗为 ωL（其中 ω 是角频率，L 是电感），其单位仍是欧姆。

6. 交流电量

上述各种电量及基、标准主要是针对直流而言，但在实际应用和日常生活中，交流电量占有相当大的比重。因此必须建立相应的交流电量标准，对交流电量进行计量。这里的交流电量，一般指的是工频和音频，即 0～20kHz 频率范围的电量。

迄今为止，交流电量的计量都是以直流电量的计量为基础。换句话说，交流电量的计量基本上是由直流电量的计量转换和发展而来。所以，对交直流转换技术的研究，便成了交流电量计量的中心课题。

交直流转换的方法不少，其中主要有静电法、电动法和热偶法，根据这些方法所建立的标准则分别称为静电式、电动式和热偶式交直流转换标准。

静电式(亦称象限静电计式)交直流转换标准由一个固定极板和一个可动极板构成,当两极板间分别加上交流电压和直流电压后,若可动极板两次偏转的角度相同,则认为两个电压的有效位相等。

电动式(亦称电动力计式)交直流转换标准是由一个固定线圈和一个可动线圈串联而成的,当两个线圈分别通交流电流和直流电流后,若可动线圈的两次偏转的角度相同,则认为两个电流的有效值相等。

由于上述两种交直流转换标准都牵涉到一些传动机构的机械运动,灵敏度和精度都不够高,近年已不再作为基本标准使用,而只是作为热偶式标准的旁证装置。

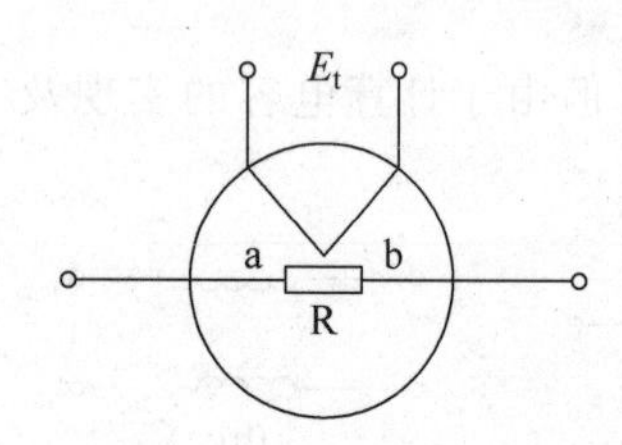

图 8-11 真空热电偶示意图

热偶式交直流转换标准主要是由热偶(即热电偶)和相应的热电动势指示器组成。图 8-11 所示是目前应用较广、性能较好的一种热电偶的原理结构。它主要由不同金属材料(如铁-康铜、铜-康铜、镍-镍铬合金等)的一对热偶丝(a、b)和加热丝(R)组。偶丝 a、b 的公共结点与加热丝 R 之间用导热性好的电绝缘线相连。为减少热损耗和防止热干扰,将偶丝和加热丝置于玻璃真空泡内,故称真空热电偶。

当有电流 I 通过加热丝时,热丝便发热使偶丝结点的温度升高,从而与其外端形成温差,根据赛贝克效应原理,偶丝的两外端间便有热电动势 E_t 出现,并且与通过热丝的电流的平方成正比,即

$$E_t = \alpha I^2 \tag{8-24}$$

式中,α 为比例系数。实际上,由于热量的辐射和传导等原因,热偶输出的热电动势总是要略低于电流的平方,一般在(1.88～1.99)次方。

为提高热偶的灵敏度,可将几对或几十对偶丝串联起来,构成多元热偶。多元热偶的灵敏度高,而且由于多结点分布的抵偿作用可获得较小的正反向差;但其偶丝多,分布参数较大,不宜用于较高频率。

由于热偶的加热丝很细,对交直流的响应基本相同,故当使交直流电流分别通过加热丝时,若两者所产生的热电动势相同,则可认为该两个交直流电流的有效值相等。

热电偶的交直流转换精度已可达10^{-5}～10^{-6}量级。世界各国实用的交直流转换标准几乎都是用热电偶制成的。我国的音频电量标准亦采用的是多元热偶,交直流转换精度已达10^{-5}量级。

交流电流定值以后,便可根据相应的电阻、电容和电感等参量,得出交流电压、交流功率和交流电能等量值。

电单位复现以后,就可将其通过比例器件扩展成为分数或倍数值,以便实用于有关的各种计量。

电计量中的比例器件大致可分为两类:一类是以电阻元件构成的,如电桥、电位差计、分压器、过渡电阻箱等;另一类则是用绕组和铁芯构成的,如感应分压器、变压器电桥、电流比较仪等。

电测仪表都是根据其精度划分级别的,如精度为 1%的为 1.0 级,精度为 0.1%的则为 0.1 级等。

7. 直流电位差计

直流电位差计是用补偿法直接测量电压的仪器。如配用一定的标准附件，可以用来测量电流、电阻、功率等量值。

直流电位差计一般由调节电阻和测量电阻组成，其原理线路如图 8-12 所示。

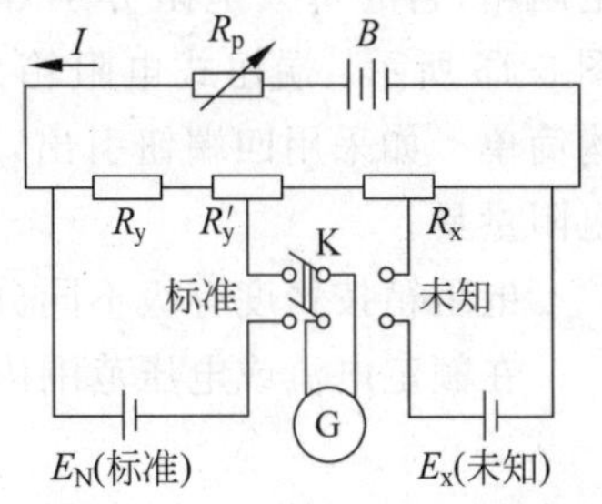

图 8-12　直流电位差计原理线路

由 B、R_P、R_y、R_x 组成的回路为电源回路，由 R_y、E_N、G 组成的回路为标准回路，由 R_x，E_x、G 组成的回路为测量回路。当辅助电源 B 在由电阻 R_P、R_y、R_x 组成的回路中形成电流 I 以后，就会在 R_y、R_x 上产生压降。当把开关 K_1 扳向标准处，调节可变电阻 R_P，改变回路电流 I，使 R_y 上的压降等于外接标准电池电动势 E_N（检流计 G 指零），得

$$E_N = IR \tag{8-25}$$

保持电流不变，把开关 K 扳向未知处，调节电阻 R_x，使 R_x 上的压降等于外接未知电动势 E_x（检流计 G 再次指零），又得

$$E_x = IR_x \tag{8-26}$$

$$E_x = \frac{R_x}{R_y} E_N = kE_N \tag{8-27}$$

这样，如果知道比值 $\frac{R_x}{R_y}$ 以及标准电池电动势 E_N，就能求出未知电势 E_x 值。

图 8-12 中，R_y 称调定电阻，R'_y 为电位差计的温度补偿盘。R_x 为测量电阻（或补偿电阻），它上面的电压称为测量电压（或补偿电压）。

电位差计是一种比例仪器，它是将已知标准电池的电动势 E_x 分成连续可调而又已知的若干比例等分 kE_N，即用已知电压 kE_N 去补偿未知电压 E_x，从而确定未知电压的数值。为了使电位差计的比例 R_x/R_y 能够很精确，可采用多个十进盘和各种线路的组合。

电位差计按使用条件可分为实验室型和携带型，按测量回路阻值范围可分为高阻电位差计（测量回路电阻大于 1000Ω/V 以上）和低阻电位差计（测量回路电阻小于 1000Ω/V 以下），按测量电压大小可分为高电势电位差计（步进电压 $\Delta U_1 \geqslant 0.1$V）和低电势电位差计（步进电压 $\Delta U_1 \leqslant 0.01$V），按量限形式可分为单量限和多量限，按准确度等级可分为 0.001、0.002、0.005、0.01、0.02、0.05、0.1、0.2 级等。

8. 直流电阻箱

由于电桥、电位差计扩展电阻的准确度受到一定限制，可采用直流电阻箱来高准确度地扩展电阻。直流电阻箱是由几个已知电阻线圈按一定连接形式组合成的，其电阻值可在已知的范围内按一定的阶梯改变。

测量用直流电阻箱，按阻值变换方式的不同可分为以下几种。

(1) 十进转盘式。这是通过十进转盘切换而使阻值改变的电阻箱。按线路结构不同，这种电阻箱又可分为串联线路和并联线路。十进转盘式串联线路电阻箱变换范围宽、使用方便，但接触电阻和变差对准确度有影响。十进转盘式并联线路电阻箱又称微调电阻箱，它的步进值小，可从 0.0001 级至 0.01 级。它具有一定起始电阻，其接触电阻和变差可忽略不计。

（2）插销式。这是通过改变插销位置使阻值改变的电阻箱。

（3）端钮式。这是通过改变接线端钮使阻值改变的电阻箱，它的每只电阻分别焊在每个小接线柱之间，如图 8-13 所示。端钮式电阻箱无零位电阻，稳定性好，结构简单。如采用四端钮引出，可制成精密测量中的过渡电阻量具。

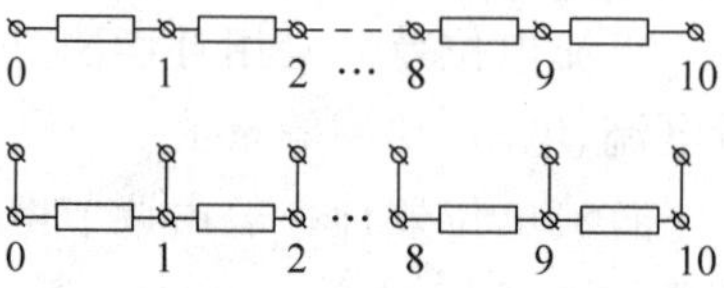

图 8-13　端钮式电阻箱

电阻箱按精度等级不同分为 0.01、0.02、0.05、0.1、0.2、0.5、1.0 级。

在额定电流或电压范围内的允许基本误差应符合下列计算式：

$$|\Delta| \leqslant (a\% \times R + b)$$

式中，Δ 为允许绝对误差；a 为准确度等级；R 为电阻箱接入电阻值；b 为常数，对 $a \leqslant 0.05$ 级的为 0.002Ω，对 $a \geqslant 0.1$ 级的为 0.005Ω，对端钮式电阻箱为零。

9. 生物电阻抗测量原理

在生物电阻抗测量中，由于电流源激励模式受未知接触阻抗的影响小且加到电极的电流的幅值容易控制，不致引起安全问题，通常是借助置于体表的激励电极向被测对象施加微小的交变电流信号 $I(t)$，其值为 $I_0\sin\omega t$，通过选通置于人体不同部位的测量电极，检测出组织表面的微弱电压信号为 $V_c(t)=I(t)Z=|Z|I_0\sin(\omega t+\varphi)=V_z\sin(\omega t+\varphi)$（式中 Z 为激励电极和测量电极间生物组织的阻抗），将该微弱信号进行放大等一系列的预处理，选用合适的解调方法，计算出相应的电阻抗及其变化。

解调方法主要有开关解调、乘法解调和数字解调。目前，乘法解调方法在生物电阻抗测量中被广泛采用，其原理如图 8-14 所示。

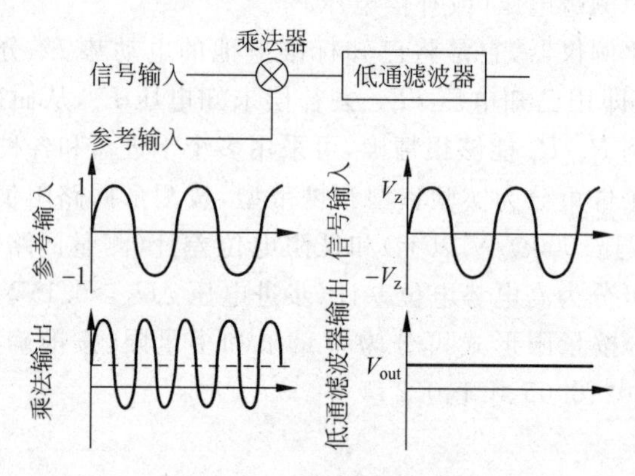

图 8-14　乘法解调原理

设输入信号 $V_i(t)$ 为

$$V_i(t) = V_z\sin(\omega t + \varphi) \tag{8-28}$$

参考信号 $V_x(t)$ 为

$$V_x(t) = \sin\omega t \tag{8-29}$$

则乘法器输出信号为

$$V_m(t) = V_z\sin(\omega t + \varphi)\sin\omega t = \frac{V_z}{2}[\cos\varphi - \cos(2\omega t + \varphi)] \tag{8-30}$$

如果选择截止频率远小于 2ω 的低通滤波器，则可获得与相移成比例的直流分量，即

$$V_{\text{real}}=\frac{V_z\cos\varphi}{2} \tag{8-31}$$

若希望获取虚部信息，只需将参考信号相移 90°，相乘后滤波即可。乘法器输出信号为

$$V_{\text{m}}=V_z\sin(\omega t+\varphi)\sin\left(\omega t+\frac{\pi}{2}\right)=\frac{V_z}{2}\left[\cos\left(\varphi-\frac{\pi}{2}\right)-\cos\left(2\omega t+\varphi+\frac{\pi}{2}\right)\right] \tag{8-32}$$

滤波输出为

$$V_{\text{image}}=\frac{V_z\cos\left(\varphi-\dfrac{\pi}{2}\right)}{2}=\frac{V_z\sin\varphi}{2} \tag{8-33}$$

由式(8-31)和式(8-33)可得

$$V_z=2\sqrt{V_{\text{real}}^2+V_{\text{image}}^2} \tag{8-34}$$

$$\varphi=\arctan\frac{V_{\text{image}}}{V_{\text{real}}} \tag{8-35}$$

上述原理不仅针对生物电阻抗测量，对医学电阻抗断层成像以及过程成像中的电容层析成像技术(ECT)、电阻层析成像技术(ERT)和电磁层析成像技术(EMT)同样适用。

8.1.2 磁学计量

磁学计量是电磁计量的一个重要领域，主要包括磁场、磁通和材料的磁特性等的计量测试。

1. 磁场计量

现已确认，运动的电荷产生磁场，磁场对运动的电荷有磁场力的作用。所有的磁现象都可归结为运动电荷之间通过磁场而发生的相互作用。通常把运动电荷受到磁作用力的空间，称为有磁场存在的空间。或者，一般地说，可以将包围运动电荷、运动电荷系统或载流导体的空间，称为磁场。

磁场的强弱通常用磁感应强度 B 来描述。磁感应强度的单位是特斯拉，符号为 T。特斯拉的定义见表 2-12。磁感应强度 B 与磁场强度 H 之间仅差一个系数——磁导率 μ，即 $B=\mu H$，故 B 或 H 均能表示磁场的强弱。

磁场强度的计量方法主要有计算线圈法、霍尔效应法和核磁共振法，磁场强度基准一般也都是利用这些方法建立的。

1）计算线圈法

该法是将导线按一定方式绕在规则的骨架上制成精密线圈，然后根据精确的几何尺寸，用数学方法严格算出线圈常数，即通入单位电流时线圈某一范围内所产生的磁场值。常用的基准线圈有亥姆霍兹线圈和螺线管。石英骨架的精密线圈，其磁场的计算精度可达10^{-7}量级。

我国的计算基准线圈即为亥姆霍兹线圈，是由镀金的纯铜线或无氧铜线在石英管骨架上绕制而成。线圈常数的计算结果为 $2.280\,602\,72\times10^{-4}$ T/A，精度约为10^{-7}。

2）霍尔感应法

若将一金属或半导体置于磁场中，并在垂直于磁场的方向通以电流，则电子在洛伦兹力

的作用下,沿垂直于磁场和电流的平面移动,结果产生一个稳定的电动势,该现象便称为霍尔效应,而电动势则称为霍尔电动势,通常以 U_{H} 来表示。霍尔电动势可由下式表达:

$$U_{\mathrm{H}} = R\frac{IB}{d} \tag{8-36}$$

式中,R 为霍尔系数;I 为电流;B 为磁感应强度;d 为样品厚度。

于是,利用霍尔效应便可求出磁感应强度。

3）核磁共振法

根据核磁共振的原理可知,当射频场的频率与原子核进动频率相等时发生共振,即 $\omega=\omega_0=\gamma_{\mathrm{p}}B$。

若能准确地测得原子核的旋转比 γ_{p},便可通过频率求出磁感应强度 B。

γ_{p} 可通过核磁共振测得,具体地有强场法和弱场法。

强场法亦称共振吸收法,该法所用的磁场为 0.5～1T。

将含有质子的样品置于与磁场相垂直的一个小线圈内,并通过线圈来产生一交变磁场,同时加于质子样品之上。当交变磁场的频率满足一定条件时,便出现对能量的谐振吸收,即产生共振。这时的磁场,可用天平法,通过矩形线圈中的已知电流在磁场中所受的力,用平衡砝码的质量 m 和重力加速度 g 予以表示,即

$$I_1 BX = mg \tag{8-37}$$

式中,I_1 为通入矩形线圈的电流;X 为矩形线圈的等效宽度。

于是有

$$\gamma'_{\mathrm{p1}} = \frac{\omega_{\mathrm{p1}} I_1 X}{mg} \tag{8-38}$$

弱场法亦称自由进动法。该法所用的磁场约为10^{-4}T,获自精密计算线圈。具体做法是,先将质子样品在一个与主磁场垂直的强磁场中极化,然后迅速撤去该强磁场,于是质子便绕主磁场自由进动,并逐渐将能量损耗于样品中。进动的交变矢量能够在计量线圈上感生一个频率为 ω_{p2} 的共振信号。若计算线圈常数为 k,其中的电流为 I_2,则有

$$\gamma'_{\mathrm{p2}} = \frac{\omega_{\mathrm{p2}}}{kI_2} \tag{8-39}$$

若令

$$I_2 = k_1 I_1 \tag{8-40}$$

便可得出与电流无关的绝对 γ'_{p} 的表达式:

$$\gamma'_{\mathrm{p}} = \left(\frac{\omega_{\mathrm{p1}}\omega_{\mathrm{p2}} X}{kk_1 mg}\right)^{1/2} \tag{8-41}$$

于是,对 γ'_{p} 加以修正后,便可利用式(8-37)求出磁感应强度 B。

当前,利用核磁共振法建立的磁场强度基准的精度为10^{-6}～10^{-7}量级。

磁场的计量范围,大致可分为弱场(10^{-8}～10^{-3}T)、中场(10^{-3}～10^{-1}T)和强场(10^{-1}T 以上)。弱场的计量,主要是利用亥姆霍兹线圈;中场的计量,主要是利用螺线管;强场的计量则采用水冷或油冷的螺线管或低温超导螺线管,后者可产生几特斯拉以至几十特斯拉的强磁场。

2. 磁通计量

磁通是磁感应通量的简称。上面所述的磁感应强度,所描述的是每一点的磁场,而磁通

所描述的则是穿过一个给定面的磁场。磁通的概念是：如果将某一空间曲线围成的某一曲面 S 分成无限多个微分面积 $\mathrm{d}S$，并取其法线一侧的方向力作为 $\mathrm{d}S$ 的方向，则 $\mathrm{d}S$ 与该处磁感应强度矢量 $\boldsymbol{B}$ 的标量积 $\mathrm{d}\varphi$ 便称为向 $\mathrm{d}S$ 的法线一侧穿过的磁感应通量，即

$$\mathrm{d}\varphi = \boldsymbol{B}\mathrm{d}\boldsymbol{S} = B\mathrm{d}S \cdot \cos\beta \tag{8-42}$$

磁通的单位是韦伯，符号为 Wb。韦伯的定义见表 2-12。

磁通的计量方法主要有康贝尔(Campbell)线圈法和场源线圈与计量线圈组合法。

康贝尔线圈是一种特制的互感线圈。其初级线圈系由隔开一定距离、同轴放置的两个单层螺旋线绕组同相串联而成，次级线圈是一多层绕组，其平面与初级线圈同轴并位于两初级绕组的正中间(见图 8-15)。

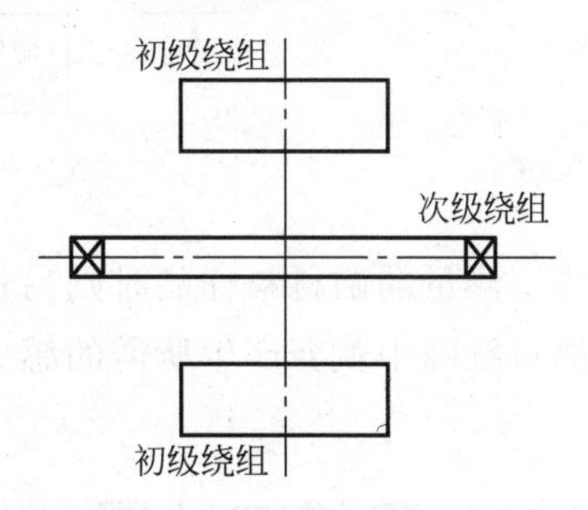

图 8-15 康贝尔线圈示意图

通过线圈的几何尺寸和匝数，便可计算出这种基准线圈以韦伯/安培表示的磁通常数，即当初级绕组中通入 1A 电流时，次级绕组中所通过的磁通。利用该法建立的磁通基准的精度为 $10^{-5} \sim 10^{-6}$ 量级。

场源线圈与计量线圈组合法亦是通过对该两线圈的线圈常数及轴线之间的夹角等计算出磁通常数的。该法所获得的磁通常数较小，并且精度较低，约为 10^{-4} 量级。

磁通的标准量具一般都是由具有一定互感值的一系列精密互感线圈组成。常用磁通标准量具的常数为 10^{-4} Wb/A～10^{-1} Wb/A。

3. 材料的磁特性计量

按磁学特性，所有材料可概括为三类：抗磁材料、顺磁材料和铁磁材料。通常所谓的磁性材料，多指铁磁材料，而抗磁材料和顺磁材料则属弱磁材料。

材料的磁特性计量，主要包括磁化曲线、矫顽力、磁感应强度、磁导率、磁化率以及磁损耗(磁滞损耗、涡流损耗和后效损耗)等的计量。

材料磁性的计量方法很多，常用的有冲击法、数字积分法、伏安法、瓦特表法、磁桥法等。

上述各种计量方法所依据的基本原理都是法拉第电磁感应定律，因而可以说，法拉第电磁感应定律是磁计量的基本定律。

材料的磁特性往往是非线性的，故而对其计量时也必须相应地予以考虑，这比线性参量的计量要复杂得多。另外，材料的磁特性与具体的生产工艺密切相关，影响的因素很多，以致不同批量中的同样材料，甚至同一批量中的不同样品，都可能反映出不同的磁性。所以，材料磁性的计量精度一直停留在 $10^{-2} \sim 10^{-1}$ 量级。

近年来，由于取样和计算机技术的应用，材料磁性的计量水平逐步提高，精度一般已可达 10^{-3} 量级。

4. 弱磁通测量系统

图 8-16 所示为弱磁通测量系统的框图。待测磁场或待测样品在测量线圈中感生的感应电动势通过前置放大器放大后，经 V/F 变换器变换成一系列的测量脉冲，然后送入数字积分器进行积分运算，再通过适当的接口送入计算机进行进一步的运算并输出结果。

弱磁场测量时，需变换测量线圈与待测磁场的相对位置，使测量线圈中产生感应电动

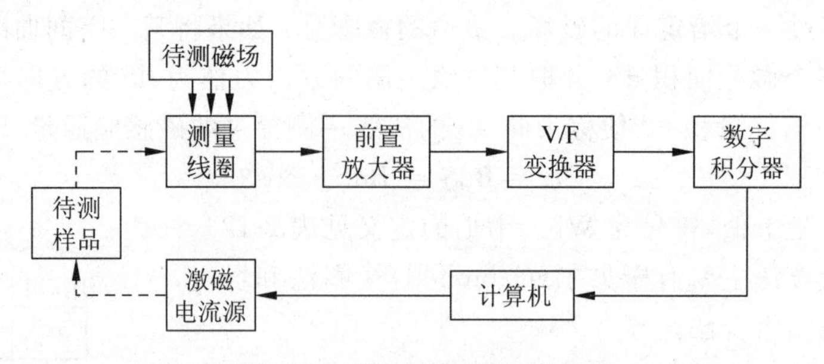

图 8-16 弱磁通测量系统框图

势。测量弱磁材料样品时则另加一个激励电流源,用计算机控制此电流源进行扫描或换向,测量线圈中就会产生所需的感应电动势。

8.2 无线电计量

无线电计量亦称电子计量,是随着无线电电子学的发展而逐渐形成和发展起来的一个重要计量领域。与几何量、力学、热工和电磁等计量相比,无线电计量虽然开展较晚,但发展却非常迅速。

无线电计量的重要意义是显而易见的。比如,日常生活中的收音机、录音机、电视机、录像机,医疗卫生中的理疗机、电子诊断医疗设备,通信中的无线电报、电话、传真、微波多路通信、卫星通信,工农业生产中的各种电子设备、工艺流程的监控、产品的质量检验,地质勘探中的物理探矿、电子勘查,飞机、军舰的导航,导弹的制导,卫星的遥控、遥测,科学研究中的各种电子元器件和设备等都离不开无线电计量。另外,就计量而论,许多现代计量也都需要无线电计量的配合甚至保证。据报道,美国一项研究多年、投资巨大的空间工程,就是由于高频电压的计量不准而几次发射失败。在 20 世纪 60 年代,我国也曾发生过由于高频电压的计量不准而使飞机与地面失去联络的严重事件。至于无线电计量可以使产品的成本降低、质量提高、体积缩小、重量减轻等,从而提高经济效益和社会效益,更是人们越来越关注的问题。例如美国在设计“民兵”导弹时,由于计量标准的精度不高,而不得不在地面天线系统的设计中留有足够的保险系数,从而不仅使设备更加庞大,同时蒙受了很大的经济损失。其中仅天线增益一项,每增大 1dB 的计量误差,每架天线便要增加 5 万美元的成本。显然,综合损失要比这大得多。

总之,可以毫不夸张地说,在科学技术迅速发展的今天,科研、生产、贸易、国防以至人民生活的各个领域、各个部门都直接或间接地与无线电计量有关。无线电计量对所有的领域、各行各业,都有相当重要的意义。

8.2.1 无线电计量的特点

1. 参量多

无线电计量的参量大体上可分为以下几类:

(1) 表征电磁信号能量的参量，如电压、电流、功率、电磁场强度等；
(2) 表征信号特性的参量，如相移、失真、频偏、调制、噪声等；
(3) 表征电路特性的参量，如电容、电感、电阻、品质因数、阻抗、衰减等；
(4) 表征材料电磁特性的参量，如介电常数、介质损耗、磁导率等。
当然，上述划分是相对的，并不十分严格。

2. 频带宽

无线电计量的频带一般指高频(比如 30kHz 以上)直至超高频的频率范围，而低频和直流则属于电磁计量。高频亦称射频。但在实际工作中，不可能、也没有必要去严格划分。所以当前无线电计量的频带，可以说是从直流直至超高频的频率范围，当然，重点应是高频以上的频段。根据惯例，GHz($1\text{GHz}=10^9\text{Hz}$)以下的频段一般用频率表示，而高于 GHz 的频段则通常以波长表示，故称波段。这样，就无形中把无线电计量的频带划分为高频和微波两大部分。所谓微波，通常指波长小于 1m 的电磁波。微波又可分为厘米波、毫米波和亚毫米波等波段。

3. 波形多

无线电计量的电磁波形多而复杂，有正弦波、失真的正弦波、非正弦波、脉冲波、调制波等。

4. 传输系统复杂

无线电信号的传输系统相当复杂。电磁波不仅可通过普通导线、双线、同轴线和波导等传输，而且还可通过天线在空间传播。无论是什么系统，都必须考虑匹配、电磁波的工作模式以及屏蔽等问题，否则便难以进行计量。

5. 分布参数的影响

在无线电电路中，集总参数的概念已不能完全适应，而必须考虑各种分布参数的影响。

6. 频率响应

频率响应，简称频响，是无线电计量中必须予以注意的一个重要问题。微小的频差往往可能对测试结果产生明显的影响。

8.2.2 无线电计量的主要内容

无线电计量的内容较多，主要是围绕着电压、电流、功率、噪声、场强、品质因数、阻抗、衰减、相移、失真、频偏、调制、介电常数、介质损耗等参量进行的。现将其中最基本、最常见的几个参量的计量概述如下。

1. 高频电压

1) 高频电压概述

高频电压是无线电计量中一个涉及面广、影响较大的基本参量。电压是表征电信号能量的主要参量，是模拟信号的重要表现形式。几乎所有的电子仪器、设备都直接或间接与电压有关。电压亦称电位差或电势差，其通用表达式为

$$U_{ab}=-\int_a^b E\mathrm{d}l \tag{8-43}$$

式中,U_{ab}为a、b两点间的电压(设b点的电位高于a点);E为电场强度;l为积分路径。

显然,对于交变电压,该线积分式不仅与积分限a、b两点的位置有关,而且还与具体的积分路径有关。也就是说,a、b两点间的电压值将因积分的路径不同而异,即上述线积分式的解不是唯一的。若想获得只取决于两点的位置而与积分路径无关的唯一解,只有当电场是无旋场,即电场强度E沿任何闭合回路的线积分皆为零时才有可能。这一条件,只有横电磁波(TEM 波)的电场才有可能满足。这就是只有在传输 TEM 波的系统(如双线和同轴线)中才能计量电压,而在传输非 TEM 波的系统(如单导体波导)中只能计量功率不能计量电压的原因。

2) 高频电压计量的范围

高频电压计量的频率范围大体上是从 MHz 或更低至 GHz 或更高。习惯上,通常将1MHz 以上统称为高频或射频。高频电压计量的频率上限,由于高频电压标准工作频率的提高,已可达数 GHz;而从传输 TEM 电磁波的角度来看,由于小型(7mm)和超小型(3.5mm)同轴系统的建立,原则上已可达 18 GHz 和 36GHz。

高频电压计量的量值范围约从 μV 甚至 nV 直至 hV 甚至更高,大体上可分为四个部分:

(1) 大电压:10V 以上;

(2) 中电压:0.1~10V;

(3) 小电压:1μV~0.1V;

(4) 超小电压:1μV 以下。

上述划分是相对的,并无严格的统一规定。其中,中电压是基本量程,计量的精度最高;而大、小和超小电压的计量,一般都是靠中电压标准来传递、定标的。国际上所说的高频电压标准,通常即指高频中电压标准。也就是说,高频电压计量的根本是中电压,中电压的计量水平便基本上反映了高频电压的计量水平。

3) 高频电压的量值形式

高频电压的量值形式有以下几种。

(1) 瞬时值:交变电压$U(t)$在某一瞬间的值,一般表示为U_{inst}或$U(t)$。

(2) 峰值:交变电压$U(t)$在所观察的时间T内达到的最大值,一般表示为$\hat{U}$或U_{p},即

$$\hat{U}=\max_{t\leqslant T}|U(t)| \tag{8-44}$$

对于周期信号,T通常取为周期值,后同。

(3) 平均值:交变电压$U(t)$在所观察的时间T内的平均值,一般表示为$\overline{U}$或U_{av},即

$$\overline{U}=\frac{1}{T}\int_0^T U(t)\mathrm{d}t \tag{8-45}$$

显然,对纯交变电压,当有直流分量U_0时,$\overline{U}=U_0$;当无直流分量(即通常所研究的情况)时,$\overline{U}=0$。因此,又引进了所谓的平均整流值(或全波平均整流值),即

$$\overline{U}=\frac{1}{T}\int_0^T|U(t)|\mathrm{d}t \tag{8-46}$$

通常,若无特别说明,平均值即指平均整流值。

(4) 有效值：交变电压$U(t)$在所观察的时间T内的均方根值，一般表示为U_{rms}或U，即

$$U=\sqrt{\frac{1}{T}\int_{0}^{T}U^{2}(t)\mathrm{d}t} \tag{8-47}$$

有效值能直接反映出交流信号能量的大小，不仅对高频电压的计量很主要，而且对功率、电流、衰减、噪声以及能量转换等的计量亦很重要。另外，有效值具有简单的叠加性，便于计算和应用；而峰值和平均值则不具有简单的叠加性，因为它们的合成峰值或平均值不仅取决于每个分电压的大小，而且还取决于相互间的相位关系。所以，除计量脉冲等专用的电压表外，一般的电压表都是以有效值定度的。

4) 高频电压的计量方法

高频电压的计量方法主要有以下几种。

(1) 测力法

测力法是最早应用于电压计量的方法。该法是利用与电流或电磁场相关的一些物理现象，根据测力原理来实现电压计量的。利用该法制成的电压表，按具体工作原理，可分为磁电式、电磁式、电动式和静电式四种。各式仪表都包括两个主要部分：计量线路和计量机构。计量线路的作用是使被计量量转换成计量机构所能接收的某一过渡电量，而计量机构的作用则是将这一过渡电量所形成的电磁力转变为仪表可动部分的机械角位移。

由于原理和结构的限制，磁电式、电磁式和电动式电压表只宜计量直流、工频或音频电压，而不宜用于高频电压的直接计量。但这类仪表，特别是磁电式仪表，可作为高频电压被检波后的指示仪表。静电式电压表虽可用于高频(数十兆赫甚至百兆赫)计量，但灵敏度较低，只宜计量大电压，比如数十伏至数千伏甚至更高，计量精度为±(0.1～2)%。

(2) 检波法

检波法是将被测的高频电压通过检波器转换为与其成比例的直流电压，而后再用具有较高精度的直流电表测量，从而得出高频电压值的方法。

检波式电压表的检波器一般由晶体二极管或真空电子二极管构成，计量电压的范围从微伏到百伏甚至千伏，频率范围从数十赫至吉赫甚至更高，计量精度为百分之几至百分之十几。

(3) 补偿法

补偿法是将高频电压，通过检波二极管的作用，与已知的直流补偿电压相比较，从而得出相应的高频电压值的方法。尽管其中也应用了检波电路，但却与检波法不同。补偿式电压表的量程为数十毫伏至百伏，频率范围为数百赫至数百兆赫，计量精度为千分之几至百分之几。

补偿式电压表在较低的频率下有较高的精度；在较高的频率下，如能较准确地进行频响修正，亦可达到较高的精度。该类电压表可作为标准电压表。

(4) 热偶法

热偶法是利用热电偶将高频电压转换为相应的热电动势加以计量的方法。

热电偶有丝热偶(即普通热偶)、薄膜热偶和薄膜-半导体热偶等。普通热偶的频响误差较大，一般只能用到数百至一千兆赫；薄膜热偶的频响误差则小得多，可用于数千兆赫或更高的频率；薄膜-半导体热偶的频响误差更小，可用于相当高的频率，甚至18GHz。

利用热偶制成的计量电压的仪表通常称为热电转换仪表。该类仪表系用热偶作为功率敏感元件，配以适当的限流电阻(频率较高时，比如30MHz或100MHz以上，需采取必要的

补偿措施)及热电动势指示器而组成的交-直流电压转换器。热电转换器通常是表式结构，即是一个交流电压表，不过，也有的将其制成带有T形三通的源式结构，即配以适当的交流信号源便可成为一个提供一定电压的交流标准电压源。

由于热电转换器具有平方律的转换特性，故属于有效值转换器。该类转换器的突出优点是转换精度高，并且不受被测电压波形的影响；主要缺点是灵敏度较低，而且输入阻抗不高。

因热电转换器是有效值转换器，故以其为基础建立的交流电压表是真有效值电压表。在构成实用的真有效值电压表时，为提高灵敏度和测试精度，往往将被测信号经交流放大器预放后再加至热电转换器，有时还在热电动势的输出端加上直流放大器等。

为提高热电转换器的工作频率，一般都采用同轴结构，称为同轴热电转换器(见图8-17)。同轴热电转换器的外壳为一终端封闭的金属圆筒腔，沿腔的轴线串联放置一高频或超高频真空热偶T和一棒状薄膜限流电阻R。

由于热偶灵敏度的限制，高频同轴热电转换器的电压量程下限一般为0.1V或0.2V，上限则可达100V或更高。

该类同轴热电转换器的频率上限一般为30MHz，再高亦不过100MHz。若想进一步提高工作频率，就必须采取高频补偿。图8-18所示便是通常所采取的一种典型高频补偿电路，其中R_C、C_C和C_S为补偿元件。这种转换器的典型电压范围为0.2～19V，频率范围为DC～1GHz，转换精度为±1%(定标后)，交直流转换差S的波动≤±20%。

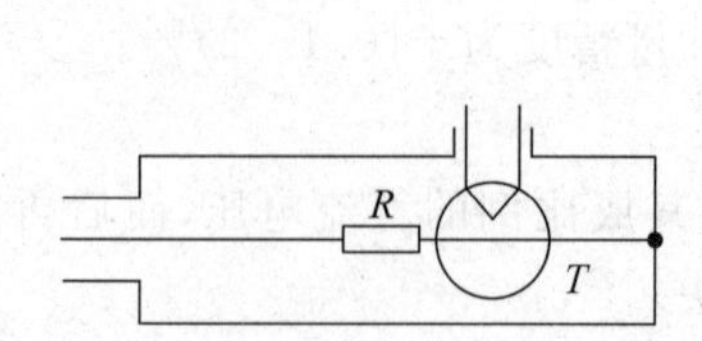

图8-17　同轴热电转换器的原理结构

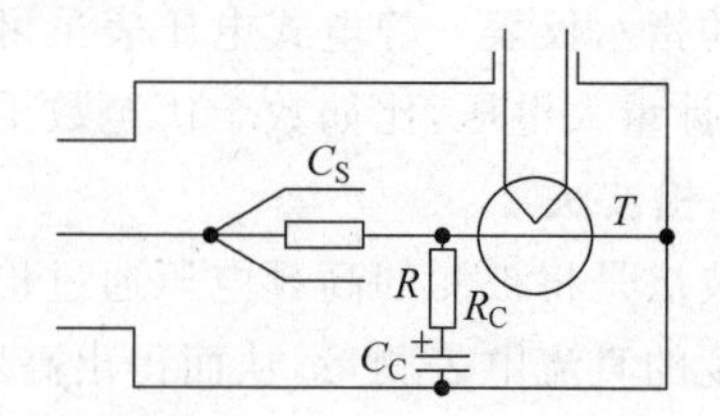

图8-18　网络补偿式高频同轴热电转换器

为改善同轴热电转换器的高频性能、减小S的波动，中国计量科学研究院提出了一种新的结构补偿方案：将限流电阻置于热偶之后，构成一个由热偶腔和电阻腔组成的复合腔(见图8-19)来代替带有补偿网络的传统的单一圆筒腔。实验结果表明，该方案对于0.2～1V的量程，在1000MHz以内，S的波动可小于±5%，显著地改善了转换器的高频特性，并且结构简单，无需任何附加的补偿元件，性能稳定。

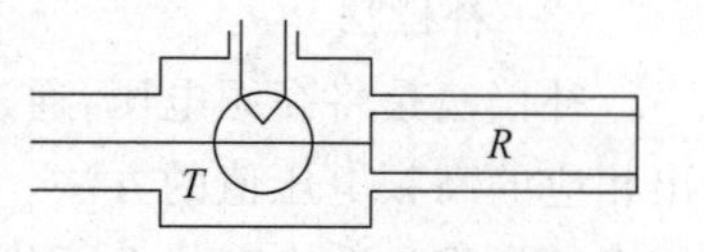

图8-19　结构补偿式同轴热电转换器

此外，利用热偶构成的计量电压的装置还有衰减热偶电压表(即AT电压麦)和微电位计等。它们虽然与同轴热电转换器的工作原理不同，但都不能缺少热偶。

(5) 测辐射热法

该法系通过对辐射热的计量而求出相应的高频电压值的方法。测辐射热装置就是利用测辐射热技术和高频-直流(或低频)功率替代原理建立起来的电压计量装置，具有精度高、频带宽和性能稳定等特点，是现代高频电压计量测试的一种有效手段。世界上各大国的高频电压国家标准几乎都是利用测辐射热装置建立起来的。

该类装置的功率敏感元件是测热电阻(亦称测辐射热器),将其置于特制的高频座或探头内,再配以相应的指示系统和辅助设备,便可构成高频电压的计量测试装置。根据结构和特点,这类装置可分为标准源式和功率计式两种。

由于所用的是测辐射热技术和功率替代原理,该类装置皆是有效值响应。

测热电阻电桥高频电压标准是典型的标准源式测辐射热装置。最早使用的这种高频电压标准,是美国国际标准管理局的 SeJby 等人研制成功的,称为 Bolovac。图 8-20 所示的便是双测热电阻电桥高频电压标准的典型原理电路。

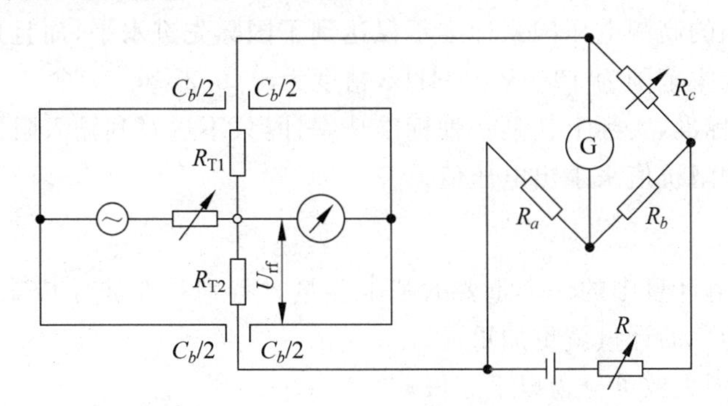

图 8-20　双测热电阻电桥原理电路

若将一同轴薄膜热变电阻垂直置于无耗的同轴线内,并将该组合看作是三段串联的同轴传输线节;若它们的直径均匀、边界连续,且满足 $\lambda>\pi(a+b)$ 的条件(λ 为工作波长,a 为同轴线外导体的内半径,b 为同轴线内导体的半径),则无高次模,不存在电磁场的纵向分量,即只传输 TEM 波;若薄膜热变电阻具有良好的频率特性,即电抗分量很小可以忽略,则其阻值可认为与频率无关,于是加在薄膜热变电阻上的高频功率与等值的直流(或低频)功率所引起的阻值变化相同,故可进行功率替代,从而以直流(或低频)电压定出高频电压值。这就是测热电阻电桥高频电压标准的基本原理。现在看一下简要的工作过程。首先,在桥两端只加直流偏压 U_1 将电桥调至平衡,则薄膜热变电阻上的直流功率为

$$P_1=\left(U_1\frac{R_a}{R_a+R_b}\right)^2\Big/(R_{T1}+R_{T2}) \tag{8-48}$$

然后,再加高频信号,电桥因而失衡,将直流偏压由 U_1 降到 U_0 使电桥重新平衡,则原来的 P_1 便等于此时的直流功率 P_2 与高频功率 P_{rf}之和,即

$$P_1=P_2+P_{rf} \tag{8-49}$$

而

$$P_2=\left(U_2\frac{R_a}{R_a+R_b}\right)^2\Big/(R_{T1}+R_{T2}) \tag{8-50}$$

$$P_{rf}=\frac{U_{rf}^2}{R_{T1}R_{T2}/(R_{T1}+R_{T2})} \tag{8-51}$$

于是测热电阻上的高频电压为

$$U_{rf}=\frac{\sqrt{a}}{1+\alpha}\cdot\frac{R_a}{R_a+R_b}\sqrt{U_1^2-U_2^2} \tag{8-52}$$

式中,$\alpha=(R_{T1}/R_{T2})\geqslant1$。

若通过计量偏置回路中的串联电阻 R 上的压降 U_{R1} 和 U_{R2} 以及偏置源电压 U_0 来求

U_{rf}，则有

$$U_{\mathrm{rf}} = \frac{\sqrt{a}}{1+\alpha} \cdot \frac{R_a}{R_a + R_b}[(2U_0 - U_{R2} - U_{R1})(U_{R2} - U_{R1})]^{1/2} \tag{8-53}$$

该类装置的电压范围为0.2～2V，频率范围为30～1000MHz，精度约±1%。

我国的高频电压国家标准亦采用的是双薄膜热变电阻电桥方案，但在理论上和技术上都进行了更加深入的探讨，并力求独创。比如，论证了由薄膜热变电阻置于同轴高频座内所引起的电磁场扰动的影响问题，以及研制出了灵敏度较高而电抗分量又较小的新型薄膜热变电阻等，以致我国的高频电压国家标准不仅达到了国际先进水平，而且还有所突破：电压范围为0.1～2V，频率范围为10～3000MHz，精度为±(0.2～0.7)%。

功率计式电压标准，实际上就是一种标准功率计，只不过对其输入阻抗等有较严格的要求，以便通过功率和阻抗值来求出电压值。

2. 功率

功率亦是无线电计量中的一个重要的基本参量。特别是在波导传输的微波系统中，由于不能计量电压，功率的计量就更加重要。

功率的计量范围大致可分为以下三段。

(1) 小功率：10mW以下；

(2) 中功率：10mW～10W；

(3) 大功率：10W以上。

功率计量的基本方法，是将功率转换成相应的热量加以计量。

1) 测热电阻电桥功率计

测热电阻电桥功率计的功率敏感元件是测热电阻，将其作为一个臂接于电桥中，然后根据其阻值随所加高频或微波功率的变化而由直流或低频功率替代高频或微波功率值。电桥相当于一个功率替代的平衡装置。根据工作特点，电桥可分为不平衡式和平衡式两类。

(1) 不平衡式电桥

图8-21所示的是不平衡式电桥的原理电路。在未加高频功率时，调节串联电阻R_0，以改变偏置电流I_0，使电桥平衡，即指示臂的电表M指零。然后加高频或微波功率于测热电阻R_{T}，使其阻值改变ΔR_{T}因而电桥失衡，电表M中有电流I_{M}流过。若$R_1=R_2=R_3=R$，则根据电桥电路可求出该失衡电流为

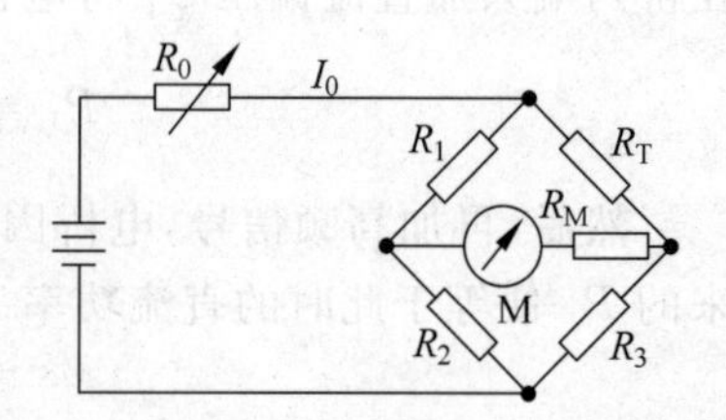

图8-21 不平衡式电桥原理电路

$$I_{\mathrm{M}} = \frac{I_0 \mid \Delta R_{\mathrm{T}} \mid}{4(R+R_{\mathrm{M}})}\left[1 + \frac{\mid \Delta R_{\mathrm{T}} \mid}{4(R+R_{\mathrm{M}})} \cdot \frac{3R+R_{\mathrm{M}}}{R}\right] \tag{8-54}$$

若$|\Delta R_{\mathrm{T}}| \ll R$，则上式可简化为

$$I_{\mathrm{M}} \approx \frac{I_0 \mid \Delta R_{\mathrm{T}} \mid}{4(R+R_{\mathrm{M}})} \tag{8-55}$$

由于ΔR_{T}引起的功率ΔP就是所加的高频功率P_{rf}，而$\Delta R_{\mathrm{T}}/\Delta P$又是测热电阻在该工作点上的灵敏度$S$，故上式中的$\Delta R_{\mathrm{T}}$等于$S\Delta P = SP_{\mathrm{rf}}$。于是便可得出高频功率的表达式为

$$P_{\mathrm{rf}}=\frac{4(R+R_{\mathrm{M}})}{I_0 S}I_{\mathrm{M}} \tag{8-56}$$

因为该功率是在电桥失衡的情况下求出的，故称为不平衡式电桥。

可见，该电桥必须经过定度方能使用，否则只能得到一个相对数值。另外，测热电阻的阻值不恒定，随所加高频功率的变化而变化，以致无法保证与被测回路的阻抗匹配，将带来严重的失配误差，加之较易受环境温度变化的影响等原因，该类功率计通常只作为参考电子指示器或用于一般计量，而不用于精密测试。

(2) 平衡式电桥

图 8-22 所示的是平衡式电桥的原理电路。在加高频功率前，先调节 R_0 使 $R_{\mathrm{T}}=R$，于是电桥平衡，G 指零，通过电表 M 有偏置电流 I_1；在 R_{T} 上加以高频功率后，R_{T} 偏离 R 值，电桥因而失衡，再调节 R_0 将电桥的偏置电流(直流功率)减少至 I_2，使 R_{T} 恢复到原来平衡时的值 R，于是电桥重新平衡。如果测热电阻 R_{T} 对直流和高频功率的响应相同，则所加的高频功率 P_{rf} 便等于第二次平衡时所减去的直流功率，即等于电桥两次平衡的直流偏置功率之差：

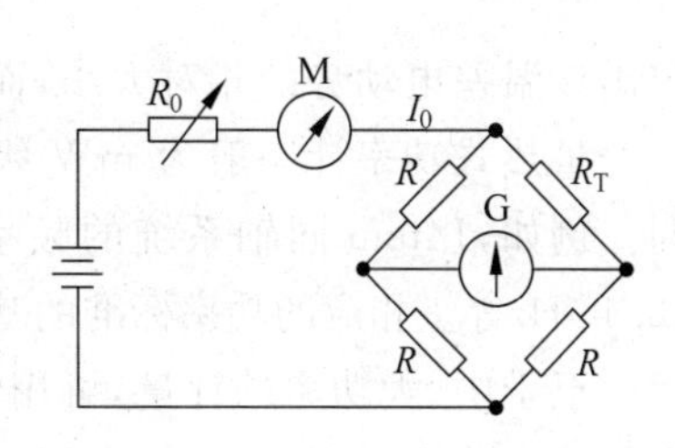

图 8-22　平衡式电桥原理电路

$$P_{\mathrm{rf}}=\frac{R}{4}(I_1^2-I_2^2) \tag{8-57}$$

这样，便可直接测出所加高频功率值，而且还可以事先调定 R_{T} 值，使其工作于匹配状态，同时，环境温度只要在电桥两次平衡的短时间内变化不大，便不会有明显的影响。

上述的只是测热电阻电桥式功率计的基本原理，现代实用的功率计的具体线路要复杂得多，比如带有温度补偿的、直读的以及自动平衡的单、双电桥等。该类功率计的精度较高，在 1GHz 约为 3%。

2) 量热式功率计

量热式功率计的功率敏感元件就是负载(或称为量热体)，通常为特制的微波金属膜电阻。由于是计量负载耗散的高频或微波功率所产生的热量，故而称之为量热式功率计。根据负载的形式可分为静止式和流动式两类。流动式适于计量大功率，由于设备庞大，近年已不多见。

量热式功率计的基本工作原理如下：当量热体上加有高频或微波功率时，便会发热。如果该量热体是与外界绝热的，则其温度将随所加功率 P 的时间而逐渐升高。若能测得时间 Δt 内的温升 ΔT，便可求出该时间内的平均功率为

$$P=mc\frac{\Delta T}{\Delta t} \tag{8-58}$$

式中，m 为量热体的质量；c 为量热体的比热容。

为便于计量，实际上都不直接利用上式，而是采取替代法，即用已知的直流或低频功率去替代产生同样热效应的高频或微波功率。这样，既不必测知量热体的质量和比热容，又可降低对绝热的要求。然而，绝热性的降低必然要导致环境温度对量热体温升的影响。

为消除环境温度的影响，又研制出了双负载量热式功率计，亦称对偶式或双干量热式功率计(见图 8-23)。该种功率计是将两个完全相同的负载置于同一个隔热腔体内，其中一个是接受高频功率和替代的直流或低频功率的工作负载(亦称有源负载)，另一个是为了确定

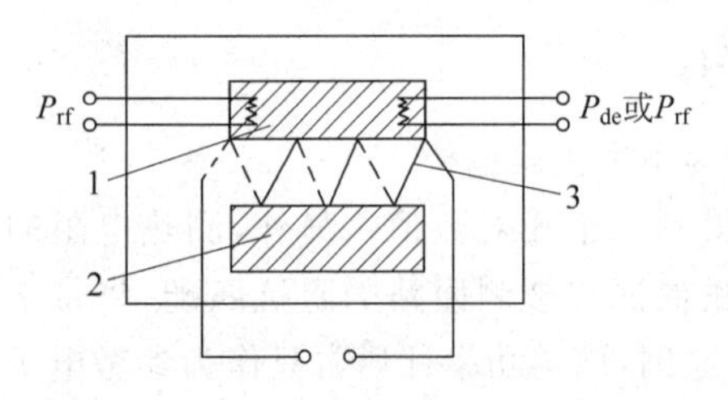

图 8-23 双干量热式功率计示意图
1—工作负载；2—参考负载；3—热电堆

工作负载的温升基点而不加任何功率的参考负载。两负载之间装有由许多热电偶串联而成的热电堆，能够测出相互间的微小温差。由于两者所处的条件相同，故环境温度变化的影响亦相同。也就是说，尽管温升的参考基点随环境温度的变化而变化，但由外加功率所引起的相对温差 ΔT（即温升）却不变。于是，便可将该温差所引起热电堆的热电动势作为"平衡值"来进行功率替代。因此，只需要定出该温差电动势的相对大小，而并不要求测出其具体量值。

量热式功率计一般为 mW 级。由于所用传输功率的系统不同，应用的频率范围亦不同。例如，14mm 同轴系统的频率范围为 DC～8GHz，3cm 波导系统的频率范围为 8.2～12.4GHz等。相应的功率标准的基本精度为±(0.1～1)%，1GHz 以下可优于±0.3%。

至于中、大功率的计量，可用流动式负载(即以流动的液体或气体为负载)功率计，或用带有功率分配器(如定向耦合器)或衰减器的小功率计。

3）测辐射热器功率计

测辐射热器功率计是测量毫瓦级微波功率最常用的仪器，它是按照某些对温度敏感的电阻元件(称为测辐射热电阻)在吸收电磁波能量前后的阻值变化来测量功率的。测辐射热电阻包括热敏电阻和镇流电阻两种元件，放在波导(同轴线)终端，无反射地吸收微波功率构成测辐射热座。在元件上预先加入直流功率，吸收微波功率后的测辐射热电阻发生阻值变化，变化量用电桥测出。再调整直流功率使阻值恢复，从而达到直流替代微波功率的效果。

测辐射热器功率计除了测辐射热座以外还必须有专用测试设备——测辐射热器电桥。这种功率计要预先确定测辐射热座的有效效率，有效效率 η_e 定义为

$$\eta_e = P_b / P_{rf} \tag{8-59}$$

式中，P_b 为测辐射热电阻的替代直流偏置功率，由电桥测出；P_{rf} 为耗散在座内的总微波功率。

由此所加的微波功率 P_{rf} 可由已知 η_e 和 P_b 导出。

测辐射热器功率计精度低于量热式功率计，但它测量快速、方便，经量热式功率计校准后，可作为传递标准使用。

4）微量热计

微量热计的负载(量热体)采用测辐射热元件，用量热计原理高精度测定测辐射热座的有效效率 η_e，然后用已知的 η_e 配以高精度电桥，单独测量微波功率。很明显，这种方法是量热式功率计和测辐射器功率计两种仪器优点的综合，因而精度高、速度快、使用方便。

微量热计确定辐射热座有效效率 η_e 的原理如图 8-24 所示。

图中 A、B 是测辐射热器，组成量热计的两个量热体。A 用以吸收微波功率和直流替代功率，B 作为温度参考体。C 是热电堆，用以检测加入直流和微波功率后 A 相对于 B 的温升。电阻 r_o 组成电桥的三个桥臂。e 是测辐射热元件，作量热计负载。G 是检流计，E 是直流偏置功率电源，R 用以调节直流偏置功率。R_S 是标准电阻，用以测定电桥电流。

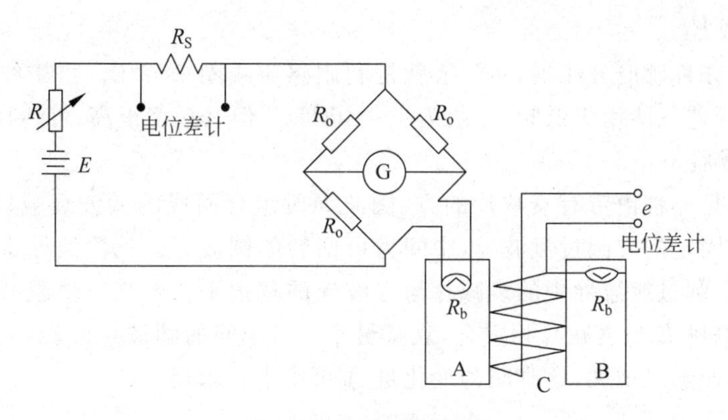

图 8-24　微量热计原理

3. 衰减

衰减表征的是无线电信号在传输过程中由于能量的损耗和反射而减弱的程度。它是由功率或电压比导出的，是反映两个同名量值之间的相对差的一个参量。衰减的单位是分贝，符号为 dB。

衰减计量的标准器主要有以下几种。

1）截止衰减器

截止衰减器是利用电磁波在截止波导中传输时的衰减而制成的。图 8-25 所示是其原理结构示意图。截止波导一端为激励线圈，由信号源激发起以 H_{11} 型波为主模的电磁场；波导的另一端为安装在活塞上的接收线圈，可以沿波导管轴向移动。接收线圈所在处的电场强度 E 可表示为 $E=E_0e^{-\alpha l}$。当线圈（活塞）由 l_1 移至 l_2 位置时，截止衰减器改变的衰减量为

$$A = 20\lg\frac{E_0e^{-\alpha l_2}}{E_0e^{-\alpha l_1}} \approx 8.6859\alpha(l_2 - l_1)(\mathrm{dB}) \tag{8-60}$$

式中，α 为衰减常数，可根据截止波导的半径、电磁波的频率、截止波导材料的电导率和磁导率以及波导内介质的介电常数等算出。可见，只要准确测定活塞的位移（l_2-l_1），便可准确地得出截止衰减器相应的衰减量。

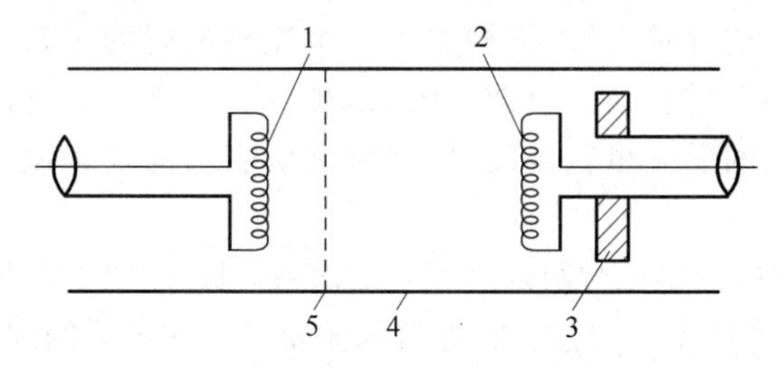

图 8-25　截止衰减器的原理结构

1—激励线圈；2—接收线圈；3—活塞；4—截止波导；5—波形滤波器

截止衰减器的精度可达 $\pm(0.5\sim1)\times10^{-4}$。

作为标准衰减器，为充分保证精度，通常都是在固定的频率点（如 5MHz、30MHz 及 60MHz）使用。

2）电感衰减器

电感衰减器亦称感应分压器，实际上就是利用感应线圈来分压。由于线圈寄生参数等的影响，该类分压器只能用于低频，一般为 1～10kHz。但其精度很高，可达10^{-8}量级。

3）回转衰减器

回转衰减器是一种由带有衰减片的方、圆波导段组合而成的微波衰减器（见图 8-26）。衰减器的两端为固定的方圆过渡波导，中间为可回转的圆波导。三段波导中间均固定一块薄衰减片，其中方圆过渡波导中的衰减片与方波导的宽边平行。当三块衰减片在同一平面时（初始位置），电场 E 与衰减片相重合，衰减最小；当中间的圆波导回转一 θ 角（相对初始位置）时，衰减量便随之增大，该衰减的变化量 A 可由下式求得：

$$A = 40\lg\sec\theta(\text{dB}) \tag{8-61}$$

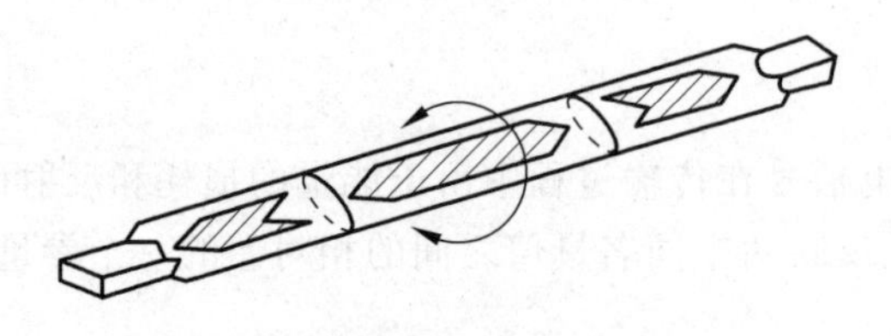

图 8-26　回转衰减器的原理结构

回转衰减器的精度，在 40dB 以内可达$\pm 1\times 10^{-3}$，在 20dB 以内还可更高些，但仍不如截止衰减器和感应分压器的精度高，一般只能作二级标准使用。

8.3　时间频率计量

时间是一个非常重要的基本量。它是一种不断流逝的自然现象。通常所说的时间有两个含义：一个是“时间间隔”，指的是两个瞬时之间的间隔；另一个是“时刻”，指的是连续流逝的时间中的某一瞬时。因此，对时间的计量，不仅需要有经常保持准确的时间单位，而且需要选定某一原点（亦称起点）作为计算时刻的起算点，同时还需要一个从起点开始连续不停地累积时间间隔的计量系统。这样，由一个规定的计量单位、一个公认的起算点和一个不断累积的计量系统，便构成了一个完整的时间参数坐标系。通常把这种坐标称为“时标”。时标上的任何一点即为时刻，坐标原点即是时刻的起点，称为“历元”，两个时刻之差即为时间间隔。也就是说，任何时刻所表示的都是该时刻与历元之间的时间间隔。

频率系指某周期现象在单位时间内所重复的次数。频率与时间（周期）在数学上互为倒数，即 $f=1/T$，其中 f 为频率，T 为周期（即该现象重复一次的时间间隔）。所以，时间和频率的计量，实际上可归结为其中的任何一个，知其一便知其二。

随着现代科技的发展时间频率计量的意义已日益明显。例如，导弹、火箭、人造卫星以及航天飞机等的发射和制导，都必须进行精密的时间频率计量。这些发射场与各地的监测站都必须有统一的时刻，也就是说，有关的时钟都要严格一致地同步运行，以便对各地的观测结果进行统一的分析与处理。否则，时刻不统一（不同步），全部测试数据都会失效。在天文观测中，对照星表确定星体位置时，必须准确地知道时间。时间相差 1s，定位就可差

500m。这是靠地球的自转角与时间之间的密切关系来定位的，已经沿用了许多年。现代的定位技术，即所谓的无线电导航，是利用以恒定的速度传播的电磁波来实现的。比如，用接收的(由两个无线电台发射的)两个信号到达的时间差或相位所形成的双曲线的交点来定位。根据电磁波的传播速度和一般定位的距离，要想获得1m的定位精度，时间就要准确到3ns。若要求钟在同步后一天内的漂移不超过3ns，则意味着其稳定度应优于1×10^{-14}。

窄带通信不仅可以增大通信距离，而且还可以增加通信路数。这也是靠频率的高精度、高稳定度来保证的。比如，将通信的带宽由10kHz缩小到1Hz，就相当于发射功率提高了1万倍。当然，这只有靠稳定的原子钟作信号源才能实现。在电视广播系统中，为了保证彩色副载频信号的相位稳定，也需要有高稳定频率的信号源。

在科研方面，时间频率的计量亦很重要。例如，将高稳定原子频标用于甚长基线干涉仪，可以获得更加精确的天文数据；相对论的验证实验，也是在有了原子频标之后才获得了较为满意的结果。

至于人们的日常生活，更离不开时间计量，只不过往往没有明确地意识到罢了。

总之，在卫星发射、导弹跟踪、飞机导航、潜艇定位、大地测量、天文观测、邮电通信、广播电视、交通运输、科学研究、生产及生活的各方面，都需要时间频率的计量，也都离不开时间频率的计量。

8.3.1 时间单位秒

时间的单位是秒，符号为s。随着科技的进步，秒的定义亦在不断改进，比如已由世界时、历书时发展到现今的原子时。

1. 世界时(UT)

最初，人们是根据地球自转所形成的昼夜变化，通过天文观测定出太阳日的，称为视太阳日。将每太阳日均分为86 400等份，便可得到一天内昼夜皆相等的时间单位秒。但从全年来看，时间单位值仍是变化的。因为随着季节的变化，每个视太阳日的长短亦有所变化，其中最长和最短的视太阳日之差竟可达51s。

为了得到全年一致的时间单位值，人们把全年长短不等的视太阳日加以平均，得到一个平太阳日，再将平太阳日分为86 400等份，每一份便是时间单位秒。于是，世界时秒定义为：1秒等于平太阳日的1/86 400。

如前所述，只有时间单位和计时系统(如钟)还不能完全决定时间，即只能得出时间间隔，而不能得出时刻。也就是说，还需要有一个起点。为了统一全世界的时间，经1884年国际子午线会议决定，以通过英国格林尼治天文台的经线作为计算全球经度的起点(0°)，每隔15°定一条标准经线，亦其两侧各7°30′的地区(时区)内均采用标准经线处的地方时，称为该时区的标准时(或区时)。这样，全球一共分成24个时区，相邻时区的标准时相差1小时。世界各地的标准时，都归算到零时区的标准时(格林尼治平太阳时)，称为1世界时。时刻的起点为1858年11月17日零时。

后来，随着石英钟的问世，人们发现地球的自转是不均匀的，在不同年度得到的世界时秒长并不一致，其精度只达10^{-8}左右。于是人们便开始考虑新的时标。

2. 历书时(ET)

历书或星历表等,是指根据牛顿天体运行学说计算出来的表格,它预先告诉人们,在什么时间,各种天体应运行到什么位置。但在实际观测中发现,观测值与理论值并不完全相符。造成这种不一致的原因,在石英钟出现之后才找到,是地球自转这个"钟"变慢了,而并非是天体的运行变快了。这使人们受到了启发:若将星历表反过来用,即当天体出现在理论上预测的位置时,则该瞬时就是理论上准确的时刻值。这样得到的时标便称为历书时。

1960年第十一届国际计量大会决定采纳基于地球公转周期的历书时秒定义:"秒"为1900年1月0日历书时12时起算的回归年的1/31 556 925.974 7。

历书时虽然在理论上是一种均匀时标,但观测比较困难,而且需要长年累月地进行,利用对太阳和月亮的综合观测3年的资料才能得到10^{-9}的精度。于是人们又去探求新的时标。

3. 原子时(AT)、国际原子时(TAI)

随着量子理论和电子学的发展,人们逐渐认识到,原子或分子只处于一定的量子能级,当它从一个能级跃迁到另一个能级时,将辐射或吸收一定频率的电磁波。这种电磁波的频率稳定性相当高,远远超过世界时和历书时所依据的天文标准,若用其定义秒,则可使秒的精度大大提高。1967年第十三届国际计量大会通过新的原子秒的定义(见2.2.2节)。原子时的时刻起点为1958年1月1日零时。

如今,铯原子钟的精度已达$10^{-13}\sim10^{-14}$能级,这意味着数十万年乃至百万年不差1s。

国际原子时是从1975年开始发播的,作为统一全世界时标的基础。

4. 协调世界时(UTC)

原子频标的建立,使人们摆脱了以地球自转为基础的世界时,获得了高度准确的时间频率。但这对于那些与地球的自转角位置密切相关的、适应于不均匀的世界时的工作,比如船舶定位、大地测量等来说,则有些不便。也就是说,出现了准确的时间间隔和不均匀的时刻之间的矛盾。为解决这一问题,提出了以"闰秒"作为协调的办法。当世界时由于地球自转速度的变化而与国际原子时不一致时,则在适当的时刻增加一秒(闰秒)或减少一秒(负闰秒),使两者的时刻基本一致。这就是协调世界时。协调世界时的秒长与原子时一致,而时刻则是利用闰秒协调得与世界时基本一致(两者的时差控制在±0.95s以内),这就可以满足各方面的需要了。协调世界时的起点是1960年1月1日世界时零时。自1972年起,世界各国的标准频率与时号发播台都正式播发协调世界时。1974年,国际会议决定把协调世界时作为国际的法定时间。截至1983年6月底,协调世界时已比国际原子时落后了21s。实施闰秒的具体时间,一般是在当年的6月30日或12月31日的最后一分钟,由国际时间局综合世界各国天文台的观测结果来决定,并提前两个月发出公告,全球统一行动,要求时间同步到1ms以内,频率同步到1×10^{-10}以内。

8.3.2 时间频率基准、标准

1. 原子频标的基本原理

前已提及,根据量子理论,原子或分子只能处于一定的能级,其能量不能连续变化,而只

能跃迁。当由一个能级向另一个能级跃迁时，就会以电磁波的形式辐射或吸收能量，其频率 f 严格地决定于二能级间的能量差，即

$$f=\frac{\Delta E}{h} \tag{8-62}$$

式中，h 为普朗克常数；ΔE 为跃迁能级间的能量差，若从高能级向低能级跃迁便辐射能量，反之则吸收能量。与此相应，原子频标亦可分为辐射型和吸收型两类。由于该现象是微观原子或分子所固有的，所以非常稳定。若能设法使原子或分子受到激励，便可得到相应的稳定而又准确的频率。这就是原子频标的基本原理。

2. 铯原子钟

磁选态铯原子钟是最先研制成功的一种高性能的原子时间频率的标准装置。1967 年国际计量大会通过的秒定义，就是根据磁选态铯原子钟所提供的数据得出的。

图 8-27 所示的是铯原子钟的原理结构。铯原子钟的激励源是石英晶体振荡器，即石英钟。石英钟是利用石英晶体的压电效应制成的，有相当高的频率稳定性。但由于石英晶体的大小、形状、切割方向、温度和电极焊接等都会影响其振荡频率，另外，由于晶体的老化也会引起一定的频率变化。所以，一台自由运转的石英晶体振荡器(常称自由晶振)输出的频率并不一定非常标准、稳定。不过，晶振的频率可以用电容器或变容二极管进行精细调节。关键在于调节到什么程度，如何控制刚好到所要求的状态，这就要靠铯束管了。石英晶体振荡器的频率的信号经过倍频综合，达到铯原子特定能级的跃迁频率，在这一频率的电磁波的激励下，铯原子便产生相应的能级跃迁，在探测器上就会出现跃迁信号。显然，该跃迁在两频率完全相等时有最大值。否则，当探测器收到的跃迁信号偏离最大值时，便有一个误差电压输给晶体振荡器，以调节其振荡频率至出现跃迁信号的最大值。这样，就可以使石英晶体振荡器能够输出一个稳定的标准频率。此时，晶振即不再是“自由”的了，而随时受到铯原子系统的监测和控制。所以，通俗地说，石英钟加上控制、校准它的原子系统就成为原子钟。

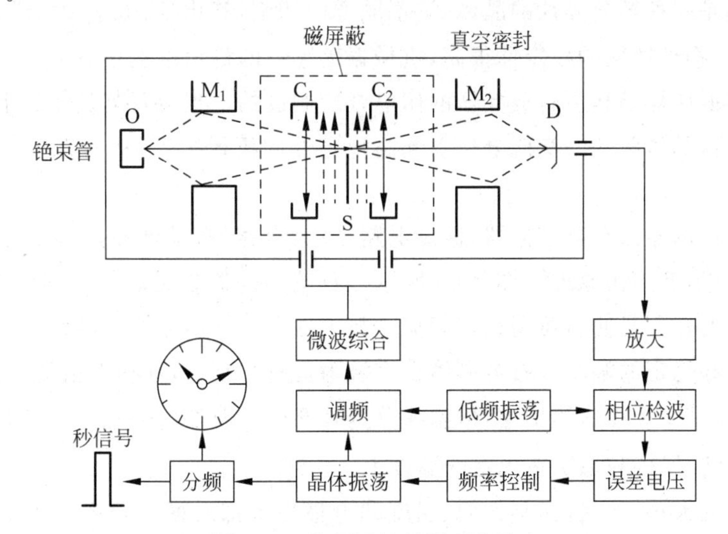

图 8-27　铯原子钟的原理结构

O—铯原子源；D—探测器；S—狭缝；C_1、C_2—谐振腔；M_1、M_2—第一、第二偏转磁铁

铯原子束管的工作情况大致如下。当铯炉加热到150℃左右，铯原子便从炉内成束状喷出，飞向探测器。为避免铯原子在飞行中与气体分子碰撞，使强度减弱，整个束管由真空机组抽成高度真空，约10^{-6} Pa。在飞行过程中，铯原子受到外场激励将有一部分发生能级跃迁。为了从大量原子中识别出这些能级跃迁的原子，而设计一套束光学系统。让原子束两次穿过非均匀磁场，由于原子具有磁偶极矩，在非均匀磁场中受到横向力的作用，便发生偏转，改变运动轨迹。由于两种能态的铯原子磁矩的符号相反，故而它们的偏转方向亦相反。这样，原子束在飞经第一个偏转磁铁(亦称选态磁铁)间隙时，便被分成能态不同的两束，其中只有一束能顺利通过狭缝进入第二个磁铁间隙。如果这束原子保持原能态不变，则将仍按原来的偏转方向继续偏转，以致不能被置于中轴线上的探测器收到，而只有那些发生了能级跃迁的原子，由于改变了偏转方向，才能刚好被探测器拾获。

由于加长微波作用区可以减小共振线宽，更精确地测定原子的跃迁频率和减小其他误差的影响，所以频率基准的束管长度大都取为3～5m。

3. 氢原子钟

氧原子钟亦称氢原子激射器。它是从氢原子中选出高能级的原子送入谐振腔，当原子从高能级跃迁到低能级时，辐射出频率准确的电磁波，便可用其作为频率标准。氢原子钟的短期稳定度很好，可达10^{-14}～10^{-15}量级。但由于储存泡壁移效应的影响，其精度只能达到10^{-12}左右。

4. 铷原子钟

铷原子钟是一种体积小、重量轻，便于携带的原子频标。由于存在频移效应的影响，其精度约为10^{-11}量级，只能作为工作标准。

5. 石英晶体振荡器

石英晶体是一种各向异性的晶体，按不同方向切割，其化学、电学和力学性能各不相同。石英晶体化学、物理性能的稳定性很高，机械振动频率的稳定性也很高。

石英晶体振荡器是利用石英晶体的压电效应制成的。当给石英晶体加上一适当的机械力，便产生电荷，晶体两端的交流电位引起高稳定性的机械振动，从而直接控制振荡器的电振荡。

石英晶体振荡器由石英谐振器、振荡电路、放大电路、自动增益控制电路、恒温槽、温控电路等部件组成，其工作原理如图8-28所示。石英振荡器是关键部件，是最主要的稳频元件。振荡电路的作用是使石英谐振器起振。放大器和自动增益控制电路使晶体振动输出信号具有足够大和稳定的幅度。石英晶体在室温附近有一拐点，称拐点温度，这时它的频率最稳定，所以晶体都安装在恒温槽中，恒温槽分内外两层。温控电路包括加热丝R_H和感温元件R_T，用以达到、保持和稳定在规定的温度上。

石英晶体的大小、形状、切割方向、温度和电极焊接都对振动频率产生影响。由于晶体老化，其频率还要随时间发生微小的变化。所以石英晶体振荡器的稳定性较原子频标为低。一般石英钟的准确度一昼夜变化为10^{-4}s。

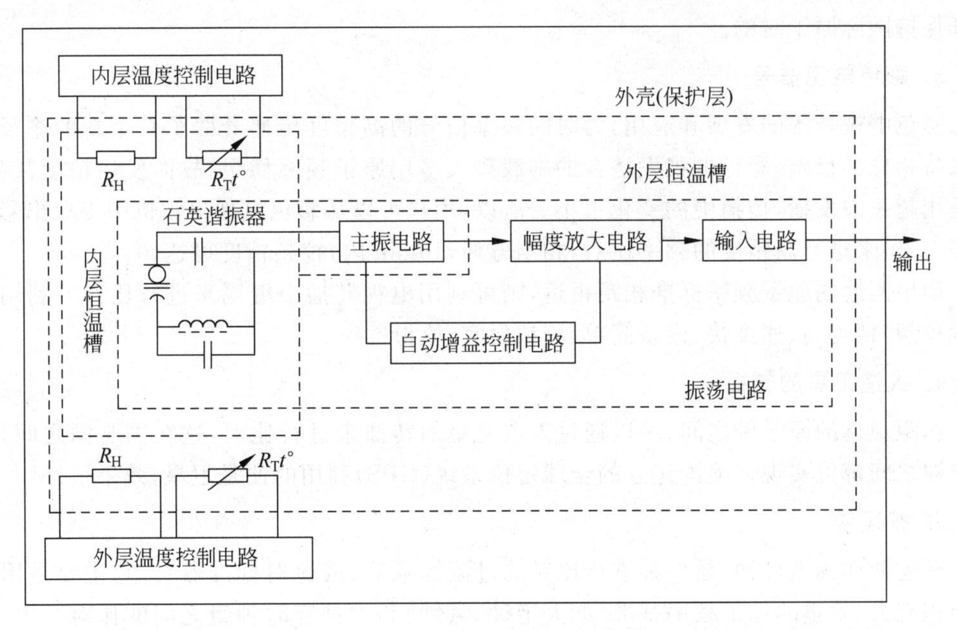

图 8-28　石英晶体振荡器的工作原理

8.3.3　时间频率的计量方法

时间频率的计量方法，主要是比对，即将被测的时间频率与标准的时间频率相比较。比对可以直接进行，也可以通过发播的无线电波或搬运钟来进行。

1. 短波发播

短波发射使用的频率是 2.5MHz、5MHz、10MHz、15MHz、20MHz、25MHz。

短波发播的发送与接收设备都比较简单、便宜，传播距离亦较远，使用也比较方便。但在离发射台较远的地点接收时，由于电离层波动的多普勒效应和多径传输等原因，只能获得 10^{-8} 左右的校频精度和 50μs 左右的时号精度。短波发播一般只供精度要求较低的部门使用。我国上海天文台和陕西天文台都已开展了短波授时的服务工作。我们从收音机中听到的报时信号，就是由陕西天文台的短波授时台传给北京天文台，再由中央人民广播电台播发的。

2. 长波和超长波发播

长波发播使用的频率为 100kHz，超长波则是 10～60kHz。长波、超长波的传播特性比短波强得多，其地波、天波衰减小，可传播很远。但在长波范围内，噪声电平很高，需要很大的发播功率，致使发送和接收的设备都更加庞大和昂贵。

世界著名的“罗兰-C”(LORAN-C 是英文“远程导航台-C”的缩写)就是一个典型的长波发播台。它是美国海军天文台建立的远程双曲线导航系统，其定时精度和标准精度都很高，一天之内可达 1×10^{-12}。目前世界各国几乎都接收“罗兰-C”的信号进行校频定时，并通过它与其他国家的原子时标相联系。国际时间局也主要是利用各国与“罗兰-C”的比对数据计算出一个自由时标，然后用美国、德国和加拿大的铯频率基准进行校准，得出驾驭时标，来建立和保持国际原子时的。

3. 彩色电视信号

彩色电视技术的发展和应用，为时间频率信号的高精度传递开辟了一个新的途径。为了保持相位的稳定，彩色电视发播台的副载频大多用原子频标稳定，故而发播精度甚高，加之是用超短波发播，传播中的变化很小。所以，用户可以从彩色电视接收机中提取出彩色副载频信号，来进行高精度的频率比对，相当方便，10min 内，校频精度可达10^{-11}。

如果两地的原子频率标准相距很远，则可利用电视转播中继网来进行比对。利用彩色电视校频，精度高、速度快、设备简单、价钱便宜，值得推广。

4. 人造卫星的转播

相距很远的原子钟之间，可以通过人造卫星的转播来进行比对，这在国与国之间，以至洲与洲之间都可实现。美国建立的全球定位系统(GPS)利用的便是卫星，效果很好。

5. 搬运钟

搬运钟亦称飞行钟，是一种进行比对的过渡标准器(或比对标准器)。它主要是用于两个体积庞大、笨重的原子频率基准(如大铯钟、氧钟)和大型守时钟组之间的比对。因为，不管用哪一种发播手段进行比对，信号在传输过程中都不可避免地要有一定的衰减和延迟，应进行相应的修正。然而，由于传输路径和距离难以准确地计量，也就无法进行准确地修正，所以，最好是进行直接比对。可是大型钟又不便搬动，于是只好利用便于搬运的小型铯钟或铷钟来传递，故称搬运钟或飞行钟。当然，这些钟在搬运过程中应保持连续稳定的工作，不发生频率漂移和时刻跳变。

6. 飞秒光梳原理

飞秒激光脉冲是通过锁定飞秒激光器内所有能够振荡的激光纵模的相位而形成的周期性脉冲。一般情况下，谐振腔输出的飞秒激光脉冲的电场强度可表示为

$$E(t)=A(t)\mathrm{e}^{-\mathrm{i}2\pi f_c t}+c.c. \tag{8-63}$$

式中，$A(t)$为周期性的载波包络函数；f_c 为光载波频率；$c.c.$ 代表前一项的复数共轭。载波包络函数 $A(t)$可以用傅里叶级数展开为

$$A(t)=\sum_{n=-\infty}^{\infty}A_n\mathrm{e}^{-\mathrm{i}2\pi n f_\tau t} \tag{8-64}$$

式中，f_τ 为脉冲的重复频率，$f_\tau=V_g/2L$(V_g 为群速度，L 为激光谐振腔的腔长)。将式(8-64)代入式(8-63)，飞秒激光脉冲的电场强度表达式可以写成

$$E(t)=\sum_{n=-\infty}^{\infty}A_n\mathrm{e}^{-\mathrm{i}2\pi(f_c+nf_\tau)t}+c.c. \tag{8-65}$$

在频域内，这个电场是由一系列相等频率间隔 f_τ 的窄谱线构成的梳状光谱。如果不考虑包络与载波的相对相位问题，则第 n 根光梳齿的频率 f_n 为脉冲重复频率 f_τ 的整数倍，即 $f_n=nf_\tau$。但是激光谐振腔内的介质存在色散，因此会造成包络以群速度传播而载波以相速度传播。由于这两个速度不相同，激光脉冲在谐振腔内往返一周，载波相位和包络相位就会产生 $\Delta\varphi$ 的相位差，$2\pi>\Delta\varphi>0$，如图 8-29 所示。根据激光谐振腔的自洽场理论，激光在谐振腔内往返一次后必须恢复到原来的初始状态，因此载波相位必须满足

$$2\pi f_n T-\Delta\varphi=2\pi n \tag{8-66}$$

式中，T 为激光在谐振腔内往返一次所需要的时间；n 为正整数。满足这样条件的光载波频率，也即光梳中第 n 个梳齿谱线的频率为

$$f_n = nf_\tau + f_0 \tag{8-67}$$

式中，$f_0 = \Delta\varphi/2\pi T$ 也可以表示为 $f_0 = \Delta\varphi f_\tau/2\pi$。载波与包络的相对相位差使得各梳齿的频率并不恰好等于脉冲重复频率的整数倍，而是有一个系统频移 f_0。在时域内，飞秒激光的脉冲的重复频率为 f_τ，因为腔内介质的色散，每经过一个脉冲载波相对于包络的相位就会超前 $\Delta\varphi$。实验已经证实：整个梳状光谱内的各部分光梳齿分布均匀，梳齿间隔在10^{-16}精度内严格地等于飞秒脉冲激光的重复频率，这一实验结果为使用飞秒光梳测量光学频率奠定了基础。

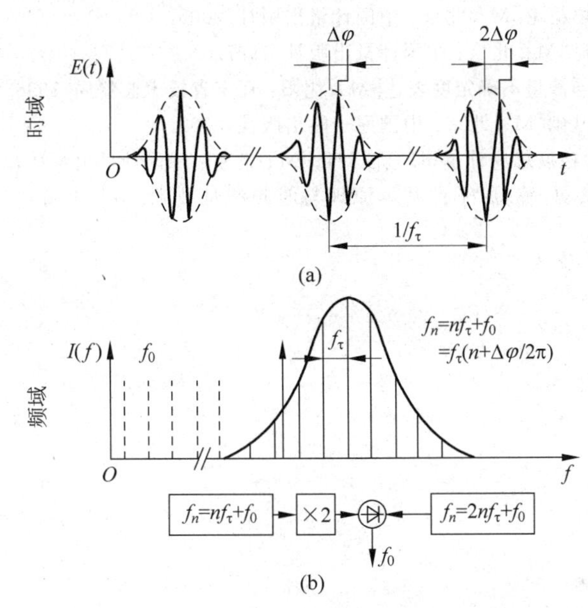

图 8-29　飞秒脉冲激光在时域和频域的表示

(a) 时域；(b) 频域

思考题

8-1　简述电流单位安培的复现方法。

8-2　标准电阻为何要采用四端钮接法？

8-3　分别试述一种测量电流、电压和电阻的方法。

8-4　建立磁场基准一般有哪些方法？

8-5　什么是磁通？磁通的计量方法有哪些？

8-6　高频电压的计量方法有哪些？简述之。

8-7　功率计量的方法有哪些？

8-8　衰减的计量方法有哪些？

8-9　世界上有几种时标？它们各是怎样定义的？

8-10 试解释时间间隔、时刻和频率的含义。

8-11 解释原子能级的跃迁现象。

8-12 时间频率的计量方法有哪些？

8-13 简述石英晶体振荡器的工作原理。

参考文献

[1] 李东升.计量学基础[M].北京：机械工业出版社，2006.

[2] 施昌彦.现代计量学概论[M].北京：中国计量出版社，2003.

[3] 王立吉.计量学基础[M].北京：中国计量出版社，1997.

[4] 梁春裕.误差理论与测量不确定度表达[M].沈阳：辽宁省技术监督局，1996.

[5] 李宗扬.计量技术基础[M].北京：中国原子能出版社，2002.

[6] 国家质量监督检验检疫总局计量司.电磁计量[M].北京：中国计量出版社，2007.

[7] 翟造成，张为群，蔡勇，等.原子钟基本原理与时频测量技术[M].上海：上海科学技术文献出版社，2009.

第9章

计 量 管 理

9.1 管理的一般概念

管理是社会发展的产物，反过来又影响社会的发展。可以说，凡是涉及众人的事物，或构成具有一定社会性的活动，无论是工作还是生活，都存在着管理问题。当然，早期的管理仅是一种社会需要，只是到了一定的社会发展阶段，特别是近百年来，管理才逐渐形成了一门科学。

9.1.1 管理的对象、过程和目的

管理的对象，主要有人、财、物、时间和信息等，称为管理对象的要素。管理的对象不是这些要素的机械相加，而是由它们组成的系统。也就是说，管理的对象不是一个或几个孤立的要素，而是受管理者所处的那个特定系统。

在所有的管理对象中，人是核心，这是由管理的社会性所决定的。因为管理是一种社会行为，是人们相互间发生作用的过程。在管理的各个环节中，人始终是主体。

管理的过程，主要是计划、组织和控制，即所谓的"三环节"；也有人认为是"六环节，即目标、计划、组织、指挥、控制和考核；还有人认为有"十环节"，即确定目标、制定计划、健全机构、组织力量、指挥行动、跟踪变化、调节关系、控制系统、总结经验和前后分析。

管理的目的，主要是将管理对象的诸要素有机地统一起来，充分发挥它们的各自功能和总体效果，为社会的发展作出贡献。

9.1.2 管理的基本原则

1. 系统原则

所谓系统，就是将若干个要素(部分)按照一个统一的功能目的而组成的有机体。任何

系统都应具有以下三个主要特征。

1）目的性

系统的目的性是指每个系统只能有一个明确的目的，系统的所有组成部分及其相互间的联系都应根据系统的目的来确定。

2）整体性

系统的整体性系指系统内的任何局部性应当服从于整体性，因为往往对某一局部有利的事，对整体未必有益。也就是说，要从整体来考虑问题，要把各局部的性能合理地体现为整体的性能。

应当说明，就一个系统而言，局部应服从系统整体。就更大的系统来说，系统则应服从更大的整体。因为，一般来说，人们通常所直接管理的系统，不可能是孤立的或包罗一切的。

3）层次性

所谓层次性，系指为实现既定的目的，系统应有一定的层次结构，同时各层次均有自己的特定功能，既不能相互替代又不应彼此干扰。

所谓系统原则，概括地说，就是一切管理活动都应为了一个总的目的，部分服从整体、小局服从大局、层次有序地进行。

可见，系统原则已基本上包含了整分合原则和封闭原则。所谓整分合原则，或者通俗地称为分解综合原则，系指在整体规划下明确分工（分解），在合理分工的基础上进行有效的综合。所谓封闭原则，系指任何一个系统内的管理都应封闭，形成一个层次有序、连续有效的管理运动。

系统原则是管理的最基本的原则。

2. 人本原则

人是管理的核心，是管理的根本。人本原则是指应充分做好人的工作，使系统内的所有人都能明确整体的目的、个人的职责及工作的意义等，并积极主动地、出色地去完成自己的任务。

至于所谓的能级原则，系指人的能力有大小，可按其分级，从而建立一定的秩序、规范和标准，使每个人都能处于与自己的工作能力相适应的工作岗位上。这是做好人的工作所应考虑的一个重要方面。另外，还有动力原则，系指只有合理地去运用动力，才能使管理卓有成效。人的动力，归根结底不外乎物质和精神。显然，在执行人本原则时，是不应忽略动力因素的。

3. 动态原则

动态原则系指在管理过程中，应根据管理系统内外的情况变化，随时做出相应的调节，实现总体目标。因为管理过程是不断发展和变化的，不仅构成系统的各要素及其相互间的关系可能变化，而且它们与其他系统的联系以至整个系统与其他系统的联系都可能发生变化。这些变化往往是难以完全预测的，因而就必须注意随时反馈信息，并经常调节，保持充分的管理“弹性”。

所谓反馈原则，系指应随时将管理行动的后果信息反馈回来，从而对行动进行调节和控制。所谓弹性原则，则是指管理是一项复杂、动态的活动过程，必须注意留有一定的余地，以防因忽视某一因素而影响大局。这两个原则的实质，基本上已概括于动态原则之中，不必再单独列出。

4. 效益原则

效益原则是指对任何一项管理活动的考核依据应是它所产生的实际效益，即对社会的贡献。效益原则的核心是价值，价值所反映的是劳动耗费对其客观效用的关系，即价值等于客观效用与劳动耗费之比。这就是说，效益原则要求尽量减少耗费而增加效用。

9.2 计量管理的基本任务及分类

9.2.1 计量管理的基本任务

计量管理是现代计量学中崭新的组成部分。因为没有计量管理就无法实现计量的目的——实现单位统一、量值准确可靠。围绕这一目的展开的全部活动是十分复杂的、非常丰富的，更重要的是它们都涉及并渗透在社会和经济生活的各个领域。因此，我们说计量是国民经济、国防和科学技术发展的技术基础，计量管理是国民经济和社会管理的一个重要组成部分；计量管理的根本任务是为社会管理和国民经济发展提供测量技术保证和测量技术服务；计量管理是为社会管理和国民经济发展提供测量技术保证和测量技术服务而开展的各种各样的管理活动的总和。

为了了解计量管理的主要内容，首先要研究社会经济生活对计量的需求。应该说，这种需求比比皆是。有人说，计量是上管天、下管地、中间管人管空气。这是指测量所涉及的范围之广，几乎无处不在。如果说测量所及之处就存在管理问题，那么管理的漫无边际，仍然让人摸不着头脑。为此，我们只好举一些典型事例以帮助大家更具体地了解计量管理的丰富内涵。

例如，我国“神舟”6 号载人飞船上天了。那么，飞船是如何准确进入运行轨道？又如何知道它的运行十分正常？其间由形形色色的测量仪器提供的成千上万的测量数据如何做到准确、可靠，从而保证发射、控制和运行的万无一失呢？为此，可以罗列出以下许多计量保障活动：

(1) 测量原理、方法和程序的正确；

(2) 测量结果误差或不确定度的评估；

(3) 测量数据处理方法合理；

(4) 测量仪器准确性和可靠性的评价；

(5) 测量数据和测量单位的一致性和统一性保障；

(6) 测量人员素质和测量过程的质量保证；

(7) 上述活动参与者间的有序化互动和协调等。

又如，随着我国人民生活质量的提高，每年进行体检的人数成千上万地增加，涉及人体功能的测量数据越来越被人们重视。可是，你知道究竟有多少是准确、可靠的？不可靠的后果如何？该如何保障人们的健康与安全？围绕这一社会问题，计量保障活动就有：

(1) 如何保障医学计量仪器的准确和可靠；

(2) 如何监控生产和使用中测量仪器的质量；

(3) 如何认定和处理因计量失准而造成的影响和后果；

(4) 政府要不要干预计量纠纷等。

再如，我国于 2003 年成功研制激光冷却铯原子喷泉钟，将我国频率测量水平提高到 8.5×10^{-15} 量级(测量不确定度)，为我国最高水平和国际先进水平。由此，人们也会提出许多疑问：

(1) 如此小的测量不确定度是怎么分析计算而得的；

(2) 如此高的测量准确度究竟有何意义，为什么要研究它；

(3) 应该由谁来投资研究；

(4) 其保存和维护的价值和作用如何；

(5) 其最高测量水平如何得到国内外的认同等。

上述例子虽然涉及的计量管理问题很多，且很复杂，但还是可以大致区分出问题的性质、类型、特征和范围。

1. 国家计量主管部门的主要职责

(1) 制定国家计量工作的方针、政策、规章制度和技术法规；

(2) 监督检查计量法律、法规的贯彻执行；

(3) 统一计量单位制度，组织建立国家计量基准和量值传递，为社会提供计量保证；

(4) 规划和指导全国计量事业的发展；

(5) 组织研究计量理论、计量技术和计量器具；

(6) 组织计量人员的培训与考核；

(7) 组织计量情报、宣传出版等工作；

(8) 协调省、自治区、直辖市以及国务院有关部门，中国人民解放军和国防科技工业部门的计量工作；

(9) 负责与国际计量组织或国家间的计量外事工作。

2. 各部门、各级地方政府的计量管理机构的主要职责

(1) 负责对本部门或地区内贯彻执行国家计量工作方针、政策，计量法律、法规，并结合本部门或地区的具体情况组织制定相应的实施办法、细则等，进行计量监督；

(2) 根据有关规定组织建立本部门或地方的最高计量标准、社会公用计量标准，并组织量值传递，进行计量理论、技术和器具的研究，进行计量认证、计量仲裁，解决特殊需要的计量测试问题，提供计量保证和测试服务；

(3) 制定本部门或地区的计量事业发展规划并组织实施；

(4) 组织计量人员的培训与考核；

(5) 组织计量情报、宣传出版等工作。

3. 企业、事业单位的计量管理机构的主要职责

(1) 负责在本单位内贯彻实施计量法律、法规，进行计量监督；

(2) 根据需要建立健全相应的计量机构(室、科、处)，配备专职计量人员，统一管理本单位的计量工作，接受计量管理部门的监督检查和业务指导；

(3) 根据需要和有关规定建立本单位的计量标准器具，并组织相应的量值传递，为生产、科研、经营管理等提供计量保证和测试服务；

(4) 组织计量人员的培训,宣传普及计量知识,对职工进行有关计量法律、法规以及正确使用、维护计量器具的教育等。

9.2.2 计量管理的分类

计量管理的分类,既是一个学术问题,更是一个实际应用的问题,它与社会制度、经济体制密不可分。因为它是社会经济管理的一个组成部分,所以它与其他管理会有共同之处。由上述事例所列若干问题中可以发现,计量管理又与一般管理有很大的区别,例如:

(1) 它具有很强的科学技术性。科学技术在管理工作中占有很大的比例,它必须遵循自然科学规律。

(2) 它的应用领域十分广泛,因此,它不具有特定的行业依附性。相反,它具有很明显的社会公益性。它为全社会服务并存在于各行各业之中。

(3) 在某些特定领域,如安全、健康、环保、商贸等领域,计量管理需赋予一定的法律与行政的强制性。

这些区别说明了计量管理具有丰富的内容,具有许多性质不同的管理特征和管理方式,需要区分管理性质,分门别类地加以深入研究和实施管理,而不是目的单一的行政管理。

就目前认识而言,计量管理就其管理的对象、性质、范围和方式的不同可大致分为以下三大类。

1. 科学计量管理

因为计量管理的最大特征是科学性和技术性。因为它最终是要实现对全社会测量的量和单位的统一,所以离开了对测量技术的研究、评估、分析及其推广应用,就会使管理偏离正确的方向。

科学计量管理,实际上就是对计量科学研究的方向、计量科学基础理论研究范围和规模、应用测量技术的推广等加以调控和规范,使之适应社会与经济发展的需要。它是整个计量管理的基础。

2. 应用计量管理

过去也称之为工业计量管理(或工程计量管理、企业计量管理),这是因为测量技术(计量科学)在以往工业化时代大量地、主要地应用于工业领域,而测量技术的研究成果集中地体现在物理学领域。而现代社会已进入了信息化时代,除了传统工业领域发生着深刻的变化外,在农业、生物技术、医药、环保、通信服务等领域也日新月异。测量技术与信息技术的结合使测量技术从物理学领域迅速扩展到化学、生物等领域,其应用范围迅速扩展,水平迅速提高。因此,工业计量管理的范围也远远超越了传统工业领域,已面向更多的应用领域。

应用计量管理实际上是当测量技术应用于社会与经济各领域时,如何实现全部测量的量和计量单位的统一的活动过程。它们既反映出测量技术在社会不同行业中应用时的不同特点,但又遵循测量技术客观存在的共同规律,体现出测量的一致性、统一性。这也是应用计量管理的重要特征之一。

3. 法制计量管理

测量在社会某些领域里会引发一些社会冲突和安全问题,这是在法制社会里必须引起政府十分关注的问题。测量的准确、可靠、公正和诚信，是法制计量管理的重要特征，法制计量应该是法律、行政的强制性和专业技术的科学性完美结合的体现。

对计量管理工作加以分类，目的并不是要人为地将计量管理工作割裂后，进行各自独立且互不相干的管理。恰恰相反，我们的目的首先是要更深入地研究不同性质管理的特点、内涵及其规律，同时，从中寻求相互间的内在联系，以实现管理体系的更加合理化，从而使管理体系在结构链接方面更加简单和有效。

总体上可以这样概括三者之间的关系：科学计量是应用计量和法制计量的基础；应用计量是科学计量在社会与经济各领域中的真正价值体现，它反过来又成为科学计量发展的推动力；法制计量只是应用计量在某些特殊领域里需加以强制规范的部分，其价值体现主要是社会性的。

9.3 计量管理的主要特征

计量管理的特征主要是在与社会其他管理相比较中所体现出来一些较鲜明的特点，归纳起来，这些特点表现在以下三个方面。

1. 科学技术性

第一，计量管理的目的就具有很强的专业技术性——实现测量单位的统一和测量量值的准确一致。

第二，鉴于实现这一目的的过程所凭借的大量复杂的专业技术手段和程序，使管理过程、方法和措施具有很强的专业技术色彩。

第三，实现管理过程的管理者应具备相应的、较为丰富的专业技术素质。

第四，被管理的对象——人和物，都是从事专业技术活动的测量技术人员和组织以及技术含量较高的测量设备、系统和过程。

2. 广泛的社会性

正因为计量技术是国民经济、国防和科学发展的技术基础，所以计量管理也将直接影响各行各业的管理水平和社会管理的有序化程度。可以说，计量管理的成果及其影响几乎涉及社会每个成员的利益。所以计量管理也是社会基础管理的一个重要组成部分。其社会性主要体现在以下一些方面。

(1) 广泛适应性。计量管理基于各行各业生产活动的共同需要，基于人民生活的普遍需要，基于各学科科学技术发展的不断需要。所以，计量管理是一种面向全社会的、开放性的管理，是为了满足广泛社会需求的管理。

(2) 社会公益性。计量管理的价值，在很大程度上体现出的是社会效益。在计划经济时代是如此，在市场经济条件下也是如此。它的管理效果，往往直接或间接地被社会全体所享用着。例如，国家研究保存的高精度时间频率基准统一了所有的计时器，其中的科研成果和管理成果为大多数用户免费或廉价享用着。又如，国家研究保存的高精度的长度(米)基准保证了各行各业生产活动中零部件可互换性的实现，而所涉及的用户为此的付出也是十分廉价的。

(3) 技术服务性。计量管理在生产领域里的广泛影响，往往是通过组织、企业内外的各类计量技术机构提供准确、优质的检测校准服务体现的。所以，规范管理全社会从事计量检测、校准服务的社会中介性技术机构，是使管理转变为服务的最主要的环节，从而最终体现计量管理的社会服务价值。

3. 法制性

社会某些领域中，由于发生不诚实测量或错误测量行为而造成严重社会后果或引发社会矛盾时，计量管理的协调功能必须赋予法制力量予以强化。这就是计量管理的法制性，它体现了社会公正性和社会保障性。

了解上述计量管理的基本特征，一方面可以加深对计量管理社会作用的认识，另一方面也为研究和探索计量管理的客观科学规律提供了依据。

9.4　计量管理的发展规律

9.4.1　我国计量管理发展概况

粗略地回顾我国计量管理的发展简史，它大致经历过以下几个阶段。

1. 以度量衡管理为标志的计量管理时期

这是我国长期的封建社会制度和半封建、半殖民地社会制度下，上层建筑的组成部分。这一制度在推动我们古代农业经济发展和促进古代商贸繁荣方面发挥过重要的作用，并以秦始皇统一度量衡和许多出土的古代度量衡标准器物为标志，体现了我国古代计量管理的进步和文明。但是，到19世纪中叶以后，随着物理学的迅速发展和工业革命的兴起，许多国家伴随着工业化的进程，计量科学技术及相应的计量管理开始突破度量衡的范畴向更广泛的社会领域发展。虽然我国的度量衡管理历史悠久，但我国直至20世纪中期，仍然停留在度量衡及以其为标志的计量管理阶段。这一时期姑且称其为农业经济时代的度量衡管理阶段。

2. 以为工业化服务为中心的科学计量管理和应用计量管理的初始阶段

我国工业化的真正起步应该是在中华人民共和国成立以后。计量管理有新的内容并向工业生产领域拓展，其标志是政务院于1955年1月25日成立了国家计量局。它是在中央工商行政管理局度量衡管理处基础上合并组建的。由此，可以明显地反映出计量管理新的方向已重点转向了工业应用领域。这一阶段是工业化起步或奠基时代，是国家重点扶持科学计量、工业计量管理的初始阶段。

3. 科学计量、应用计量和法制计量全面管理的阶段

20世纪80年代是我国经济体制转变和向市场经济过渡的阶段，以我国第一部《计量法》为标志，全面地将科学计量、应用计量和法制计量纳入了国家法制管理的轨道，强化了对三者的综合、系统和相互关联的全面管理。这是我国科学计量、应用计量和法制计量管理全面发展的时期，形成了包括计量基标准体系、技术保障服务体系、法律法规调控体系在内的综合管理体系。它体现了我国社会主义计划经济体制下，工业化全面发展时代的国家管理特征，具备了工业经济时代计量管理全面发展的基础。

4. 计量管理的全面调整阶段

21世纪初是我国社会经济体制发生根本变化，迈向全面小康生活水平，社会经济快速发展的时期，社会管理的各个方面为适应社会变革都在进行着全面调整，计量管理也不例外。应该说，这一阶段的调整还处在开始阶段。人们的管理理念要改变，《计量法》要修订，三大计量管理模式要调整，当然管理方式、程序等都会相应重新规范和确定。这又是一个庞大的系统工程，需要经历一个实践—总结—再实践—再总结的过程。

因此，本书在深入论述三大管理理念和规律时也不会拘泥于现有的管理模式，会更多地思考在新的经济体制和现代管理理念下应该赋予新的计量管理哪些新的内容，以供同仁研究和参考。

9.4.2 计量管理的发展规律

1. 计量管理的研究方法

首先，从唯物史观出发，计量管理在国家管理的层次上与其他管理一样属于上层建筑。所以，它也应该建立在与其相适应的经济基础之上。不同的经济发展水平、规模和不同的经济体制必然会有不同的计量管理内涵和模式。如果一旦社会经济发展状况发生了变化，原有的管理就会出现很大的不适应，计量管理者就应该积极研究新办法、改革新模式以主动适应新情况。

同时，经济社会的不断发展，尤其在我国，经济发展变化之快前所未有，计量管理也要随之变革和发展。计量管理不可能有一成不变的模式，所以，我们总是应该用发展的观点不断调整计量管理工作。

因此，深入研究各国计量管理模式，积极吸收成功的先进经验，可以少走弯路，实现跨越式的发展。当然，总结我国几十年的管理经验，继承一些有利于改革并为社会认同的传统，会更有利于改革的实施。

最后，检验我们计量管理改革成果的唯一标准，仍然是要通过试点、实践后，及时地、不断地总结经验，通过科学的验证找出问题、纠正不足、调整方案并继续实践，直到满意地达到预期目标。

2. 计量管理的发展规律

计量管理学是管理科学的一个组成部分。它是科学，因此必然有其发展的客观规律。国内外计量管理的发展表明了它有以下特点：

(1) 遵循社会经济普遍的发展规律，它从根本上取决于国家的社会制度、经济体制以及社会文明和进步程度，取决于经济发展水平、质量和规模。

(2) 受自然科学，例如现代物理学、化学、生物技术、信息技术、通信技术等发展的直接影响。

(3) 受计量科学技术发展，例如，单位制的变化、物理常数测量水平提高、校准技术的发展等的影响。

(4) 受全球经济格局变化的影响并受全球贸易、安全、健康、环保等国际法(条约)的制约。因此，计量管理的发展不可能是封闭的，它是与经济发展互动的，需要不断适应、不断调整。它的发展不是独立的、静止的,它是全球开放的、与社会不断改变的社会管理工作。

9.5 计量管理相关术语

了解与计量管理工作有关的一些术语的定义及其本质,对于正确实施计量管理十分重要。尽管随着人们认识的深化,某些术语的定义会发生变化,在理解上甚至会产生歧义,但是,在一定时期多数人的共识仍可作为我们沟通的基础。因此,本节采用的术语定义的依据是我国于2011年正式颁布的中华人民共和国国家计量技术规范《通用计量术语及定义》(JJF 1001—2011)。

9.5.1 与计量器具管理有关的术语

1. 测量仪器的检定

计量器具的检定 verification of measuring instrument 简称计量检定(metrological verification)或检定(verification),查明和确认测量仪器符合法定要求的活动,它包括检查、加标记和/或出具检定证书。

注:在VIM中,将"提供客观证据证明测量仪器满足规定的要求"定义为验证(verification)。

2. 抽样检定(verification by sampling)

以同一批次测量仪器中按统计方法随机选取适当数量样品检定的结果,作为该批次仪器检定结果的检定。

3. 首次检定(initial verification)

对未被检定过的测量仪器进行的检定。

4. 后续检定(subsequent verification)

测量仪器在首次检定后的一种检定,包括强制周期检定和修理后检定。

5. 强制周期检定(mandatory periodic verification)

根据规程规定的周期和程序,对测量仪器定期进行的一种后续检定。

6. 检定证书(verification certificate)

证明计量器具已经过检定并符合相关法定要求的文件。

7. 测量仪器的监督检查(inspection of measuring instrument)

为验证使用中的测量仪器符合要求所作的检查。

注:检查项目一般包括检定标记和/或检定证书的有效性、封印是否被损坏、检定后测量仪器是否遭到明显改动、其误差是否超过使用中的最大允许误差。

8. 型式批准(pattern approval)

根据文件要求对测量仪器指定型式的一个或多个样品性能所进行的系统检查和试验,并将其结果写入型式评价报告中,以确定是否可对该型式予以批准。

9. 计量确认(metrology confirmation)

为确保测量设备处于满足预期使用要求的状态所需要的一组操作。

注:

(1) 计量确认通常包括:校准和验证、各种必要的调整或维修及随后的再校准、与设备预期使用的计量要求相比较以及所要求的封印和标签。

(2) 只有测量设备已被证实适合于预期使用并形成文件,计量确认才算完成。

(3) 预期使用要求包括测量范围、分辨力、最大允许误差等。

(4) 计量要求通常与产品要求不同,并不在产品要求中规定。

10. OIML计量器具证书制度(OIML certificate system for measuring instruments)

在自愿基础上,对符合国际法制计量组织国际建议要求的测量器具进行证书签发、注册和使用的一种制度。

9.5.2 测量标准

1. 测量标准(measurement standard,【VIM5.1】)

具有确定的量值和相关联的测量不确定度,实现给定量定义的参照对象。

例:

(1) 具有标准测量不确定度为3μg的1kg质量测量标准;

(2) 具有标准测量不确定度为1μΩ的100Ω的测量标准电阻器;

(3) 具有相对标准测量不确定度为2×10^{-15}的铯频率标准;

(4) 量值为7.072,其标准测量不确定度为0.006的氢标准电极。

注:

(1) 在我国,测量标准按其用途分为计量基准和计量标准。

(2) 给定量的定义可通过测量系统、实物量具或有证标准物质复现。

(3) 测量标准经常作为参照对象用于为其他同类量确定量值及其测量不确定度。通过其他测量标准、测量仪器或测量系统对其进行校准,确立其计量溯源性。

(4) 这里所用的"实现"是按一般意义说的。"实现"有三种方式:一是根据定义,物理实现测量单位,这是严格意义上的实现;二是基于物理现象建立可高度复现的测量标注,它不是根定义实现的测量单位,所以称"复现",如使用稳频激光器建立米的测量标准,利用约瑟夫森效应建立伏特测量标准或利用霍尔效应建立欧姆测量标准;三是采用实物量具作为测量标准,如1kg的质量测量标准。

(5) 测量标准的标准不确定度是用该测量标准获得的测量结果的合成标准不确定度的一个分量。通常,该分量比合成标准不确定度的其他分量小。

(6) 量值及其测量不确定度必须在测量标准使用的当时确定。

(7) 几个同类量或不同类量可由一个装置实现,该装置通常也称测量标准。

(8) 术语"测量标准"有时用于表示其他计量工具,例如"软件测量标准"(见ISO 5436-2)。

2. 国际测量标准(international measurement standard,【VIM5.2】)

由国际协议签约方承认的并旨在世界范围使用的测量标准。

例：

(1) 国际千克原器；

(2) 绒(毛)膜促性腺激素，世界卫生组织(WHO)第4国际标准1999,75/589,650每安瓿的国际单位。

3. 国家测量标准(national measurement standard,【VIM5.3】)

简称国家标准(national standard)。

经国家权威机构承认，在一个国家或经济体内作为同类量的其他测量标准定值依据的测量标准。

注：在我国称计量基准或国家计量标准。

4. 原级测量标准(primary measurement standard,【VIM5.4】)

简称原级标准(primary standard)。

使用原级参考测量程序或约定选用的一种人造物品建立的测量标准。

例：

(1) 物质的量浓度的原级测标准由将已知物质的量的化学成分溶解到已知体积的溶液中制备而成；

(2) 压力的原级测标标准基于对力和面积的分别测量；

(3) 国际千克原器是一个约定选用的人造物品。

5. 次级测量标准(secondary measurement standard,【VIM5.5】)

简称次级标准(secondary standard)。

通过用同类量的原级测量标准对其进行校准而建立的测量标准。

注：

(1) 次级测量标准与原级测量标准之间的这种关系可通过直接校准得到，也可通过一个经原级测量标准校准过的媒介测量系统对次级测量标准赋予测量结果。

(2) 通过原级参考量程序按比率给出其量值的测量标准是次级测量标准。

6. 参考测量标准(reference measurement standard,【VIM5.6】)

简称参考标准(reference standard)。

在给定组织或给定地区内指定用于校准或检定同类量其他测量标准的测量标准。

注：在我国，这类标准称为计量标准。

7. 工作测量标准(working measurement standard,【VIM5.7】)

简称工作标准(working standard)。

用于日常校准或检定测量仪器或测量系统的测量标准。

注：工作测量标准通常用参考测量标准校准或检定。

8. 搬运式测量标准(traveling measurement standard,【VIM5.8】)

简称搬运式标准(traveling standard)。

为能提供在不同地点间传送、有时具有特殊结构的测量标准。

例：由电池供电工作的便携式频率测量标准。

9. 传递测量装置(transfer measurement device,【VIM5.9】)

简称传递装置(transfer device)。

在测量标准比对中用作媒介的装置。

注：有时用测量标准作为传递装置。

10. 核查装置(check device,【VIM5.10】)

用于日常验证测量仪器或测量系统性能的装置。

注：有时也称核查标准。

11. 本征测量标准(intrinsic measurement standard,【VIM5.11】)

简称本征标准(intrinsic standard)。

基于现象或物质固有和可复现的特性建立的测量标准。

例：

(1) 水三相点瓶作为热力学温度的本征测量标准；

(2) 基于约瑟夫森效应的电位差的本征测量标准。

注：

(1) 本征测量标准的量值是通过协议给定,不需要通过与同类的其他测量标准的关系确定,其测量不确定度的确定应考虑两个分量：与其协议的量值有关的分量及与其结构、运行和维护有关的分量。

(2) 本征测量标准通常由一个系统组成,该系统根据协议程序的要求建立,并要进行定期验证。该协议程序可包括规定运行所必须采取的修正。

(3) 基于量子现象的本征测量标准通常具有极高的稳定性。

(4) 形容词“本征”并不意味着可以不精心地操作和使用,或不会受到内部和外部的影响。

12. 参考物质(reference material,【VIM5.12】)

标准物质：具有足够均匀和稳定的特定特性的物质,其特性被证实适用于测量中或标称特性检查中的预期用途。

注：

(1) 标称特性的检查提供一个标称特性值及其不确定度,该不确定度不是测量不确定度。

(2) 赋值或未赋值的标准物质都可用于测量精密度控制,只有赋值的标准物质才可用于校准或测量正确度控制。

(3) 标准物质既包括具有量的物质,也包括具有标称特性的物质。

例：

① 具有量的标准物质举例：给出了纯度的水,其动力学黏度用于校准黏度计；

② 具有标称特性的标准物质举例：一种或多种指定颜色的色图。

(4) 标准物质有时与特制装置是一体化的。

例：三相点瓶中已知三相点的物质。

(5) 有些标准物质的量值计量溯源到 SI 制外的某个测量单位。这类物质包括量值溯源到由世界卫生组织指定的国际单位(IU)的疫苗。

（6）在某个特定测量中，所给定的标准物质只能用于校准或质量保证两者中的一种用途。

（7）对标准物质的说明应包括该物质的追溯性，指明其来源和加工过程。

（8）国际标准化组织/标准物质委会有类似定义，但采用术语"测量过程"意指"检查"，它既包含了量的测量，也包含了标称特性的检查。

13. 参考数据（reference data，【VIM5.16】）

由鉴别过的来源获得，并经严格评价和准确性验证的，与现象、物体或物质特性有关的数据，或与已知化合物成分或结构系统有关的数据。

例：由国际理论和应用物理联合会（International Union of Pure and Applied Physics，IUPAP）发布的化学化合物溶解性的参考数据。

注：在定义中，准确性包含如测量准确性和标称特性值的准确性。

14. 标准参考数据（standard reference data，【VIM5.17】）

由公认的权威机构发布的参考数据。

例：

（1）国际科学联合会科学技术数据委（International Council for Science，ICSU-Committee on Data for Science and Technology，CODATA）作为法规评定和发布的基本物理常量的值。

（2）元素的相对原子质量值，也称原子重量值，由国际理论和应用化学联合会（International Union of Pure and Applied Chemistry，IUPAC-Commission on Isotopic Abundances and Atomic Weights，CIAAW）在国际理论和应用化学联合会（International Union of Pure and Applied Chemistry，IUPAC）全会上每两年评定一次，并在《纯应用化学》和《物理化学参考数据》上发布。

15. 参考量值（reference quantity value，【VIM5.18】）

简称参考值（reference value）。

用作与同类量的值进行比较的基础的量位。

注：

（1）参考量值可以是被测量的真值，这种情况下它是未知的；也可以是约定量值，这种情况下它是已知的。

（2）带有测量不确定度的参考量值通常由以下参照对象提供：

① 一种物质，如有证标准物质；

② 一个装置，如稳态激光器；

③ 一个参考测量程序；

④ 与测量标准的比较。

思考题

9-1 什么是管理？管理的基本原则是什么？

9-2 什么是计量管理？为什么要进行计量管理？

9-3 计量管理的基本任务是什么？

9-4 简述计量管理的分类。

9-5 计量管理的主要特征是什么?

9-6 实行计量管理有什么作用和意义?

9-7 简述我国计量管理的发展概况。

参考文献

[1] 施昌彦,虞惠霞.实验室质量管理[M].北京:化学工业出版社,2006.

[2] 李怀林.产品认证计量知识及应用[M].北京:中国计量出版社,2007.

[3] 张斌.实验室管理、认可与运作[M].北京:中国标准出版社,2004.

[4] 罗国英,林行齐.质量管理体系教程[M].北京:中国经济出版社,2000.

[5] 徐斌.质量管理[M].北京:企业管理出版社,2001.

[6] 韩之俊,靳京民.测量质量工程学[M].北京:中国计量出版社,2000.

[7] 王立吉.计量学基础[M].北京:中国计量出版社,2006.

[8] 洪生伟.计量管理[M].5版.北京:中国计量出版社,2007.

[9] 朱宏忠.计量管理基础[M].北京:中国原子能出版社,2002.

附录　中华人民共和国计量法(部分节选)

第一章　总则

第一条(目的)　为了加强计量监督管理,保障国家计量单位制的统一和量值的准确可靠,促进经济建设、科学技术和社会的发展,维护社会经济秩序和公民、法人或者其他组织的合法利益,制定本法。

第二条(调整范围)　在中华人民共和国境内,建立计量基准、计量标准,标准物质定级,进行计量检定、计量校准,制造、修理、进口、销售、使用计量器具及计量单位,从事计量活动,实行计量监督管理等必须遵守本法。

第三条(主管部门)　国务院计量行政主管部门对全国计量工作实施统一监督管理。县级以上地方计量行政主管部门对本行政区域内的计量工作实施监督管理。

第四条(政府计量义务)　国家鼓励和加强计量科学技术研究,推广先进的计量科学技术和计量管理方法。

各级人民政府应当将计量工作纳入国民经济和社会发展计划,所需经费纳入财政预算。各级人民政府应当加强对计量工作的统筹规划和组织领导。对在计量工作中做出显著成绩的单位和个人,给予奖励。

第五条(法制管理计量器具目录)　国家对用于贸易结算、安全防护、医疗卫生、环境监测、资源保护、法定评价、公正计量方面的计量器具实施法制管理。

国家对法制管理的计量器具实施制造许可证制度和计量检定制度。

《中华人民共和国法制管理的计量器具目录》由国务院计量行政主管部门制定并发布实施。

第三章　计量基准、计量标准和标准物质

第九条(计量基准的建立)　国务院计量行政主管部门负责组织建立计量基准和有证基准物质的定级,作为统一全国量值的最高依据,并通过比对和后续研究等方式确保其量值与国际保持一致。

第十条(建立计量基准的条件)　建立计量基准,应当具备以下条件:

(一) 计量性能经国务院计量行政主管部门组织鉴定合格;

(二) 具有正常工作所需要的环境条件;

(三) 具有称职的保存、维护、使用人员;

(四) 具有完善的运行和维护制度。

符合上述条件的,经国务院计量行政主管部门组织考核合格并颁发计量基准证书后,方可使用。

第十一条(有证基准物质定级条件) 有证基准物质定级,应当具备以下条件:

(一)以基准测量方法或者绝对测量方法定值,用于统一国家最高等级的测量量值;

(二)定值的准确度达到国内最高水平或者国际上同类标准物质的先进水平;

(三)符合国务院计量行政主管部门颁布的有关国家标准物质技术规范要求。

(四)其制造者具有良好的质量保证体系。

符合上述条件的,经国务院计量行政主管部门组织定级鉴定合格后,颁发有证基准物质批准证书。

第十二条(社会公用计量标准的建立) 省级以上人民政府计量行政主管部门根据量值传递和计量监督的需要,统一规划和组织建立社会公用计量标准。

国务院计量行政主管部门组织建立的社会公用计量标准,以及省级人民政府计量行政主管部门组织建立的本行政区域内最高等级的社会公用计量标准,由国务院计量行政主管部门组织考核。省级人民政府计量行政主管部门组织建立的其他等级的社会公用计量标准,由省级人民政府计量行政主管部门组织考核。经考核符合本法第十六条规定的,由组织考核的人民政府计量行政主管部门颁发社会公用计量标准证书,方可使用。

第十三条(被授权单位计量标准的建立) 执行人民政府计量行政主管部门计量授权任务的计量技术机构建立的各项计量标准,由授权的人民政府计量行政主管部门组织考核。经考核符合本法第十六条规定的,由组织考核的人民政府计量行政主管部门颁发计量标准证书,方可使用。

第十四条(其他部门计量标准的建立) 国务院有关主管部门和省级人民政府有关主管部门,根据本部门的特殊需要,可以建立本部门使用的计量标准,其各项最高计量标准需经同级人民政府计量行政主管部门组织考核。经考核符合本法第十六条规定的,由组织考核的人民政府计量行政主管部门颁发计量标准证书后,方可使用。

第十五条(校准机构计量标准的建立) 向社会提供计量校准服务的计量技术机构建立的最高计量标准,由当地省级人民政府计量行政主管部门组织考核。经考核符合本法第十六条规定的,由组织考核的人民政府计量行政主管部门颁发计量标准证书后,方可使用。

第十六条(建立计量标准的条件) 建立计量标准,应当具备以下条件:

(一)计量标准量值能够溯源至相应的计量基准或者社会公用计量标准;

(二)计量标准的计量性能符合要求;

(三)具备开展量值传递工作的技术规范;

(四)具有称职的保存、维护、使用人员;

(五)具有满足计量标准正常工作所需的环境条件;

(六)具有完善的运行、维护制度。

第十七条(有证标准物质定级条件) 国务院计量行政主管部门负责有证标准物质的定级。有证标准物质定级,应当具备以下条件:

(一)具有符合国家标准物质技术规范要求的研制方法和程序;

(二)标准物质性能达到预期要求或使用要求,用于量值传递溯源和计量监督;

(三)其制造者具有良好的质量保证体系。

符合上述条件的，经国务院计量行政主管部门组织定级鉴定合格后，颁发有证标准物质批准证书。

第十八条(申请计量基准证书、计量标准证书、社会公用计量标准证书、标准物质定级程序)　建立计量基准、计量标准、社会公用计量标准以及有证基准物质、有证标准物质定级，应当分别按照本法第九条、第十二条、第十三条、第十四条、第十五条和第十七条的规定，向有关省级以上人民政府计量行政主管部门提交申请，并附符合本法第十条、第十一条、第十六条和第十七条规定的证明材料。

第十九条(计量基准证书、计量标准证书、社会公用计量标准证书、标准物质定级批准证书许可程序)　有关省级以上人民政府计量行政主管部门应当在5日内，完成对申请资料的审查，并通知申请人是否受理。受理后组织考评员对申请人进行考核。在20日内完成对考核结果的审核，审核合格的，在10日内分别颁发计量基准证书、计量标准证书、社会公用计量标准证书或者有证基准物质批准证书、有证标准物质批准证书。审核不合格的，书面告知申请人。

未取得计量基准证书或者社会公用计量标准证书的，不得开展量值传递工作；部门或者向社会提供校准服务的计量技术机构建立的最高计量标准未取得计量标准证书，不得开展量值传递工作。

第二十条(计量基准证书、计量标准证书、社会公用计量标准证书期限)　计量基准证书、计量标准证书、社会公用计量标准证书有效期为5年。有效期届满，需要延续的，持证者应当于证书有效期满6个月前，向原发证机关提出延续申请。原发证机关应当自受理延续申请之日起，在有效期届满前完成审查。符合条件的，予以延续；不符合条件的，不予以延续，并书面告知申请人。

计量基准证书、计量标准证书、社会公用计量标准证书有效期到期，未按照规定申请复查或者经复查不合格，不得继续开展量值传递工作。

第二十一条(计量基准、计量标准、社会公用计量标准、有证基准物质、有证标准物质的监督管理)　组织考核计量基准、计量标准和社会公用计量标准，以及负责有证基准物质、有证标准物质定级的人民政府计量行政主管部门应当组织对其考核的计量基准、计量标准和社会公用计量标准，以及有证基准物质、有证标准物质的使用进行监督。对不符合规定要求的，应当及时予以纠正。

第二十二条(禁止条款)　未经省级以上人民政府计量行政主管部门批准，任何单位或者个人不得拆卸、改装计量基准和社会公用计量标准，或者自行中断其工作。

第二十三条(溯源要求)　计量标准的量值应当通过校准、比对等方式溯源至计量基准或者社会公用计量标准。计量基准或者社会公用计量标准不能满足计量溯源要求的，经省级以上人民政府计量行政主管部门批准，可以溯源至其他有关国家或者经济体具备相应能力最高等级的计量标准，并提供溯源的有效证明。

第二十四条(计量基准、社会公用计量标准和标准物质的作用)　计量基准、有证基准物质或者社会公用计量标准、有证标准物质出具的数据作为处理因计量器具准确度所引起纠纷的依据。

第二十五条(废止条款)　国务院计量行政主管部门有权废除技术水平落后或者不适应工作需要的计量基准和有证基准物质。

第五章 计量检定、计量校准

第四十七条(计量器具检定制度) 国家对用于贸易结算、安全防护、医疗卫生、环境监测、资源保护、法定评价、公正计量方面并列入《中华人民共和国法制管理的计量器具目录》实施计量检定管理的计量器具,实施计量检定。

国家对进口列入《中华人民共和国法制管理的计量器具目录》实施计量检定管理的计量器具,实施销售前计量检定制度。

第四十八条(计量检定的申请) 使用本法第四十七条第一款规定的计量器具的单位或者个人,应当向省级以上人民政府计量行政主管部门授权的计量技术机构申请计量检定。未按照规定申请计量检定、计量检定不合格或者超过计量检定周期的计量器具,不得使用。

执行计量检定的计量技术机构应当建立计量检定档案,定期报告省级人民政府计量行政主管部门。

第四十九条(计量器具修理后的检定) 属于本法第四十七条第一款规定的计量器具,修理后应当由使用者按照本法第四十八条第一款的规定,申请修理后检定。未按照规定申请修理后检定或者修理后检定不合格的计量器具,不得使用。

第五十条(计量检定的依据) 计量检定必须执行计量检定系统表和国家计量检定规程。计量检定的周期,由国家计量检定规程确定,并由执行计量检定的计量技术机构告知送检单位。

计量检定系统表和国家计量检定规程,由国务院计量行政主管部门组织制定,并以公告的形式发布实施。

第五十一条(计量检定印、证) 执行计量检定的计量技术机构对计量检定合格的计量器具,发给计量检定证书、计量检定合格证或者在计量器具上加盖计量检定合格印;对计量检定不合格的,发给计量检定不合格通知书或者注销原计量检定合格印、证。

第五十二条(校准) 对本法第四十七条第一款规定以外的其他计量器具,使用者应当自行或者委托其他有资格向社会提供计量校准服务的计量技术机构进行计量校准,保证其量值的溯源性。

第五十三条(计量技术机构提供计量校准服务的条件) 向社会提供计量校准服务的计量技术机构,应当具备以下条件:

(一)具有法人资格;或者有独立建制,其负责人应当有法人代表的委托书,能独立承担民事责任;

(二)其用于计量校准服务的最高计量标准应当取得省级以上人民政府计量行政主管部门颁发的计量标准证书,保证量值能够溯源到计量基准或者社会公用计量标准;

(三)其开展的计量校准服务项目应当向当地省级人民政府计量行政主管部门备案。

第五十四条(校准的依据) 计量技术机构对社会开展计量校准,应当与委托方签订合同,按照计量校准规范或者委托合同的要求进行计量校准,出具计量校准报告或者计量校准证书。

第七章　计量技术机构

第六十七条(对计量技术机构的授权)　省级以上人民政府计量行政主管部门可以设置计量技术机构,并根据实施本法的需要,授权其设置的计量技术机构或者其他单位的计量技术机构执行以下有关任务:研究建立计量基准、社会公用计量标准,进行量值传递、计量器具型式评价,执行计量检定、计量器具产品质量检验以及商品量计量检验等法律规定的任务,为实施计量监督提供技术保证。

第六十八条(申请授权的条件)　计量技术机构申请计量授权应当具备以下条件:

(一)具有法人资格,或者有独立建制,其负责人应当有法人代表的委托书,能独立公正地开展工作;

(二)有取得计量检定执业资格的计量检定和管理人员;

(三)具备相应的计量装置、配套设施和工作环境;

(四)其相应的计量标准应当经考核合格,并具有计量标准证书;

(五)具有保证计量检定、测试结果公正、准确的工作制度和管理制度。

第六十九条(计量授权机关)　国务院计量行政主管部门负责受理省级以上人民政府计量行政主管部门设置的国家、省级计量技术机构和其他单位跨省际承担本法第六十七条规定的任务的计量授权。

省级人民政府计量行政主管部门负责受理本行政区域内前款规定以外的计量技术机构的计量授权。

第七十条(申请计量授权程序)　承担本法第六十七条规定任务的计量技术机构应当向省级以上人民政府计量行政主管部门提出计量授权申请,并附符合本法第六十八条规定的证明材料。

第七十一条(计量授权许可程序)　受理申请的省级以上人民政府计量行政主管部门应当在5日内,完成对申请资料的审查,并通知申请人是否受理。受理后组织考评员对申请人进行考核。在20日内完成对考核结果的审核,审核合格的,在10日内颁发计量授权证书。审核不合格的,书面告知申请人。

计量授权证书只对批准的区域和项目有效。未取得计量授权证书,任何单位或者个人不得执行本法第六十七条规定的相关任务。

被授权的计量技术机构必须遵守本法的规定,接受授权的计量行政主管部门的监督管理。

第七十二条(计量授权证书的期限)　计量授权证书有效期为5年。有效期届满,需要延续的,持证者应当于计量授权证书有效期满6个月前,向原发证机关提出复查申请。原发证机关应当自受理之日起,在有效期届满前完成审查。符合条件的,予以延续,换发计量授权证书。不符合条件的,不予以延续,并书面通知申请人。

计量授权证书有效期到期,未按照规定申请复查或者经复查不合格的计量技术机构,不得继续执行本法第六十七条规定的相关任务。

第七十三条(上级对下级监督)　上一级人民政府计量行政主管部门应当对下一级人民

政府计量行政主管部门的计量授权进行监督检查，及时纠正计量授权实施中的违法行为。

第七十四条（计量专业的人员要求） 国家对从事计量工程技术工作的人员实行计量工程技术职业资格制度。对从事计量器具计量检定和商品量计量检验任务的人员实行计量检定执业资格制度。计量检定执业资格需经省级以上人民政府计量行政主管部门登记注册。

未取得计量检定执业资格的人员不得从事计量器具检定和商品量计量检验工作。

计量工程技术职业资格和计量检定执业资格由国务院计量行政主管部门与国家人事部组织实施。

第八章 计量监督

第七十五条（计量执法人员的要求） 县级以上计量行政主管部门，根据需要设置计量执法人员，负责执行计量监督、管理任务。计量执法人员应当在规定的区域、场所巡回检查，并可根据不同情况在规定的权限内对违反计量法律、法规的行为，进行现场处理，执行行政处罚。

计量执法人员必须经县级以上地方计量行政主管部门组织考核，经考核符合本法第七十六条规定的条件，并由组织考核的计量行政主管部门颁发计量执法人员证件后，方可在规定的区域内开展计量监督工作。

第七十六条（执法人员条件） 计量执法人员应当具备以下条件：

（一）具有大专以上文化程度；

（二）熟悉计量法律、法规；

（三）具备监督工作范围内的专业知识；

（四）掌握有关的计量检定规程和计量器具的检定技术；

（五）从事计量工作三年以上，具有较强的组织能力和政策水平。

第七十七条（计量监督检查） 县级以上计量行政主管部门可以组织计量执法人员在本行政区域内实施计量监督检查。

实施计量监督检查时，应当有两名以上人员参加，并出示计量执法人员证件。对不出示计量执法人员证件的，被检查者有权拒绝检查。

第七十八条（计量器具和商品量监督检查） 县级以上计量行政主管部门应当组织对制造、销售的计量器具的质量和生产、销售的定量包装商品的净含量等进行计量监督检查。需要提供样品的，被检查单位应当无偿提供样品。计量监督检查结束后，除正常损耗和国家另有规定外，计量监督检查抽取的样品应当退还被检查单位，未按规定退还的，责令退还或者照价赔偿。

县级以上人民政府计量行政主管部门组织实施前款规定的计量监督检查时，不得向被检查单位收取费用。计量监督检查所需费用纳入同级财政预算。

第七十九条（计量行政主管部门的权利） 计量行政主管部门对涉嫌违反本法规定的行为进行查处时，可以行使下列职权：

（一）对当事人涉嫌违反本法的生产、销售活动的场所实施现场检查；

（二）向当事人的法定代表人、主要负责人和其他有关人员调查、了解与涉嫌从事违反本法的生产、销售活动有关的情况；

（三）查阅、复制当事人有关的合同、发票、账簿以及其他有关资料；

（四）对涉嫌违法计量器具、设备及零配件采取封存、扣押措施。

计量行政主管部门对检查过程中知悉的当事人的商业秘密应当予以保密。

第八十条(被检单位的义务)　任何单位或者个人不得拒绝、阻碍计量行政主管部门依法进行的计量监督检查;不得擅自处理、转移被依法封存、扣押的计量器具、设备、零配件及商品。

第八十一条(向社会提供数据的技术机构的要求)　为社会提供有关贸易结算、安全防护、医疗卫生、环境监测、资源保护、法定评价方面公证数据的技术机构,必须经省级以上人民政府计量行政主管部门对其计量能力和可靠性考核合格,颁发计量能力和可靠性合格证书。

第八十二条(申请考核的条件)　技术机构申请计量能力和可靠性考核,应当具备以下条件：

（一）机构设置应当满足开展工作的需要；

（二）具备与其开展工作相适应的计量检测设备、配套设施和工作环境；

（三）使用的计量仪器设备应当按照规定执行计量检定或者校准；

（四）具有与其工作相适应的计量技术人员和管理人员；

（五）具有保证测试结果公正、准确的工作制度和管理制度。

第八十三条(受理考核机关)　国务院计量行政主管部门负责受理跨省际承担本法第八十一条规定任务的技术机构考核。

省级人民政府计量行政主管部门负责受理本行政区域内前款规定以外的技术机构考核。

第八十四条(申请考核程序)　承担本法第八十一条规定任务的技术机构应当向省级以上人民政府计量行政主管部门提出考核申请,并附符合本法第八十二条规定的证明材料。

第八十五条(考核许可程序)　受理申请的省级以上人民政府计量行政主管部门应当在5日内,完成对申请资料的审查,并通知申请人是否受理。受理后组织考评员对申请人进行考核。在20日内完成对考核结果的审核,审核合格的,在10日内颁发计量能力和可靠性合格证书。审核不合格的,书面告知申请人。未取得计量能力和可靠性合格证书,不得向社会提供本法第八十一条规定的相关数据。

第八十六条(考核证书的期限)　计量能力和可靠性合格证书有效期为5年。有效期届满,需要延续的,被考核的技术机构应当于计量能力和可靠性合格证书有效期满6个月前,向原发证机关提出复查申请。原发证机关应当自受理之日起,在有效期届满前完成审查。符合条件的,予以延续,换发计量能力和可靠性合格证书。不符合条件的,不予以延续,并书面告知申请人。

计量能力和可靠性合格证书有效期到期,未按规定申请复查或者经复查不合格的技术机构,不得继续对社会提供本法第八十一条规定的相关数据。

第八十七条(申诉受理规定)　消费者对计量违法行为可以向当地县级以上计量行政主管部门申诉和举报。

第八十八条(计量纠纷)　发生计量纠纷时,当事人可以通过协商或者调解解决。当事人不愿通过协商、调解解决或者协商、调解不成的,可以根据当事人各方的协议向仲裁机构申请仲裁；当事人各方没有达成仲裁协议或者仲裁协议无效的,可以直接向人民法院起诉。

仲裁机构或人民法院可以委托省级以上人民政府计量行政主管部门授权的计量技术机构进行仲裁检定。

第八十九条(禁止行为) 在调解、仲裁及案件审理过程中,任何一方当事人均不得改变与计量纠纷有关的计量器具或者定量包装商品的技术状态。

第九十条(监督检查依据) 质量技术监督部门实施计量监督检查涉及的计量检测方法等计量技术规范,由国务院计量行政主管部门组织制定,并以公告的形式发布实施。

第十章 附则

第一百三十三条(术语定义) 本法下列用语的含义是:

(一) 计量器具是指单独地或者连同辅助设备一起用以进行测量的器具。(JJF1001)

(二) 计量基准是指具有最高的计量学特性,其值不必参考相同量的其他标准,被指定的或者普遍承认的测量标准。(JJF1001)

(三) 计量标准是指为了定义、实现、保存和复现量的单位或者一个或者多个量值,用作参考的实物量具、测量仪器、参考物质或者测量系统。(JJF1001)

(四) 社会公用计量标准是指政府计量行政主管部门组织建立的,作为统一本地区量值的依据,并对社会实施计量监督具有公证作用的各项计量标准。(计量标准考核办法)

(五) 标准物质是指具有一种或者多种足够均匀和很好地确定了的特性,用以校准测量装置、评价测量方法或者给材料赋值的一种材料或者物质,包括有证基准物质和有证标准物质。(JJF1001)

(六) 计量检定是指查明和确认计量器具是否符合法定要求的程序,包括检查、加贴检定合格印(证)、出具计量检定证书。(JJF1001)

(七) 计量校准是指在规定条件下,为确定测量仪器或者测量系统所指示的量值,或者实物量具或者参考物质所代表的量值,与对应的由标准所复现的量值之间关系的一组操作。(JJF1001)

(八) 比对是指在规定的条件下,对相同准确度等级或者指定不确定度范围的同种测量仪器复现的量值之间比较的过程。(JJF1117 测量仪器比对规范)

(九) 溯源是指通过一条具有规定不确定度的不间断的比较链,使测量结果或者测量标准的值能够与规定的参考标准,通常是与国家测量标准或者国际测量标准联系起来的特性。(JJF1001)

(十) 仲裁检定是指用计量基准或者社会公用计量标准所进行的以裁决为目的的计量检定、测试活动。(仲裁检定和计量调解办法)

(十一) 型式批准是指承认计量器具的型式符合法定要求的决定。(JJF1001)

(十二) 型式评价是指为确定计量器具型式可否予以批准,或者是否应当签发拒绝批准文件,而对该计量器具型式进行的一种检查。(JJF1001)

（十三）计量技术机构是指承担计量检定、校准、商品量检测等计量技术工作的有关机构。（自定义）

（十四）社会公正计量行（站）是指经省级人民政府计量行政主管部门考核批准，在流通领域为社会提供公正数据的中介服务机构。（社会公正计量行（站）监督管理办法）

（十五）定量包装商品是指以销售为目的，在一定量限范围内具有统一的质量、体积、长度、面积、计数标注的预包装商品。（定量包装商品计量监督管理办法）

（十六）净含量是指除去包装容器和其他包装材料后内装商品的量。（定量包装商品计量监督管理办法）

第一百三十四条（例外条款）　中国人民解放军和国防科技工业系统计量工作的监督管理办法，由国务院、中央军事委员会依据本法另行制定。

第一百三十五条（相关规章的制定）　与本法有关的管理办法由国务院计量行政主管部门另行制定。